U0313839

高 等 学 校 教 学 用 书

轧 钢 机 械 设 备

北京科技大学 刘宝珩 主编

北 京

冶 金 工 业 出 版 社

2021

图书在版编目(CIP)数据

轧钢机械设备/刘宝珩主编.—北京：冶金工业出版社，
1984.6（2021.1 重印）
高等学校教学用书
ISBN 978-7-5024-0668-4

Ⅰ.轧… Ⅱ.刘… Ⅲ.轧制设备—高等学校—教材
Ⅳ.TG333

中国版本图书馆 CIP 数据核字(2006)第 156456 号

出 版 人 苏长永
地　　址　北京市东城区嵩祝院北巷 39 号　邮编　100009　电话　(010)64027926
网　　址　www.cnmip.com.cn　电子信箱　yjcbs@cnmip.com.cn
责任编辑　郭冬艳　美术编辑　李　新
责任校对　栾雅谦　责任印制　李玉山
ISBN 978-7-5024-0668-4

冶金工业出版社出版发行；各地新华书店经销；北京印刷一厂印刷
1984 年 6 月第 1 版，2021 年 1 月第 16 次印刷
787mm×1092mm　1/16；15.5 印张；370 千字；236 页
28.00 元

冶金工业出版社　投稿电话　(010)64027932　投稿信箱　tougao@cnmip.com.cn
冶金工业出版社营销中心　电话　(010)64044283　传真　(010)64027893
冶金工业出版社天猫旗舰店　yjgycbs.tmall.com

（本书如有印装质量问题，本社营销中心负责退换）

前　言

　　《轧钢机械设备》是根据冶金部所属院校压力加工专业教学大纲编写的。内容包括轧钢工艺的主要机械设备和辅助设备,着重讲解各项设备类型选择、参数确定、主要部件受力分析和强度验算。本书可作为压力加工专业的教学用书,也可供从事轧钢工作的技术人员参考。

　　本教材由北京钢铁学院刘宝珩(第一、二、十三章)、瞿文吉(第三、四、七章),东北工学院陈信令和汪祥能(第五、六、八章),西安冶金建筑学院赵元坡(第九、十章及十二章中辊道部分),武汉钢铁学院熊及滋(第十一、十二章)编写。刘宝珩担任主编,东北工学院朱泉担任主审。

　　本书初稿完成后曾召开审稿会,邀请四所院校的有关同志对书稿进行审查,与会同志对该书内容提出了许多宝贵意见,在此深表谢意。

　　由于编者水平有限,书中难免有谬误之处,请读者批评指正。

编　者

1983 年 4 月

目　　录

第一章　绪　　论

第一节　轧钢机的定义及组成

一、轧钢机的定义

1. 狭义的定义　轧制钢材的机械设备称为轧钢机，它使轧件在转动的轧辊间产生塑性变形，轧出所需断面形状和尺寸的钢材。此外，为完成全部生产工艺过程，还必须有一系列辅助工序，如：加热、运输、矫正、剪切、包装等，故它还有广义定义。

2. 广义的定义　用于轧制钢材生产工艺全部所需的主要和辅助工序成套机组也称为轧钢机，它包括：轧制、运输、翻钢、剪切、矫直等设备。

二、轧钢机械设备的组成

轧钢机械设备的组成可分为两大类：主要设备和辅助设备。

1. 主要设备　直接使轧件产生塑性变形的设备称为主要设备，也称为主机列。它包括：工作机座（轧辊、轴承、轧辊调整装置、导卫装置及机架等），万向或梅花接轴，齿轮机座，减速器，主联轴节，主电机等。

2. 辅助设备　是指主机列以外的各种设备，它用于完成一系列辅助工序。辅助设备种类繁多，车间机械化程度越高，辅助设备所占整个车间机械设备总重比例也越大。有时达主要设备重量的3～4倍，如1000初轧机，其设备总重4400吨，其中主要设备重1000吨左右。

第二节　轧钢机的分类

由于轧钢工业不断发展，钢材产品种类繁多，轧机型式也是多种多样。故轧钢机可按用途、构造和布置三种方法进行分类。

一、轧钢机按用途分类

轧钢机按用途分类列入表1-1，轧机大小与产品尺寸有关，对开坯、型钢等轧机用轧辊直径表示，而钢板轧机则由辊身长度表示轧机大小，钢管轧机则用其所轧钢管最大外径来表示。

二、轧钢机按构造分类

轧钢机构造可以轧辊数目及其在机座中位置为特征进行分类为：具有水平轧辊的轧机，具有互相垂直轧辊的轧机和呈斜角布置及其它的特殊轧机。表1-2列有各种机座型式。

1. 二辊式轧机　此轧机结构简单，工作可靠，由直流电动机驱动，用于二辊可逆式初轧机，可将钢锭往复轧制成各种矩形坯。二辊可逆式轧机也可用于轧制轨梁和中厚板。

由直流或交流电动机成组驱动数个二辊式机座组成连轧机组，可以生产钢坯和型钢，它具有高生产率的特点。

二辊式轧机也用于叠轧薄板、冷轧带钢及冷轧平整工序等。

2. 三辊式轧机　其在同一机座上轧件可两向轧制，而轧机无需反转，由一台交流电动机经减速器和齿轮座驱动数台三辊式轧机，可实现轧件往复多道次轧制。它用于开坯和型钢生产，具有设备简单和投资少的特点。轨梁轧机及大型轧机可用直流电动机驱动，在生产中必要时可调速改善轧制条件。

表 1-1　轧钢机按用途分类

轧机类别	轧辊尺寸（mm）		用　途
	直　径	辊身长度	
1. 开坯机			
（1）初轧机	800～1450	—	将钢锭轧成方坯
（2）板坯机	1100～1200	—	将钢锭轧成板坯
（3）钢坯轧机	450～750	—	将方坯轧成 50×50～150×150mm 钢坯
2. 型钢轧机			
（1）轨梁轧机	750～900	—	轧制 43～50kg/M 标准钢轨，高度 240～600mm 钢梁
（2）大型轧机	500～750		轧制大型钢材：80～150mm 方钢、圆钢、高度 120～240mm 工字钢、槽钢
（3）中型轧机	350～500		轧制中型钢材：40～80mm 方钢、圆钢 高度 120mm 以下工字钢及槽钢 50×50～100×100mm 角钢
（4）小型轧机	250～350		轧制小型钢材：8～40mm 方钢、圆钢 20×20～50×50mm 角钢
（5）线材轧机	250～300		轧制直径 5～9mm 线材
3. 钢板轧机			
（1）厚板轧机		2000～5000	轧制厚 4～50mm 或更厚钢板
（2）热带钢轧机	—	500～2500	轧制 400～2300mm 宽热带钢卷
（3）薄板轧机	—	700～1300	热轧厚度 0.2～4mm、宽度 500～1200mm 薄板
4. 冷轧板带轧机			
（1）冷轧钢板轧机		700～2800	轧制宽度 600～2500mm 冷轧板或板卷
（2）冷轧带钢轧机		150～700	轧制厚度 0.2～4mm 宽度 20～600mm 带钢卷
（3）箔材轧机		200～700	轧制厚度 0.005～0.012mm 金属箔
5. 钢管轧机	—	—	轧制直径达 650mm 或更大的无缝管
6. 特种轧机			
（1）车轮轧机	—	—	轧制铁路车轮
（2）轮箍轧机	—	—	轧制轴承环及车轮轮箍
（3）钢球轧机	—	—	轧制钢球
（4）周期断面轧机	—	—	轧制变断面轧件
（5）齿轮轧机	—	—	轧制齿轮，即滚压齿轮的齿形

　　3. 三辊劳特式轧机　此轧机中辊直径较上下辊为小，浮动在上下辊间。轧机由交流马达经减速器和齿轮座驱动轧机上下两辊，中辊靠摩擦力转动，轧件可往复多道次轧制，用于轧制中厚板或薄板开坯。

　　4. 复二辊式轧机　此轧机作用与三辊式相似，但轧辊调整、孔型配置较方便，用于横列式中小型轧机。

　　5. 四辊式轧机　四辊式轧机是由两个较小工作辊和较大的两个支承辊组成。较小工作辊可以减少变形区接触面积，降低总轧制压力，支承辊起支撑作用，减少工作辊弯曲并加强轧机刚度。为使工作辊位置稳定，工作辊常向轧制方向偏移少量距离，以防止由于轴承间隙造成轧辊中心线交叉。四辊式轧机广泛应用于热轧钢板和冷轧板带。

表 1 - 2 轧钢机按构造分类表

图　示	型式名称	用　途
	二辊式	1. 可逆式有：初轧机、轨梁轧机、中厚板轧机 2. 不可逆式有：钢坯或型钢连轧机、叠轧薄板轧机，冷轧薄板轧机及带钢轧机、平整机
	三辊式	轨梁轧机，大、中、小型型钢轧机 开坯轧机
	三辊劳特式 （中辊浮动）	中板轧机
	复二辊式	中、小型轧机
	四辊式	中厚板轧机、宽窄带钢轧机、冷热薄板轧机、平整机
	十二辊式	冷轧钢板及带钢

图 示	型式名称	用 途
	二十辊式	冷轧钢板及带钢
	偏八辊式 （MKW 式）	冷轧钢板及带钢
	行星式	热轧板带卷
	立辊式	厚板轧机、钢坯连轧机、型钢连轧机
	二辊万能式	板坯初轧机、热连轧板带轧机
	H 型钢轧机	轧制高度 300～1200mm 宽边钢梁

图　示	型式名称	用　途
	斜辊式	无缝钢管穿孔机、均整机
	45°式	连续式线材轧机、钢管定径机、减径机
	钢球轧机	轧制钢球
	三辊斜轧周期断面轧机	轧制圆形周期断面
	轮箍轧机	轧制轮箍
	车轮轧机	轧制车轮

表 1 - 3　轧钢机按布置分类

图　　　　示	布置名称	配置轧机
	单机座式	二辊可逆式、二辊万能式、三辊式、劳特式、四辊式、多辊式、特殊型式轧机
	横一列式	2～7 个机座 三辊式、二辊可逆式交替 二辊式
	二列式 三列式	三辊式、交替二辊式
	双机座串列式	二辊式—四辊式 劳特式—四辊式
	连续式	二辊式、四辊式、立辊式、45°式有单独和集体传动方式
	半连续式	二辊式、三辊式、四辊式
	串列布棋式	二辊式

四辊式轧机一般驱动工作辊，支承辊靠摩擦力转动，仅在冷轧薄带时四辊轧机工作辊较小，驱动支承辊。

6. 多辊式轧机　为适应冷轧板带产品尺寸向高精度和大的宽厚比方向发展需要，出现了六辊、十二辊和二十辊轧机。二十辊轧机可以轧出几个 μ 的薄钢带和金属箔。另外，为提高轧机刚度，简化轧机结构，又出现了各种类型多辊轧机型式。偏八辊（MKW）式轧机就具有工作辊径小，能轧薄的特点，而且结构简单，并能利用四辊轧机进行改装。其工作辊位于一定偏心位置，由中间辊和侧支辊支撑保持工作辊轴心稳定，支承辊由电动机经齿轮座驱动。

7. 行星式轧机　行星式轧机始用于五十年代，它具有大压下量（压下率 ε 达 90％～95％）的特点，用于生产热轧带钢卷，机座由送料辊和行星辊组成。送料辊给坯料一定压下量形成一定推力将轧件送入行星辊进行轧制。行星辊由二十对工作辊和一对支承辊组成。二十对工作辊有同步机构相连，工作辊由轴承座圈驱动可绕支承辊作行星运转。工作辊对轧件呈滚动的运动关系，它与滚动轴承滚柱对外圈运动关系相似。轧件承受数十对工作辊相继轧制，经过积累变形呈现大变形量结果。此种轧机国外多用于不锈钢带生产。

8. 立辊式轧机　此轧机轧辊呈垂直位置，可用于加工厚板侧边。在钢坯或型钢连轧机组中，立辊式轧机与水平位置的二辊式机座交替布置在连轧线上，这可消除孔型系统中的翻钢工序。

9. 二辊万能式轧机　二辊轧机上并附有一对立辊，在轧制板坯时立辊可轧制侧边。此式轧机用于板坯初轧机或热连轧板带轧机开坯机组。

10. H 型钢轧机　其在二水平辊间夹有一对立辊，使轧件可在高度和宽度两方向同时轧制。这是专门为生产大型薄壁工字钢用的轧机。

11. 斜辊式轧机　其两轧辊轴线呈交角布置，并以相同方向转动，轧件边旋转边前进。用于无缝钢管穿孔机、均整机。

12. 45°式轧机　它用于连续式轧机，轧辊轴线与水平呈 45°角左右交替布置，机座间轧辊轴线相互垂直，主电机传动系统位于轧机两侧。45°式连轧机用于高速线材连轧机、钢管定径和减径机组。

13. 特殊轧机　它是根据不同产品设计的专用轧机，例：钢球轧机、周期断面三辊斜轧机、轮箍轧机、车轮轧机等。

三、轧钢机按布置分类

轧钢机按布置分类见表 1-3。

第三节　轧钢机主机列的组成

轧钢机的主要设备由一个或数个主机列组成。主机列包括：主电机、传动机构和工作机座等部分。图 1-1 为三辊式轧机主机列简图，1 为齿轮机座，它将动力传给三个轧辊，由三个直径相等的齿轮封闭在箱体中组成。2 为减速器，它以一定速比降低主轴转速，以适应轧辊转速需要。3 为飞轮，用于蓄存和释放能量，均衡主电机负荷。4 为万向接轴，连接齿轮座和轧辊传递动力。5 和 6 为主联轴节，它们将齿轮座、减速器和主电机连接一起传递动力。7 为主电机。8 为工作机座。

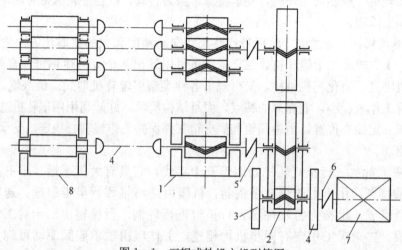

图 1-1　三辊式轧机主机列简图

　　工作机座是使轧件产生轧制变形的设备,它的常见形式如图 1-2 所示,为三辊式 650 型钢轧机工作机座。

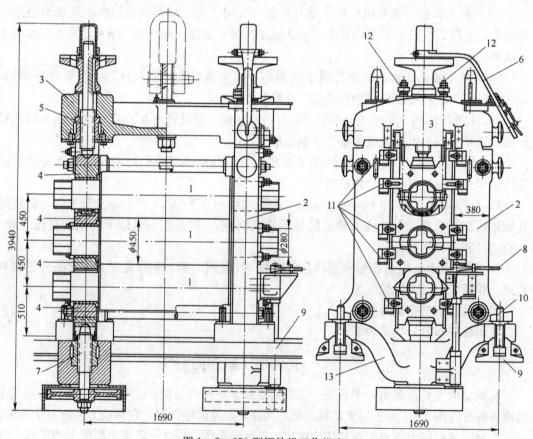

图 1-2　650 型钢轧机工作机座

1—轧辊;2—机架(牌坊);3—机架上横梁;4—轴承;5—压下螺丝;6—压下螺丝调整手柄;
7—压上螺丝;8—压上螺丝调整手柄;9—轨座(地脚板);10—固定螺丝;
11—轴向调整压板;12—平衡弹簧;13—机架下横梁

工作机座主要部件包括：轧辊，机架，轧辊轴承，轧辊调整装置，导板和固定横梁，地脚板等。虽然轧机类型很多，但工作机座组成部分大体上是一致的。

第四节　辅助设备分类

从轧钢车间生产钢材全部工艺过程可看出，除在主机列上完成塑性变形轧制工序外，还要有很多辅助工序，把这些工序连贯起来才能使车间生产从坯料到成品连续进行。例如大型轧钢车间生产钢轨需要以下工序：

表面清理→加热→轧制→锯切→缓冷→矫直→铣头钻孔→淬火→检查

其中每工序均需相应设备来完成。就轧制工序而论，除主机列外，还需要升降、翻

表 1-4　辅助设备分类

辅助设备名称	用　途
剪切类	
平刃剪切机	剪切坯料和型钢
斜刃剪切机	剪切钢板（有时用于剪切成捆小型钢材）
圆盘剪切机	纵切钢板或剪切板边
飞剪	横切运动着的轧件
锯切机	热锯轧件，有时用于冷锯
矫直类	
辊式矫直机	矫直型钢和钢板
斜辊矫直机	矫直钢管或圆钢
张力矫直机	矫直薄钢板
压力矫直机	矫直型钢和钢管
卷取类	
线材卷取机	卷取线材
张力卷取机	冷轧带张力卷取钢板
钢板卷取机	卷取钢板成卷
表面加工设备	
酸洗机组	轧件酸洗
镀复机组	轧件表面镀锡、镀锌或塑料复层等
清洗机组	轧件表面清理、洗净、去油等
打印机	将轧件打印
打捆和包装类	
打捆机	将线材或带钢卷打捆
包装机	将钢材装箱及包装
运输类	
辊道	使轧件纵向移动
推床	横移轧件，使轧件对正孔型或轧辊
翻钢机	使轧件按轴线方向旋转一定角度（一般为 90°）
转向台	使轧件按垂直轴向旋转 90°或 180°
推钢机	推动轧件或钢锭、钢坯使横移
拉钢机	横移轧件用
冷床	冷却轧件并使轧件横移
挡板	挡住轧件用
堆垛机	堆放轧件用
钢锭车	用以将钢锭从均热炉送到轧机受料辊道

转、运输等各次辅助设备配合完成。从保证生产连续性来看，每项辅助设备都关系着整个车间生产的进行，任何一项设备发生故障都会使全部生产停止；同时，每项辅助设备生产能力均直接影响全车间生产率的大小。因此，在轧钢车间中辅助设备与主要设备比较仅是分工不同，而重要性是同等的。

辅助设备概括可分为两类：

1）改变轧件外形的设备，如：剪切、矫直、卷取等。

2）移送轧件的设备，如：辊道、翻钢机、推床、升降台等。

常用辅助设备列入表1-4。

第五节　轧钢设备的发展动向

近代一些钢铁工业发达国家的轧钢设备发展动向是大型化、连续化、高速化和自动化。这是对钢材要求不断提高产品产量和质量、提高劳动生产率、降低原材料和能源消耗及产品成本的发展结果，这也和轧钢设备制造水平有关的重型机器制造、电机制造、计算机和自动控制以及液压系统等科学技术发展有密切关系。

一、大型化方面

增大钢锭（钢坯）或带卷重量。过去初轧机锭一般为10～20吨，现在已加大到40～50吨。热连轧的最大带卷和坯料重量已由15吨增到45吨。冷连轧卷重达60吨，线材盘重已达2～4吨。

大型化还表现在轧辊直径的增加，初轧机轧辊直径已达1300～1500mm，带钢热连轧机的精轧机组工作辊直径达760～850mm，精轧机组的支承辊直径亦已增加到1700mm。

此外，轧钢机主传动功率不断增加，初轧机主传动功率比过去提高30％～50％。热连轧宽带钢精轧机组传动总容量达10万千瓦以上，有的已达12万千瓦。

从前板坯初轧机年生产能力一般为200万～300万吨，近代已出现了达500万～600万吨年产量的初轧机。

二、高速化方面

宽带钢热连轧速度达28.6m/s，冷连轧已达41.5m/s，线材轧机已达60～75m/s。

轧钢设备高速化是机械制造和自动控制技术水平不断提高的结果，另外，轧钢设备结构不断改进以适应高速化需要也是一个重要方面。例如：45°无扭连续式线材轧机的结构型式就适应于高速化需要。

三、连续化方面

除宽带钢热连轧机、冷连轧机及中小型、线材连轧机外，尚发展了宽边工字钢连轧机、无缝钢管连轧机、连续焊管轧机及圆、方坯连轧机等。

全连续式冷轧机实现了无头轧制，最近十几年来已在生产上应用。它能进一步提高冷连轧机产量、改善产品质量、有效地解决板卷的穿带和抛尾问题，并能实现动态变规格和高速飞剪的剪切，这套控制系统使投资约增加15％～20％。

四、自动化方面

目前宽带钢热连轧机的计算机自动控制水平在各类轧机中是最高的，从板坯上料到卷取全部采用电子计算机控制。

冷连轧机上亦广泛采用了钢板厚度自动控制（AGC），平整机上延伸率自动控制

（AEC）和其它自动化措施，如进料侧开卷自动化、自动引料、出口侧自动卸卷、打捆等，还有自动化快速换辊。这些自动化系统一般是在轧钢设备上装设测定参数检测装置，如压力、张力、温度、速度、行程等通过液压和电气控制系统由电子计算机按照一定程序实现自动化操作。

我国建国三十多年来，钢铁工业和重型机械制造业有了很大发展。目前已有一批起骨干作用的大型钢铁联合企业，如：鞍钢、本钢、武钢、太钢、攀钢、首钢、包钢和正在建设中的宝钢等。全国除西藏外各省市都有中小型钢铁企业。一机部所属重型机械厂也具备了制造 1150 初轧机、4200 厚板轧机、1700 冷热连续板带轧机、车轮轮箍轧机等成套机组的制造能力。

党的十二大制订了我国到本世纪末国民经济总产值实现翻两番的宏伟目标。要求钢铁工业也要有相应的发展，在钢材生产上要努力增加钢材品种，提高短线产品，如：板带和钢管所占比重，充分利用我国资源条件增加低合金钢和合金钢材的比例。要大力提高钢材质量，降低能源消耗和原材料消耗，提高经济效益，满足国民经济各部门对钢材的需要。

在我国已有的轧钢技术装备中，有一部分（如武钢、太钢和正在建设中的宝钢等）轧钢厂是属于 70 年代和 80 年代初水平的。并且将继续建设一批大型化、高速度、连续化、自动化的现代化骨干企业，使我国的轧钢生产在装备水平和技术水平上，在钢材的品种和质量上，在生产效率和经济效益上迅速赶上世界先进水平。在 50 年代和 60 年代建立起的一批大型企业，如鞍钢、包钢和攀钢等的轧钢厂技术装备相当于 50 年代技术水平，对这些轧钢厂设备必须进行技术改造，增设现代化的钢材后部加工设备、自动化控制设备、自动检测设备、更新或增加必要的配套设备，使产品质量和品种以及自动化等方面赶上目前的世界水平。对大批中小型钢铁企业的轧钢设备将选择有条件的、典型的进行相应的技术改造以推动各企业技术水平和经济效益的提高。因此，在我国轧钢生产的发展中，今后一个时期在适当建设现代化新企业、新装备的同时，大力进行原有设备的技术改造和更新挖潜，逐步提高大型化、高速化、连续化和自动化的水平是摆在轧钢工作者面前的一项重要任务。

第二章 轧 辊

第一节 轧辊的工作特点与分类

轧辊是轧钢机在工作中直接与轧件接触并使金属产生塑性变形的重要部件，也是消耗性零件，它在轧钢生产中对高产、优质、低消耗各项指标影响很大。冶金企业常专门设有制造各类型轧辊的车间以保证轧钢生产消耗需要。

一、轧辊的工作特点

（1）工作时能承受很大的轧制压力和力矩，有时还有动载荷，例如初轧机工作时，轧辊承受很大的惯性力和冲击。

（2）能在高温或温度变化很大的条件下工作。由于轧件温度很高而且还有冷却水，轧辊旋转冷热交加，因此在交变应力作用下逐渐产生龟裂和裂纹。在冷轧条件下，由于轧辊经受接触应力作用，冷轧压力很大，故工作条件也极为繁重。

（3）由于轧辊在轧制过程中不断被磨损，故直接影响轧件质量，也影响轧辊寿命。

二、轧辊的分类

按轧机的类型轧辊可分为三种。

1. 带孔型的轧辊　它用于轧制大、中、小、各种型钢、线材及初轧开坯，在辊面上刻有轧槽使轧件成型。

2. 平面轧辊　板带轧机轧辊属于此类，为保证轧件具有良好的板型，辊面作成稍有凸或凹的辊型。

3. 特殊轧辊　它用于穿孔机、车轮轧机等专用轧机上，轧辊具有各种不同形状。

第二节 轧辊的结构和参数

轧辊的结构由辊身、辊颈和辊头三部分组成。

一、辊身

辊身是轧辊与轧件接触并使金属产生塑性变形的部分。辊身直径 D 是轧钢机的一个重要参数。

轧辊的辊身直径有公称直径（或称名义直径）和工作直径之分。公称直径通常指轧机人字齿轮中心距并以此值表示轧机大小。对于初轧机一般按最末道轧辊中心距来确定。工作直径是指轧辊与轧件接触进行压下变形而直接工作的直径，钢板轧机的轧辊工作辊径就是轧辊外径。初轧机轧辊的工作辊径则表示孔型槽底直径，对于复杂断面型钢轧辊工作辊径确定方法将在孔型设计中专门讨论。因此，工作辊径 D_g 一般小于名义直径 D，为防止孔型槽切入过深，D/D_g 比值一般不大于 1.4。

轧辊直径可根据咬入条件 α 角（表 2-1）和轧辊强度来确定。工作辊径应满足条件：

$$D_g \geqslant \frac{\Delta h}{1-\cos\alpha}$$

冷轧薄板及带钢轧机，尤其在轧制变形抗力较大的材料时，其轧辊直径应根据最小可轧厚度选择。当轧辊直径很大时，弹性变形增加，致使薄带钢及钢板的正常轧制成为不可能。根据实践经验，轧辊在冷轧时选用直径条件为：

张力轧制时 $D<(1500\sim2000)h$

无张力时 $D<1000h$

式中 h——被轧制钢板最小厚度。

如轧辊用碳化钨制成时，因其弹性模量很大，则轧件厚度可减少 $50\%\sim75\%$。

表 2-1 各类轧机常用最大咬入角

轧 制 情 况	咬入角 α，度	$\Delta h/D_g$
在磨光轧辊上带润滑液单片钢板冷轧时	3~4	1/700~1/400
同上，成卷轧制带钢时	6~8	1/170~1/100
在粗糙辊面上冷轧时	5~8	1/250~1/100
在自动轧管机上热轧钢管时	12~14	1/60~1/40
热轧钢板时	15~22	1/30~1/15
热轧型钢时	22~24	1/15~1/12
带有刻痕或堆焊表面的轧辊中轧制时	27~34	1/9~1/6

在轧制过程中，由于轧辊表面的磨损，经过一段时间后，辊面磨损将影响产品质量，此时则需重车或重磨。每次重车量 0.5~5mm，重磨量 0.01~0.5mm，当轧辊直径减少到一定程度时，就不再使用，但可采用堆焊办法修复以延长轧辊使用寿命。通常轧辊允许重车率用新辊直径百分数表示：

初轧机 $10\%\sim12\%$

型钢轧机 $8\%\sim10\%$

中厚板轧机 $5\%\sim7\%$

薄板轧机及冷轧机 $3\%\sim6\%$

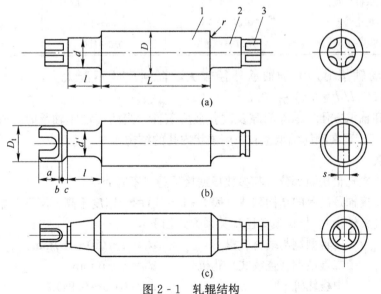

(a)

(b)

(c)

图 2-1 轧辊结构

(a) 梅花形的辊头；(b) 扁头形的辊头；(c) 带双键形的辊头

1—辊身；2—辊颈；3—辊头

13

型钢及初轧开坯轧机的轧辊辊身长度 L 与孔型布置数目及轧辊强度有关。辊身过长会使弯曲强度降低，各类型轧机的辊身长度和直径的比例关系 L/D 为：

初轧机	2.2～2.7
型钢轧机　粗轧机座	2.2～3
精轧机座	1.5～2
四辊轧机　工作辊	2.5～4
支承辊	1.3～2.5

钢板轧机轧辊辊身长度 L 按轧制钢板最大宽度 b 确定：

$$L=b+a$$

式中　a——根据钢板宽度不同选取的余量，对于带钢，当 $b=400～1200\text{mm}$ 时，$a=100\text{mm}$，对较宽钢板 $a=200～400\text{mm}$。

二、辊颈

辊颈是轧辊支承部分，它与轴承装配在机座中，将轧制力经压下调整装置传递到机架上。辊颈尺寸为直径 d 和长度 l，它与轴承型式及工作载荷有关。从强度考虑，将辊颈取较大 d 值，对加强轧辊安全防止经常出现的断辊颈现象是必要的。但结构上它受到轴承尺寸限制。另外，辊颈与辊身的过渡角 γ 应选大些，以防止应力集中容易断辊。

使用滑动轴承的轧机，轧辊辊颈尺寸比例关系列入表 2-2。

表 2-2　轧辊尺寸比例

轧机类别	d/D	l/d	r/D
初轧机	0.55～0.7	1.0	0.065
开坯及型钢轧机	0.55～0.63	0.92～1.2	0.065
二辊型钢轧机	0.6～0.7	1.2	0.065
小型及线材轧机	0.53～0.55	1.0+（20～30mm）	0.065
中厚板轧机	0.67～0.75	0.83～1.0	0.1～0.12
二辊薄板轧机	0.75～0.8	0.8～1.0	$r=50～90\text{mm}$

使用滚动轴承时，由于轴承外径较大，辊颈尺寸不能太大，可近似选取 $d=(0.5～0.55)D$，$l/d=0.83～1.0$。

为使装卸轴承方便，消除间隙及改善强度条件，当使用油膜轴承时，辊颈常作成锥状，锥度 1:5。现在滚动轴承也有采用锥状内孔的结构。

三、辊头

辊头是传递轧辊扭矩部分，其参数根据接手型式不同而异。

（1）梅花接轴是简单的结构型式（表 2-3），适用于速度不高、压下调整量不大的轧机。梅花形辊头外径 d_1 与辊颈直径 d 关系大致如下：

三辊型钢与线材轧机	$d_1=d-(10～15)\text{mm}$
二辊型钢（连续式）轧机	$d_1=d-10\text{mm}$
中板轧机	$d_1=(0.9～0.94)d$
二辊薄板轧机	$d_1=0.85d$

（2）万向接轴的辊头呈扁头形状，如图 2-1b 所示。其尺寸关系如下：

$$D_1 = D - (5 \sim 15)\text{mm}$$
$$s = (0.25 \sim 0.28)D_1$$
$$a = (0.50 \sim 0.60)D_1$$
$$b = (0.15 \sim 0.20)D_1$$
$$c = (0.50 \sim 1.00)b$$

当轧辊安装滚动轴承或油膜轴承时，扁头可做成可拆卸的，轧辊辊头可做成带有双键（图 2-1c）或花键形式，也可做成圆柱形用热装或压配合装卸。

表 2-3　轧辊梅花头尺寸

d_1	D_3	r_1	l_2	l_3	图　　　示
140	148	29	90	100	
150	162	31	95	110	
160	176	33	105	120	
180	196	38	115	130	
200	216	41	130	150	
220	238	44	140	160	
240	258	49	155	175	
260	278	54	170	200	
280	300	58	185	215	
300	320	62	195	225	
320	340	66	210	240	
340	362	70	225	255	
370	392	77	245	275	
390	412	80	260	290	
420	448	88	275	305	
450	480	94	295	325	

第三节　轧辊的材料及辊面硬度

经过多年的生产实践经验积累，各种轧机的轧辊均已确定了较为合适的材料。在选择轧辊材料时，除考虑轧辊工作要求与特点外，还要根据轧辊常见的破坏形式和破坏原因，按轧辊材料标准选择合适的材质。

在板带材生产中，由于产品精度不断提高，对轧制工艺条件也要求日趋严格。轧辊质量好坏对板带材质量、轧机生产率和作业率影响很大。如果出现断辊、辊面剥落或辊面不耐磨、不耐热裂等问题，则使轧辊费用增加并影响生产正常进行。在轧钢生产中，尤其在薄板生产中，轧辊费用占较大比例。为此，各国均开展了对轧辊材质、加工及热处理工艺的广泛研究。

一、常用轧辊材料

常用轧辊材料有合金锻钢、合金铸钢、铸铁和半钢等。

1. 合金锻钢　按我国一机部部颁标准（Q/ZB62—73）列有热轧和冷轧轧辊材料有：

热轧轧辊：55Mn2、55Cr、60CrMnMo、60SiMnMo 等

冷轧轧辊：9Cr、9CrV、9Cr2W、9Cr2Mo、60CrMoV、80CrNi3W、8CrMoV 等

2. 合金铸钢　合金铸钢种类尚不多，也没有统一标准，随着电渣重熔技术的发展，合金铸钢质量正逐步提高，今后合金铸钢轧辊将会广泛应用。

3. 铸铁　铸铁可分普通铸铁、合金铸铁和球墨铸铁。铸造时，采用不同铸型可以得到不同硬度的铸铁轧辊。铸铁轧辊有半冷硬、冷硬和无限冷硬轧辊之分。

半冷硬轧辊：轧辊表面没有明显的白口层，辊面硬度 HS≥50。

冷硬轧辊：表面有明显白口层，心部为灰口层，中间为麻口层，辊面硬度 HS≥60。

无限冷硬轧辊：表面是白口层，但白口层与灰口层之间没有明显界限，辊面硬度 HS≥65。

铸铁轧辊的优点是硬度高、表面光滑、耐磨、制造过程简单且价廉。缺点为强度低，只有球墨铸铁轧辊强度较好。

4. 半钢　半钢的含碳量介于铸钢和铸铁之间（C：1.4%～1.8%），而杂质含量较低的具有过共析组织的钢，成分中还添加 Ni、Cr、Mo 以强化基体组织，它兼有铸钢的强度和耐热龟裂性及铸铁的耐磨性等综合性能。

二、轧辊材料的选择

1. 初轧和型钢轧机的轧辊　这类轧机的轧辊受力较大且有冲击负荷。因此，应以具有足够的强度为主，而辊面硬度则不能要求过高（HS<35～40）。初轧辊常用高强度铸钢或锻钢。主要材料有 40Cr、50CrNi、60CrMoV、60CrMnMo、60SiMnMo 等。型钢轧机粗轧辊多采用铸钢，如：ZG70、ZG70Mn、ZG8Cr、ZG15CrNiMo、ZG75Mo 等。含 Cr、Ni、Mo 等合金元素的铸钢辊适于轧制合金钢；含 Mn 钢及高碳钢铸钢辊多用于轧普碳钢的粗轧机座上。

球墨铸铁轧辊价格较低，耐磨且有较高强度。适合在横列式型钢轧机第二架粗轧机座上使用。

因型钢轧机成品机座的尺寸要求严格，轧辊要有较高表面硬度和耐磨性。一般选用冷硬铸铁轧辊，表面硬度 HS≥65。

2. 热连轧带钢轧机的工作辊与支承辊　在热连轧带钢四辊轧机中，除少数粗轧机座工作辊受轧辊强度和咬入条件限制，采用铸钢材料外，其它各架轧机工作辊的工作特点是：主要承受扭矩和压力，弯曲应力较小，轧制速度较高，辊面要求光滑以保证轧件表面质量。为此，选择工作辊材料以辊面硬度为主，多采用铸铁轧辊。有些厂用冷硬铸铁（化学成分：C=3.0%～3.5%；Si=0.5%～1.87%；Mn=0.4%～0.7%；Mo≈0.3%；P≤0.4%；S≤0.11%），辊面硬度 HS=58～68。有的厂在精轧机组前几架采用半钢轧辊，以减缓表面糙化过程。以后几架采用含高 Ni、Cr 的高硬度铸铁复合浇铸，表面形成无限冷硬层，以提高轧辊表面硬度（硬度可达 HS=75～83）。有的厂在精轧机组中使用高铬铸铁复合浇铸轧辊，这种轧辊高硬度层很厚、耐磨、使用寿命长。

热连轧带钢四辊轧机支承辊在工作中主要受弯曲，且直径较大，因此，多选用 9Cr2Mo、9CrV 锻钢（辊面硬度 HS=45～50）。选含 Cr 合金钢是考虑大直径轧辊的淬透性。国产 1700 热连轧的镶套支承辊，辊心用 37SiMn2MoV 锻钢，辊套用 8CrMoV 或 8Mn2MoV 锻钢。国外的辊套则常用含 C=0.4%～0.8%、Ni=2.5%～3%、Cr=0.6%～2.0%、Mo=0.6%的合金锻钢，以保证辊套的高强度，也有采用铸铁或铸钢材料做辊套的。

3. 冷轧带钢四辊轧机的工作辊和支承辊 冷轧带钢四辊轧机的工作辊和支承辊压力大、轧制速度高、辊面质量要求严格。因此，对辊面硬度和辊身强度均有很高要求。

我国常用冷轧工作辊的材料是：9Cr2W、9Cr2Mo 等。辊面硬度为 HS＝90～95。为轧制高碳钢和其它较硬的合金钢带，在冷轧机上也采用硬质合金辊套的复合工作辊。

四辊冷轧机支承辊可选用 9Cr、9Cr2Mo、9CrV 锻钢，国外近年来用复合铸钢轧辊，其辊面硬度高、耐磨，辊心强度、韧性好。

4. 叠轧薄板轧机轧辊 这种轧辊工作特点为：工作温度 400～450℃间，轧制压力较大，辊面要求光滑。因此，对轧辊硬度要求较高，轧辊材料多用冷硬球墨铸铁复合浇铸轧辊，辊面硬度 HS≥65。有的厂加入 0.05％B 以提高轧辊在高温下碳化物的稳定性。

各种轧辊硬度沿辊面深度分布曲线如图 2-2 所示。各种轧辊特点及用途见表 2-4。

表 2-4 各种轧辊特点及用途

类 别	辊面工作层特点	硬度范围，HS	主 要 用 途
冷硬铸铁轧辊	硬而脆，耐磨性高，用于成品道次可得光滑轧件表面	58～85	小负荷精轧辊
	铸造白口铁轧辊属此类，可带孔型	35～70	型钢粗轧及中间机座
无限冷硬铸铁轧辊	有适中的耐磨性、抗热裂性及强度	55～85	各种热轧板带钢轧机工作辊，小型及线材轧辊
球墨铸铁轧辊	冷硬球墨铸铁轧辊	50～70	二辊叠轧薄板及三辊劳特中板轧辊
	无限冷硬球墨铸铁轧辊	50～70	各种型钢辊，负荷较大的热轧板带工作辊，平整机支承辊
	球墨铸铁初轧辊，强度韧性均高，抗热裂、耐磨性优于钢辊	34～45	初轧辊
半冷硬轧辊	硬度落差小，可开深槽	38～50	大中型型钢轧辊，小型粗轧辊，热轧管机轧辊
铸钢轧辊	强度高，但耐磨性较差	30～50	初轧辊大中型粗轧机座轧辊、热轧板带支承辊
	复合铸铁辊（内部为铸钢）也属此类，合金量稍高，比普通铸钢耐磨	40～70	立辊、穿孔机轧辊
半钢轧辊	强度及耐磨性兼备，硬度落差小，可开深槽，此类中也有锻造产品，强度高，可减少断辊事故	35～70	中小负荷初轧辊，各种型钢轧辊各种热轧板带工作辊、热轧管轧辊
锻钢轧辊	热轧用，强度高，不易粘辊（对有色金属）	30～70	初轧辊、有色金属热轧辊
	支承辊用，强度高，耐磨	55～90	支承辊
	冷轧用，有很高强度，耐磨性及表面质量好，钢种因用途而异	85～100	冷轧工作辊
高铬铸铁轧辊	耐磨性能好，强度、韧性较高	55～90	热轧带钢粗轧及精轧前工作辊；冷轧带钢工作辊；小型及线材精轧辊
碳化钨（硬质合金）轧 辊	耐磨性极好，弹性压扁极小，轧辊表面精度高	HRC（洛氏）50～80	小型圆钢、螺纹钢及线材轧辊，高速线材轧机辊环，二十辊轧机工作辊

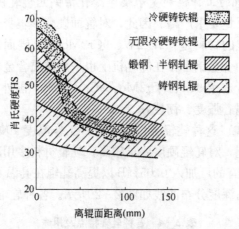

图 2-2　各类轧辊硬度曲线

第四节　轧辊的强度验算

轧辊直接承受轧制压力和转动轧辊的传动力矩，它属于消耗性零件，就轧机整体而言，轧辊安全系数最小，因此，轧辊强度往往决定整个轧机负荷能力。

为保证产品高产、优质、低消耗，对轧辊要求要有足够的抵抗破坏的能力，包括：弯曲、扭转、接触应力、耐磨损、耐疲劳等各方面综合性能。影响轧辊负荷因素很多，为简化计算，一般进行静强度计算，而将许多因素纳入轧辊安全系数中。

一、二辊轧机轧辊的强度计算

通常对辊身仅计算弯曲，对辊颈则计算弯曲和扭转，对传动端辊头仅计算扭转强度，图 2-3 即为轧辊受力简图。

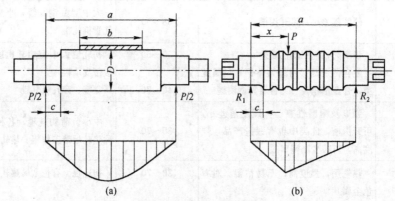

图 2-3　轧辊受力简图
(a) 钢板轧辊；(b) 带孔型轧辊

1. **辊身——计算弯曲强度**　对钢板轧机，在平辊轧制条件下，设轧制压力沿轧件宽度均匀分布，支反力左右相等各为 $P/2$，并作用在压下螺丝中心线位置上。钢板轧辊辊身危险断面位于辊身中间（图 2-3a），此断面弯曲力矩等于：

$$M_D = P\left(\frac{a}{4} - \frac{b}{8}\right) \tag{2-1}$$

式中 P ——作用在轧辊上的轧制压力（kg）；

a ——压下螺丝间的中心距（cm）；

b ——钢板宽度（cm）。

带孔型轧辊的危险断面可能在某个轧槽上，应比较各断面应力大小来确定。辊身验算弯矩为（图 2 - 3b）：

$$M_D = P\frac{x}{a}(a-x) \tag{2 - 2}$$

当轧辊同时轧制两根以上轧件时，轧辊负荷要进行叠加。

作用辊身危险断面的弯曲应力：

$$\sigma_D = \frac{M_D}{W_D} = \frac{M_D}{0.1D^3} \tag{2 - 3}$$

式中 M_D ——辊身危险断面弯矩；

D ——计算断面的直径（应考虑轧辊磨损和重车至最小直径）。

2. 辊颈—计算弯曲和扭转　辊颈危险断面上的弯曲应力 σ_d 和扭转应力 τ 分别为：

$$\sigma_d = \frac{M_d}{W} = \frac{M_d}{0.1d^3} \tag{2 - 4}$$

$$\tau = \frac{M_n}{W_n} = \frac{M_n}{0.2d^3} \tag{2 - 5}$$

式中 d ——辊颈直径；

M_d、M_n ——辊颈危险断面处的弯矩和扭转力矩。

对于钢板轧辊辊颈弯矩等于：

$$M_d = \frac{P}{2} \cdot c = \frac{1}{4}Pl \tag{2 - 6}$$

式中 c ——压下螺丝中心线至辊身边缘距离，可近似取为辊颈长度之半，即 $c = \frac{l}{2}$。

对于带孔型轧辊辊颈弯矩，由支反力 R 决定：

$$M_d = Rc \tag{2 - 7}$$

轧辊承受扭转力矩 M_n 的大小，要根据轧机具体传动条件确定。对于单辊传动的轧辊（如叠轧薄板轧机下辊），它承受由主电机经减速器传到轧辊的全部扭矩。当传动两个轧辊而辊径相等时，每个轧辊承受由主电机经减速器传动总力矩之半，它经过齿轮座分配在每个轧辊传动轴上。

在实际生产中，由于工艺上的需要有时两轧辊直径不相等。如初轧孔型设计时，为防止钢锭冲击辊道，采用下压轧制，即下辊直径比上辊直径大些，使钢锭偏向上方轧出。此时分配在直径较大的下辊上扭矩约占总力矩的 70%～80%[24]。

辊颈强度应按弯扭合成应力计算，因轧辊材质不同，所以有下列两种情况：

（1）采用钢轧辊时，合成应力按第四强度理论计算：

$$\sigma_P = \sqrt{\sigma_d^2 + 3\tau^2} \tag{2 - 8}$$

式中 σ_P ——合成应力。

（2）采用铸铁轧辊时，合成应力按第二强度理论计算：

$$\sigma_P = 0.375\sigma_d + 0.625\sqrt{\sigma_d^2 + 4\tau^2} \tag{2-9}$$

3. 辊头　轧辊传动端辊头只承受扭矩，辊头受力情况是属于非圆截面扭转问题，这在弹性力学有薄膜理论方法求解。

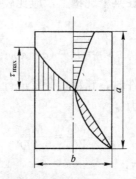

图 2 - 4　矩形截面受扭时剪应力分布

由理论分析结果得知，矩形截面扭转应力分布如图 2 - 4 所示，最大剪切应力发生在矩形长边中点处

$$\tau_{max} = \frac{M_n}{W_n} \tag{2-10}$$

式中　M_n ——扭转力矩；

　　　　W_n ——抗扭断面系数，$W_n = \eta \cdot b^3$。 　　　　　　　　　　　　　(2 - 11)

设矩形截面长边为 a，短边为 b，式中系数 η 随比值 a/b 变化可由表 2 - 5 查出。

表 2 - 5　矩形边长 a/b 比值和 η 系数关系

a/b	1.0	1.5	2.0	2.5	3.0	4.0	6.0
η 值	0.208	0.346	0.493	0.645	0.801	1.150	1.789

例如：对于边长为 a 的方形辊头，$\eta = 0.208$，则位于边长中点处的最大剪应力为：

$$\tau_{max} = \frac{M_n}{0.208a^3} \tag{2-12}$$

梅花形辊头（见表 2 - 3 附图）的最大扭转应力产生在槽底上，对一般形状的梅花形辊头，当 $d_2 = 0.66d_1$ 时，其最大扭转应力为：

$$\tau_{max} = \frac{M_n}{0.07d_1^3} \tag{2-13}$$

式中　d_1 ——梅花辊头外径；

　　　　d_2 ——梅花辊头槽底直径。

二、四辊轧机轧辊的强度计算

由于工作辊与支承辊压靠在一起，故其负荷特点为：

(1) 由于支承辊作用，工作辊承受弯矩很小，而弯矩主要由支承辊承担。

(2) 在工作辊与支承辊压靠辊面产生接触应力，在设计中应予考虑。

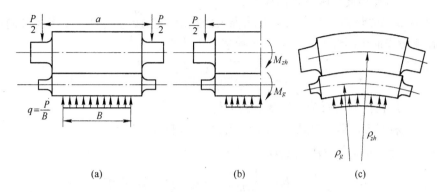

图 2-5 四辊轧机轧辊受力变形情况

1. **弯曲强度的计算** 由图 2-5 可看出，工作辊与支承辊的弯矩分配情况，将工作辊与支承辊看成一整体，则与二辊轧机一样，得出中央截面总弯矩 M_Σ 值：

$$M_\Sigma = P\left(\frac{a}{4} - \frac{b}{8}\right)$$

由图 2-5 得知：

$$M_\Sigma = M_{zh} + M_g \tag{2-14}$$

式中，M_{zh} 和 M_g 为支承辊和工作辊弯矩。

由材料力学得知，曲率半径 ρ 与弯矩 M 之间的关系为：

对工作辊

$$\frac{1}{\rho_g} = \frac{M_g}{E_g \cdot I_g} \tag{2-15}$$

对支承辊

$$\frac{1}{\rho_{zh}} = \frac{M_{zh}}{E_{zh} \cdot I_{zh}} \tag{2-16}$$

变形后工作辊与支承辊贴紧压靠，可认为：

$$\rho_{zh} = \rho_g$$

故得

$$\frac{M_g}{E_g I_g} = \frac{M_{zh}}{E_{zh} I_{zh}}$$

若工作辊与支承辊材质相同，即 $E_g = E_{zh}$，则

$$\frac{M_{zh}}{M_g} = \frac{I_{zh}}{I_g} = \left(\frac{D_{zh}}{D_g}\right)^4$$

在一般情况下 $D_{zh}/D_g = 1.5 \sim 2.9$，如取 $D_{zh}/D_g = 2$，则 $M_{zh}/M_g = 16$，代入（2-14）式后，得

$$M_{zh} = \frac{16}{17} M_\Sigma \approx 94\% M_\Sigma$$

$$M_g = \frac{1}{17} M_\Sigma \approx 6\% M_\Sigma$$

计算结果表明，工作辊承受弯矩很小，支承辊几乎承受全部弯矩。因此，工作辊仅验算辊头扭转应力，支承辊需要验算弯曲应力。如工作辊承受另外侧向力、弯辊力及前后张

21

力差等，应另计算由此引起的弯曲应力。

2. 接触应力的计算　工作辊与支承辊表面接触产生接触应力，在半径方向产生法向应力，在接触表面中间最大，其值可按赫兹公式计算：

$$\sigma_{max}=\sqrt{\frac{q\;(r_1+r_2)}{\pi^2\;(K_1+K_2)\;r_1r_2}}$$

式中　q——加在接触表面单位长度上的负荷；

r_1，r_2——相互接触两个轧辊（即工作辊和支承辊）的半径；

K_1，K_2——与轧辊材料有关的系数，

$$K_1=\frac{1-\mu_1^2}{\pi E_1};\;K_2=\frac{1-\mu_2^2}{\pi E_2}\;(\mu_1\mu_2\;为轧辊材料泊松比)。$$

当轧辊材料相同及 $\mu=0.3$ 时：

$$\sigma_{max}=0.418\sqrt{\frac{qE\;(r_1+r_2)}{r_1r_2}}$$

此应力虽然较大，但对轧辊不致产生很大危险，因为在接触区，材料变形近似三向压缩状态，能承受较高应力。

在接触区还存在切应力 τ，根据计算，切应力在表面深度 $Z=0.39b$ 时达到最大值（b 是工作辊与支承辊接触压扁宽度），如图 2 - 6 所示。为保证轧辊表面不产生疲劳破坏，τ_{max} 应小于许用值；

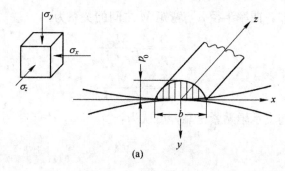

(a)

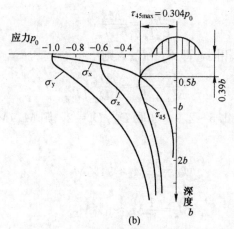

(b)

图 2 - 6　轧辊接触面上的应力与深度关系（其中 b 为支承辊与工作
辊接触压扁宽度之半）

$$\tau_{max}=0.304\sigma_{max}\leqslant[\tau]$$

正应力和切应力的许用值与轧辊表面硬度有关，表2-6按照支承辊表面硬度列出了许用接触应力值。

表2-6 许用接触应力值

支承辊表面硬度，HS	许用应力[σ] kg/mm²	许用应力[τ] kg/mm²
30	160	49
40	200	61
60	220	67
85	240	73

三、轧辊安全系数

上述轧辊强度计算均以静负载计算。设计部件时，常以采用材料强度极限σ_b为准进行安全系数校核，即安全系数n等于：

$$n=\frac{\sigma_b}{\sigma}$$

由于轧钢生产工艺对轧辊负荷影响因素较多，波动也比较大，同时还有冲击动负载、疲劳、温度等因素影响，故精确计算轧辊实际负荷是困难的。采用静负载计算轧辊强度是经过简化的一般方法。通过这种计算并经生产实践证实，对一般轧辊采用安全系数$n=5$是足够的，这已为大家所公认并采用。表2-7列有各种轧辊材料许用应力值。

表2-7 轧辊材料许用应力值

材 料 名 称	极限强度σ_b kg/mm²	许用应力[σ] kg/mm²
合金锻钢	70～120	14～24
碳素锻钢	60～70	12～14
碳素铸钢	50～60	10～12
球墨铸铁	50～60	10～12
合金铸铁	40～45	8～9
铸 铁	35～40	7～8

四、轧辊断裂形式

轧辊是保证轧钢车间生产正常进行的重要部件，除因正常磨损定期进行更换外，还应消灭断辊事故。

轧辊断裂原因有两类：一类属于轧辊材质或制造质量，即轧辊内在原因造成。另一类则是工艺条件和使用情况，即外部原因造成。表2-8为几种典型的轧辊断裂形式。由于轧辊材质和制造缺陷造成的断裂，一般在断口处可检查出，如沙眼、夹杂、裂纹等缺陷。

在生产实践中，曾发现高速运动的轧辊或传动轴突然断裂的现象。经测定研究，这与轧件高速咬入冲击使传动系统发生扭转振动现象有关，它可使应力负荷增加数倍。扭转振动产生应力也会引起零件疲劳破坏。这一现象将随轧机向高速度、大功率、多电枢电机传动发展而日趋严重，应在零件结构强度上加以考虑。

表 2 - 8　几种典型的断辊形式

断 辊 形 式	原 因 分 析
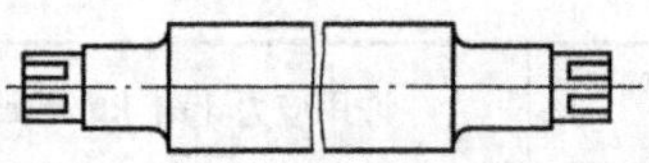	钢板轧辊辊身中间部位断裂,断口较平直为轧制压力过高、轧辊激冷等原因。如断口有一圈氧化痕印,则为环状裂纹发展造成
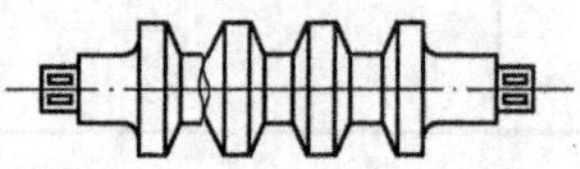	带孔型轧辊在槽底部位断裂,常发生在旧辊使用后期。如新辊出现断辊应检查轧制压力、钢温、压下量等工艺条件及轧辊材质
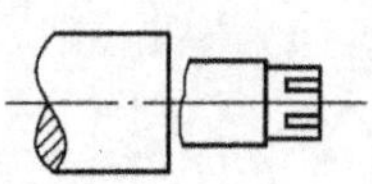	辊颈根部断裂,常发生在加工轧辊时根部圆角半径 r 过小,造成应力集中,应加大圆角半径。轴承温度过高也可能出现辊径断裂
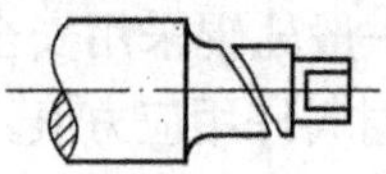	辊颈扭断,断口呈 45°,当扭矩过大时传动端可能出现
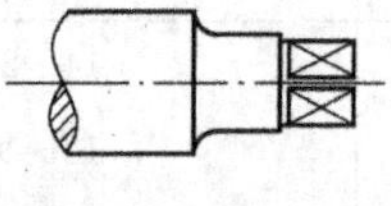	辊头扭断,常从辊头根部断裂 冷轧薄带钢时,轧辊压靠力过大,此时扭矩可大于轧制力矩,启动轧机可能断辊头

第五节　轧辊挠度的计算

在钢板生产中,为确定轧机刚度,需要计算出辊身中间的总挠度和辊身中间与边缘挠度差值,以便确定辊型凸度并在磨床上加工出辊型,从而保证轧出厚度均匀的钢板。

一、轧辊辊身中间总弯曲挠度的计算

由于轧辊直径与轧辊支点距离比值较大,计算轧辊挠度量应该考虑到切应力影响。因此,轧辊中间总挠度量为:

$$f = f_1 + f_2 \tag{2-17}$$

式中　f_1 和 f_2——由弯曲和剪切引起的挠度量。

按卡氏定理求得:

$$f_1 = \frac{\partial U_1}{\partial R} = \frac{1}{EI} \int M_x \frac{\partial M_x}{\partial R} \mathrm{d}x \tag{2-18}$$

$$f_2 = \frac{\partial U_2}{\partial R} = \frac{1}{GF} \int Q_x \frac{\partial Q_x}{\partial R} \mathrm{d}x \tag{2-19}$$

式中　U_1——系统中仅弯曲力矩作用的变形能，$U_1 = \int \dfrac{M_x^2}{2EI}\mathrm{d}x$；

$\quad\quad U_2$——系统中由于切力作用的变形能，$U_2 = \int \dfrac{Q_x^2}{2GF}\mathrm{d}x$；

$\quad\quad R$——在计算挠度位置所作用的外力；

M_x 和 Q_x——在任意截面上的弯矩和切力；

$\quad E$ 和 G——弹性模量和剪切模量；

$\quad I$ 和 F——断面惯性矩和断面面积。

当确定轧辊中间总挠度量时，R 力可假定为轴承反作用力，可用 $P/2$ 表明。轧辊各段弯矩为（图 2 - 7）：

当 $x = 0 \sim \dfrac{a-b}{2}$ 时

$$M_x = \frac{P}{2}x \qquad\qquad (2\text{-}20)$$

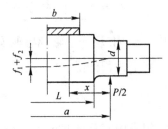

图 2 - 7　辊身中间挠度计算简图

式中　a——两轴承支反力作用点间距离。

当 $x = \dfrac{a-b}{2} \sim \dfrac{a}{2}$ 时

$$M_x = \frac{P}{2}x - \frac{q}{2}\left[x - \frac{a-b}{2}\right]^2 \qquad\qquad (2\text{-}21)$$

式中　q——钢板单位宽度上的压力。

将式（2 - 20）、（2 - 21）微分得：

$$\frac{\partial M}{\partial P} = \frac{x}{2} \qquad\qquad (2\text{-}22)$$

将式（2 - 22）$\dfrac{\partial M}{\partial P}$ 值代入式（2 - 18）得：

$$f_1 = \frac{1}{EI_2}\int_0^c \frac{Px^2}{4}\mathrm{d}x + \frac{1}{EI_1}\int_c^{\frac{a-b}{2}} \frac{Px^2}{4}\mathrm{d}x + \frac{1}{EI_1}\int_{\frac{a-b}{2}}^{\frac{a}{2}}\left[\frac{Px}{2} - \frac{q}{2}\left(x - \frac{a-b}{2}\right)^2\right]\frac{x}{2}\mathrm{d}x$$

式中　I_1——辊身断面惯性矩；

$\quad\quad I_2$——辊颈断面惯性矩；

$\quad\quad c$——轴承支反力作用点到辊身边缘距离。

将上式积分后得：

$$f_1 = \frac{P}{384EI_1}\left[8a^3 - 4ab^2 + b^3 + 64c^3\left(\frac{I_1}{I_2} - 1\right)\right]$$

用直径表示为：

$$f_1 = \frac{P}{18.8ED^4}\left\{8a^3 - 4ab^2 + b^3 + 64c^3\left[\left(\frac{D}{d}\right)^4 - 1\right]\right\} \qquad (2\text{-}23)$$

式中　D、d——辊身直径与辊颈直径。

现确定 f_2，轧辊各断面切力 Q_x 为：

当 $x = 0 \sim \dfrac{a-b}{2}$ 时，$M_x = \dfrac{P}{2}x$

$$Q_x = \frac{dM_x}{dx} = \frac{P}{2}$$

当 $x = \frac{a-b}{2} \sim \frac{a}{2}$ 时，$M_x = \frac{P}{2}x - \frac{q}{2}\left[x - \frac{a-b}{2}\right]^2$

$$Q_x = \frac{dM_x}{dx} = \frac{P}{2} - q\left(x - \frac{a-b}{2}\right)$$

上两方程式对 P 微分均得

$\dfrac{\partial Q_x}{\partial P} = \dfrac{1}{2}$ 代入 (2-19) 式得：

$$f_2 = \frac{1}{GF_2}\int_0^c \frac{P}{4}dx + \frac{1}{GF_1}\int_c^{\frac{a-b}{2}} \frac{P}{4}dx + \frac{1}{GF_1}\int_{\frac{a-b}{2}}^{\frac{a}{2}} \frac{1}{2}\left[\frac{P}{2} - q\left(x - \frac{a-b}{2}\right)\right]dx$$

式中 F_1 和 F_2——辊身与辊颈断面积。

将上式积分得：

$$f_2 = \frac{P}{G\pi D^2}\left\{a - \frac{b}{2} + 2c\left[\left(\frac{D}{d}\right)^2 - 1\right]\right\} \tag{2-24}$$

辊身中间总挠度 f 为 (2-23)、(2-24) 两式之和：

$$f = f_1 + f_2 = \frac{P}{18.8ED^4}\left\{8a^3 - 4ab^2 + b^3 + 64c^3\left[\left(\frac{D}{d}\right)^4 - 1\right]\right\}$$
$$+ \frac{P}{G\pi D^2}\left\{a - \frac{b}{2} + 2c\left[\left(\frac{D}{d}\right)^2 - 1\right]\right\} \tag{2-25}$$

二、辊身中间位置和钢板边部挠度差值计算

图 2-8 中的 R 力可理解为虚力（假想力），此力位于钢板边缘，并作用在轧辊上。

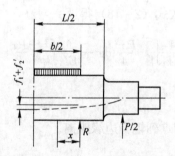

图 2-8 板边挠度差值计算简图

先确定弯矩引起的挠度差值 f_1'。在辊身中间位置与力 R 间各段上的弯曲力矩及对 R 微分为：

$$M_x = \frac{P}{2}\left(x + \frac{a-b}{2}\right) + Rx - \frac{P}{b}\frac{x^2}{2} \tag{2-26}$$

$$\frac{\partial M_x}{\partial R} = x$$

将上式代入 (2-18) 式，并设 $R=0$，则

$$f_1' = \frac{1}{EI_1}\int_0^{b/2}\left[\frac{P}{2}\left(x+\frac{a-b}{2}\right)-\frac{P}{2b}x^2\right]x\mathrm{d}x$$

积分后得：

$$f_1' = \frac{P}{384EI_1}(12ab^2-7b^3)$$

以直径表示惯性矩，则

$$f_1' = \frac{P}{18.8ED^4}(12ab^2-7b^3) \tag{2-27}$$

由切力造成挠度差值 f_2' 计算如下：

将方程式（2-26）对 x 微分，得

$$Q_x = \frac{\mathrm{d}M_x}{\mathrm{d}x} = \frac{P}{2}+R-\frac{Px}{b};\quad 由此得\frac{\partial Q_x}{\partial R}=1$$

将此切力及导数代入（2-19）式，并设虚力 $R=0$，则

$$f_2' = \frac{1}{GF_1}\int_0^{b/2}\left(\frac{P}{2}-\frac{Px}{b}\right)\mathrm{d}x$$

积分后得：

$$f_2' = \frac{P}{GF_1}\frac{b}{8} = \frac{Pb}{2\pi GD^2} \tag{2-28}$$

所以作用在辊身中部和钢板边缘的挠度差值 f' 为（2-27）式和（2-28）式之和：

$$f' = f_1'+f_2' = \frac{P}{18.8ED^4}(12ab^2-7b^3)+\frac{Pb}{2\pi GD^2} \tag{2-29}$$

三、辊身中间和辊身边缘挠度差值计算

计算辊身中间和辊身边缘挠度差值，可提供确定辊型凸度根据。计算方法与前相同，假设虚力 R 作用在辊身边缘上，由弯矩引起的这一挠度差值为：

$$f_1'' = \frac{P}{18.8ED^4}(12aL^2-4L^3-4b^2L+b^3) \tag{2-30}$$

由切应力引起的挠度差值为：

$$f_2'' = \frac{P}{\pi GD^2}\left(L-\frac{b}{2}\right) \tag{2-31}$$

不难看出，当 $L=b$ 时（2-31）式与（2-28）式相同。

钢板轧辊辊型确定除挠度因素外，还要考虑温度分布导致不均匀的热膨胀及辊面磨损等因素，以保证钢板轧制正确的板形。

例题1 计算 1000 初轧机轧辊各断面的应力[19]。

已知：1000 初轧机轧辊的应力分布（如图2-9所示），轧辊尺寸已考虑 10％ 重车量。轧制钢坯和板坯时，各孔型最大轧制压力：

第Ⅰ孔　$P_1=1430\mathrm{T}$

第Ⅱ孔　$P_2=700\mathrm{T}$

第Ⅲ孔　$P_3=600\mathrm{T}$

最大扭矩：

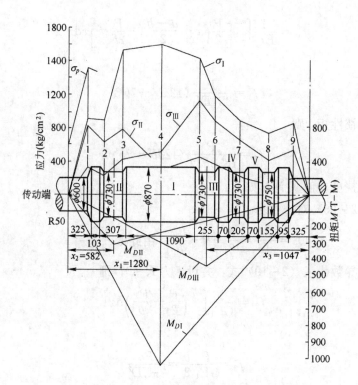

图 2 - 9　初轧辊应力分布

$$M_{n\,max} = 25 \times 10^6 \, \text{kg} \cdot \text{cm}$$

解：

1. 根据公式（2 - 2）确定各断面弯矩

$$M_D = P \frac{x}{a}(a-x)$$

在第 I 孔型：

$$M_I = 1430000 \frac{128}{300}(300-128) = 105 \times 10^6 \, \text{kg} \cdot \text{cm}$$

在第 II 孔型：

$$M_{II} = 700000 \frac{58.2}{300}(300-58.2) = 33 \times 10^6 \, \text{kg} \cdot \text{cm}$$

在第 III 孔型：

$$M_{III} = 600000 \frac{104.7}{300}(300-104.7) = 43 \times 10^6 \, \text{kg} \cdot \text{cm}$$

2. 确定各断面系数

$$W = 0.1D_k^3$$

式中　D_k——孔型槽底轧辊直径。

3. 计算各断面弯曲应力值，结果列入表 2 - 9

$$\sigma = \frac{M_D}{W}$$

4. 绘出在第 I、II、III 孔型轧制时弯曲力矩及应力分布图（图 2 - 9）

传动端辊颈计算时应考虑扭转力矩所引起的应力，其合成应力值 $\sigma_p = 1350 \text{kg/cm}^2$。

由表 2-9 数据结果得知，在第 I 孔型中轧制时应力最大。

表 2-9　1000 初轧机轧辊强度计算

孔型编号 No	参数	轧辊断面编号								
		1	2	3	4	5	6	7	8	9
	$W(cm^3)$	21600	38700	38700	66000	38700	38700	38700	42000	21600
I	$M_D(kg \cdot cm)$	20×10^6	35×10^6	60×10^6	105×10^6	56×10^6	46×10^6	15×10^6	30×10^6	19×10^6
	$\sigma(kg/cm^2)$	925	900	1550	1590	1440	1180	900	775	890
II	$M_D(kg \cdot cm)$	18×10^6	24×10^6	31×10^6	23×10^6	16.8×10^6	13×10^6	10×10^6	7×10^6	4.5×10^6
	$\sigma(kg/cm^2)$	835	620	800	350	435	340	260	165	210
III	$M_D(kg \cdot cm)$	7×10^6	9.5×10^6	16×10^6	30×10^6	45×10^6	35×10^6	26×10^6	19×10^6	12×10^6
	$\sigma(kg/cm^2)$	310	245	410	1160	1160	900	670	450	550
	$M_{nmax}(kg \cdot cm)$	25×10^6								
	$W_n(cm^3)$	43200								
	$\tau_{max}(kg/cm^2)$	580								
	$\sigma_P(kg/cm^2)$	1350								

例题 2　对轧制硬铝（杜拉铝）的 $\phi500/\phi1250 \times 1700$ 四辊可逆轧机工作辊和支承辊进行强度计算[20]。轧辊尺寸如图 2-10 所示。

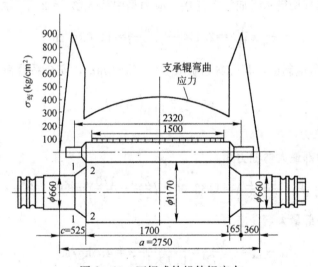

图 2-10　四辊式轧机轧辊应力

已知：最大轧制压力 1500t，轧件宽度 1500mm，最大张力差值 27t，一个轧辊最大扭矩 $M_n = 17t \cdot m$。辊头用键与万向接手连接，直径 $\phi250mm$。

解：

1. 根据式（2-14）四辊轧机支承辊与工作辊承受弯矩之比等于直径比的四次方，其弯曲应力 P_z 和 P_g 分配也和弯矩一样，即

$$\frac{P_z}{P_g} = \left(\frac{D_z}{D_g}\right)^4 = \left(\frac{1250}{500}\right)^4 \approx 39$$

因 $P_z + P_g = P$，得到

$$P_g = \frac{P}{40} = \frac{1500}{40} = 37.5t$$

$$P_z = 1462.5t$$

2. 工作辊应力

(1) 假定工作辊放在两支点上，辊身中部产生最大弯曲力矩

$$M_{g1} = \frac{P_g \times L}{8} = \frac{37500 \times 1700}{8} = 800000 \text{kg} \cdot \text{cm}$$

(2) 水平张力 T 的作用产生最大弯曲力矩

$$M_{g2} = \frac{T}{2}\left(\frac{L_g}{4} - \frac{b}{8}\right) = \frac{27000}{2}\left(\frac{232}{4} - \frac{150}{8}\right) = 520000 \text{kg} \cdot \text{cm}$$

(3) 辊身中部合成弯曲力矩

$$M_g = \sqrt{M_{g1}^2 + M_{g2}^2} = \sqrt{800000^2 + 520000^2} = 960000 \text{kg} \cdot \text{cm}$$

(4) 辊身中部最大弯曲应力

$$\sigma_g = \frac{M_g}{W_g} = \frac{960000}{0.1 \times 47^3} = 92 \text{kg/cm}^2$$

式中，47cm 是考虑重车后工作辊直径，L_g 为辊颈支点间距离。

(5) 工作辊端部用键和万向接轴连接，应力集中系数取 $k = 2.1$，辊头扭转应力为：

$$\tau = k\frac{M_n}{W_n} = 2.1 \times \frac{1700}{0.2 \times 25^3} = 1140 \text{kg/cm}^2$$

轧辊用 9Cr2 锻钢制造，其抗剪屈服限 $\tau_s = 56 \text{kg/mm}^2$，安全系数为

$$n = \frac{\tau_s}{\tau} = \frac{5600}{1140} \approx 4.9$$

3. 支承辊的应力

(1) 在辊身中部最大弯曲力矩

$$M_z = P_z\left(\frac{a}{4} - \frac{L}{8}\right) = 1462500 \times \left(\frac{275}{4} - \frac{170}{8}\right) = 69 \times 10^6 \text{kg} \cdot \text{cm}$$

(2) 在辊身中部最大弯曲应力

$$\sigma_{max} = \frac{M_z}{0.1D_z^3} = \frac{69 \times 10^6}{0.1 \times 117^3} = 435 \text{kg/cm}^2$$

式中　$D_z = 1170 \text{mm}$——重车后的辊身直径。

(3) 1 - 1 断面上的应力

$$\sigma_1 = \frac{P/2 \times 36}{0.1d^3} = \frac{750000 \times 36}{0.1 \times 66^3} = 940 \text{kg/cm}^2$$

(4) 2 - 2 断面上的应力

$$\sigma_2 = \frac{750000 \times 52.5}{0.1 \times 85^3} = 250 \text{kg/cm}^2$$

支承辊用 9CrV 钢制造，其屈服限 $\sigma_s = 50 \text{kg/mm}^2$，许用应力 $R_b = 1500 \text{kg/cm}^2$。

第六节 轧辊的新材质

轧辊材质从早期使用的冷硬铸铁、普通铸钢、合金锻钢发展到使用球墨铸铁轧辊，曾是轧辊生产技术上的一次飞跃性进展。球墨铸铁轧辊是一种制造简单、成本低而综合性能较高的轧辊。它具有较好的耐磨性、消振性与低的缺口敏感性，在采用合金化和热处理条件下，可以获得接近合金锻钢和合金铸钢的机械性能指标。

在这个基础上，以后出现了半钢轧辊和石墨钢轧辊，随之继续发展了高铬铸铁轧辊、锻造白口铸铁轧辊、电渣熔铸轧辊、硬质合金轧辊以及各种型式的复合轧辊。

值得注意的是，以铸代锻已成为轧辊生产技术主要发展趋势。目前国外现代化巨型轧机，除质量要求极严的冷轧工作辊还采用锻钢辊外，其它如初轧机及板带连轧机支承辊等大型轧辊，几乎均已采用铸造材质的轧辊。以下介绍几种轧辊的新材质。

一、新型球墨铸铁轧辊

球墨铸铁用于轧辊已有二十余年历史。球墨铸铁的特点在于具有球状石墨。根据合金元素（Ni、Cr、Mo）含量的不同，球墨铸铁轧辊有两种主要类型：珠光体球墨铸铁轧辊和贝茵体球墨铸铁轧辊。后者具有更高的合金含量（Ni：3%～5%，Mo：0.5%～1.0%），它比前者耐磨、强度高、韧性好。目前一般应用于硬度要求很高的带钢冷连轧机的平整机上。

日本新近发展了一种新型球墨铸铁轧辊，其特点是共晶反应时得到细小弥散分布的莱氏体组织，既提高了导热性，又对裂纹传播有所阻碍，因而有较高的抗热性能。用在初轧机上比一般球墨铸铁轧辊使用寿命提高将近一倍。其机械性能比较列入表2-10。

表2-10 两种球墨铸铁轧辊的机械性能

材 质	抗拉强度 kg/mm² （MPa）	延伸率，%	冲击韧性 kg·m/cm²	纵向弹性模量，kg/mm² （MPa）
改进的	63.5～71.0（620～696）	2.5～5.0	0.58～0.94	1.65～1.77×10⁴（1.62～1.73×10⁵）
普通的	38.3～43.0（375～421）	0～1.0	0.25～0.44	1.37～1.56×10⁴（1.34～1.53×10⁵）

二、半钢轧辊

半钢轧辊成分范围为：

C：1.4%～1.8%；Si：0.4%～0.2%；Mn：0.7%～1.0%；P：≤0.08%；S：<0.04%；Ni：0.5%～1.0%；Cr：0.7%～1.2%；Mo：0.3%～0.5%。

从成分可知，半钢的含碳介于铸钢和铸铁之间，而杂质元素总含量低的具有过共析组织的钢，添加Ni、Cr、Mo可强化基体组织。由于半钢含碳比一般铸钢高，所以铸态材质脆弱易生偏析和内部缺陷，但经过锻造以后，使铸造组织破碎成很细的组织，再经热处理，使极微细的高硬度碳化物均匀分散地析出。因此它具有耐热龟裂性、耐磨性和强韧性三方面综合的良好性能。半钢轧辊的机械性能列入表2-11。

半钢轧辊表里硬度差小，韧性高，适于制造型钢和初轧辊。目前日本带钢热连轧机粗

表2-11 半钢轧辊的机械性能

轧辊部位	σ_s kg/mm² （MPa）	σ_b kg/mm² （MPa）	δ%	面缩率，ψ%	冲击韧性 kg·m/cm²	硬度 HS
辊 身	49.2（482）	78.5（769）	6.9	8.7	0.6	45
辊 颈	47.9（469）	74.3（725）	10.1	12.3	1.0	40

轧和精轧机组前段的工作辊均已采用以半钢代替冷硬铸铁、合金无限冷硬铸铁和合金球墨铸铁。其原因是后者易生冷硬层剥落、断辊、氧化铁皮粘辊以及打滑等问题。

三、高铬铸铁轧辊

其一般成分为：

C：1.8%～3.5%；Si：0.3%～0.8%；Mn：0.5%～2.0%；P：≤0.04%；S：0.03%；

Cr：18.0%～30.0%；Ni：0.3%～2.0%；Mo：0.2%～0.8%。

高铬铸铁轧辊在欧洲已广泛用作较高强度和耐磨性的合金铸铁轧辊。它特别适用于带钢热连轧机精轧机组前段工作辊及冷连轧机工作辊，热连轧机上采用高铬铸铁轧辊比半钢轧辊寿命提高50%。在冷连轧机上取代锻钢工作辊寿命可提高2～3倍。

高铬铸铁轧辊经过热处理后硬度为HS65～85，下限用于热连轧，上限用于冷连轧。

第七节　轧辊制造的新工艺[26]

近十几年来，国外在轧辊制造工艺上有很大进展。在熔炼工艺上普遍采用工频电炉、工频保温炉代替了反射炉和冲天炉熔炼铁水，采用电弧炉代替平炉或转炉熔炼钢水；对熔炼的钢水不马上进行浇注，还要采取钢水精炼的工艺；在铸造工艺上采用离心浇注、真空浇注等，在材质上由单一发展到生产复合轧辊，用复合法（冲洗法、液面恒定底漏法），生产双材质的复合轧辊。

对锻钢和铸钢轧辊所用钢水处理方法主要有：炉外真空处理、钢包吹氩、电渣重熔、钢包精炼等，以达到脱气和排除非金属夹杂效果。

离心铸造技术用于制造轧辊具有成本低，合金消耗量少，操作易于掌握等特点，并且离心铸造金属是在离心力作用下凝固，其组织致密晶粒细化，使轧辊材质各项力学性能指标普遍有所改善。因此，用离心铸造方法生产的轧辊在相同材质条件下，轧辊硬度、耐磨性和热稳定性方面均有显著改善，轧辊寿命有所延长。

离心铸造轧辊方法根据轧辊铸造位置分为：立式、卧式和倾斜式三种。立式离心铸造轧辊如图2-11所示，铸型4垂直置于底盘1上。底盘旋转速度400～750转/分，铸型由夹持辊2夹持，浇注时，先用一种液体金属浇注辊身外层，待外层凝固后，立即将辊芯和辊颈的液体金属注入形成复合轧辊。立式离心铸造轧辊工艺简单，技术成熟，已成为轧辊铸造的基本方法之一。

目前，离心铸造轧辊方法用于生产：带钢热连轧粗、精轧机工作辊；各种板钢轧辊，小型和线材精轧辊；万能型钢水平辊等。这些轧辊大部分为铸铁材质的，少部分为钢面铁心的，即外层为半钢或高铬钢，心部为铸铁。另外也有钢的复合轧辊。

复合铸造轧辊也是制造轧辊的新工艺。它具有使辊面和辊芯采用不同材质，轧辊内外层各具不同要求的良好性能。例如：外层用合金成分较高的铸钢或铸铁制成，而辊芯则用高韧性的普通铸铁、普通铸钢或低合金钢铸成。除用离心铸造可生产复合轧辊外，还有冲洗法，底漏法、隔墙法等复合铸造轧辊方法[4]。

近年来轧辊的热处理工艺进展很快，工艺设备也有许多创新，其中以淬火工艺和工艺设备创新最多。淬火目的在于提高轧辊表层硬度，获得足够深的淬硬层，延长轧辊的使用寿命。一般锻钢轧辊都经淬火处理，有的复合铸钢轧辊与高铬复合铸铁轧辊也有采用淬火作为最终处理的。

轧辊热处理加热方式有整体加热和表面加热两种，表面加热又分为感应加热和火焰加热两种。火焰加热以二十多年前美国采用的差温热处理为优，差温热处理就是将轧辊表面迅速加热到高出所用合金的临界点一定温度，而轧辊芯部和辊颈保持在低于临界点的温度，淬火后，仅辊面一定深度被淬硬，辊芯和辊颈可保持较高的韧性和强度。差温热处理炉是一种封闭式的有辐射式喷嘴的圆柱形炉子，加热时轧辊不断旋转，它能迅速而均匀地对辊身进行辐射加热。此炉子可处理铸钢轧辊，又能处理锻钢轧辊。这种经差温热处理的方坯和板坯初轧机轧辊寿命比正火和球化处理的普通轧辊延长一倍。含碳 $0.8\% \sim 0.9\%$ 的普通铬钢轧辊经球化处理后，硬度达 HS30～33，其平均寿命为 50 万吨。其经差温热处理的板坯初轧机轧辊寿命可达近 200 万吨。图 2-12 为采用不同热处理的工作辊硬度延深度分布举例。

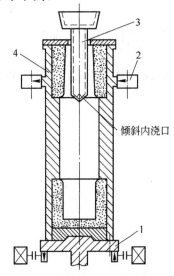

图 2-11　立式离心铸造轧辊示意图
1—底盘；2—夹持辊；3—浇注管；4—铸型

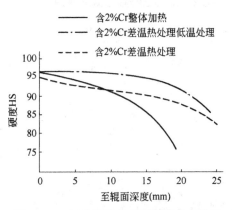

图 2-12　工作辊热处理后硬度分布举例

冷轧带钢轧辊目前已普遍采用感应加热进行淬火、五十年代以前采用 1000～1200Hz 或更高的中频，以后逐渐为 600、250、180、60Hz 频率的感应设备所代替。感应加热又分为连续感应加热和同时感应加热两种。

连续感应加热淬火是感应器沿辊面连续移动加热，随后有水环喷水淬火，其特点：加热速度快，加热层浅，加热层温度梯度大，表面温度高，里层温度低。从表面向内里的温度变化几乎是直线降低。而且采用的频率越高，此特点也越明显。这造成轧辊淬火过渡区小，致使过渡区存在最大残余拉应力，导致轧辊产生剥落现象。

感应加热淬火，是感应器同时将辊面全部加热，因此，其中频发电机或工频变压器所需功率均较大。但其淬火效果，从淬硬曲线和残余应力分布曲线分析，均较前者为佳。

双频感应加热淬火，就是把两个不同频率的感应器机械串联起来，相继对冷轧辊进行连续感应加热的淬火。两个感应器都将轧辊表面加热到奥氏体温度。一般上感应器的频率低，下感应器的频率高。双频淬火机床示意图如图 2-13 所示。双频淬火法与连续感应加热淬火法的硬度比较列于图 2-14。

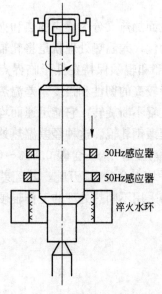

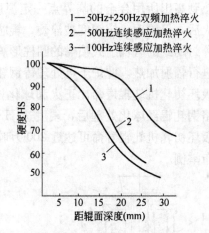

图 2-13 双频淬火机床示意图   图 2-14 双频淬火法与连续感应加热淬火法硬度比较

第三章 轧辊轴承

第一节 轧辊轴承的工作特点

轧辊轴承用来支承转动的轧辊，并保持轧辊在机架中正确的位置，轧辊轴承应具有小的摩擦系数，足够的强度和刚度，寿命长，并便于换辊。

轧辊轴承的工作特点是能承受很高的、比普通标准轴承所允许要大几倍的单位负荷，这是因为轴承受外围尺寸的限制和在较短的辊颈内可用很大的许用应力所决定的。例如对开式的滑动轴承（即具有可拆轴承衬的），根据辊颈上允许应力而决定的轴承上最大单位压力，可用以下关系式求出：

$$\sigma = \frac{plb \cdot 0.5l}{0.1d^3}$$

式中　σ——辊颈内的弯曲应力；

　　　p——作用在轴承衬投影面上的单位压力；

　　　d——辊颈直径；

　l 和 b——轴承衬长度和宽度。

如果假设 $b \approx 0.8d$ 和 $l = (0.8 \sim 1.2)d$，则对于钢轧辊在许用应力 $\approx 1200 kgf/cm^2$（$\approx 120MPa$）时，轴承上的单位压力为：

$$p = 210 \sim 470 kgf/cm^2 (20.593 \sim 46.091 MPa)$$

当辊颈圆周速度 $v = 2 \sim 5 m/s$ 时，与其相应的 pv 值为：

$$pv = 420 \sim 2350 kgf/cm^2 \cdot m/s (41.188 \sim 230.456 MPa \cdot m/s)$$

通常在普通轴承上：

$$p \leqslant 90 kgf/cm^2 (8.825 MPa) \text{ 和 } pv \leqslant 100 kgf/cm^2 \cdot m/s (9.807 MPa \cdot m/s)$$

于是单位压力比普通轴承的大 $1 \sim 4$ 倍，而 pv 值超过 $3 \sim 23$ 倍。这就决定了轧辊轴承的一系列特征：

（1）考虑到 pv 的数值很大，滑动轴承照例在人工冷却下工作，根据它们的结构或在辊颈上浇水，或用强力的循环油达到人工冷却。

（2）考虑到滚动轴承的负荷很大，通常采用四列滚柱轴承。

从其余的特点中还可以指出：在某些轧机上轴承在高温（达 300℃甚至还要高）的条件下工作的，例如单辊传动叠轧薄板轧机。

设计轴承时必须考虑其工作特点，目的是保证轴承的正常工作，提高产品的尺寸精确度，延长轴承的使用寿命，也就是说在使用期限内争取多轧一些合格钢材。

第二节 轴承的主要类型

轴承的式样大概可分为两类：一种是滑动轴承，一种是滚动轴承。新式的液体摩擦轴承其基本结构也属于滑动轴承类型，但运转时能在摩擦面间建立起一层油膜使金属面不相接触，这样以液体摩擦代替固体摩擦，使摩擦系数大大降低，因而减小功率消耗，改善发热状况，减少磨损，延长工作寿命，达到理想轴承的要求。

滚动轴承在工作时以滚动摩擦代替滑动摩擦，也具有摩擦系数低，精度高，寿命长等优点。因此它被广泛地应用于冷轧机上以生产带材或箔材，也用于生产小型钢材、薄板和管子等其他轧机上。但它的缺点是外形尺寸大，使机架窗口尺寸相应地加大或轧辊的辊颈尺寸减小，在制造上工艺较复杂，成本也较高，在高压、高速和冲击载荷大的情况下，它的适应性比油膜轴承差一些。

轧钢机所用轴承，其主要类型及应用列于表3-1。

表3-1 轧辊轴承的主要类型

轴承类型		特 性	用 途
滑动轴承	带金属轴衬的滑动轴承	耐热，刚性较好，摩擦系数高（青铜 $\mu=0.03\sim0.1$），寿命短，耗铜大	叠轧薄板轧机，旧式冷轧板带轧机
	带层压胶布的胶木轴承	摩擦系数低 $\mu=0.005$，寿命长，耐热性与刚性均差	用于开坯、中板及型钢轧机
	液体摩擦轴承	摩擦系数低 $\mu=0.001\sim0.008$，耐磨性好，耐热性与刚性均差，其外廓尺寸比滚动轴承小	适合于高速和高载荷时用，它广泛应用于热轧及冷轧四辊轧机的支承辊，国外也有用于初轧机上
滚动轴承		摩擦系数低 $\mu=0.0011\sim0.005$，刚性好，速度受限制，不耐冲击，维护使用方便，轴承的外廓尺寸比其他轴承大	主要用于冷轧机上以生产带材或箔材，小型钢材，轧管机以及连轧线材轧机

第三节　非金属轴承衬的开式轴承

轧钢机的轴承也有采用胶木瓦或塑料轴瓦，它的优点是摩擦系数低，胶木瓦的摩擦系数 μ 为0.005左右，塑料轴瓦的摩擦系数与轴承的负荷、速度及润滑情况有关：

对干摩擦　　　　　$\mu=0.2\sim0.45$

用油脂润滑　　　　$\mu=0.12\sim0.2$

用油润滑　　　　　$\mu=0.07\sim0.12$

用乳化液　　　　　$\mu=0.05\sim0.08$

用水润滑　　　　　$\mu=0.03\sim0.07$

由于摩擦系数低，轴瓦具有良好的耐磨性，因此寿命较高，并可减少能耗；胶木轴瓦比较薄，故可采用较大的辊颈尺寸，有利于提高辊颈强度；这种轴衬质地较软，既耐冲击，又能吸收进入轴承的氧化铁皮等硬质颗粒，因而有利于保护辊颈表面。

这类轴瓦的缺点是强度低，耐热和导热性能很差，因此需要大量的循环水进行强制冷却和润滑。此外，它的刚性差，弹性模量只有 $500\sim1100\text{kg/mm}^2$（ $5\sim11\text{kN/mm}^2$），因此受力后弹性变形大，在轧件尺寸精度要求严格的轧机上不宜采用这种轴承。对于开坯机等半成品轧机来说，这一点并不十分重要。

胶木轴瓦用水润滑，在不同单位压力下，其摩擦系数与滑动速度的关系如图3-1所示，由图可见单位压力高则摩擦系数低，当滑动速度小于2m/s时，胶木轴瓦处于半干摩擦或半液体摩擦状况，当速度减小时摩擦系数升高，高速时轴承在近于液体摩擦的条件下工作，即具有小的摩擦系数。

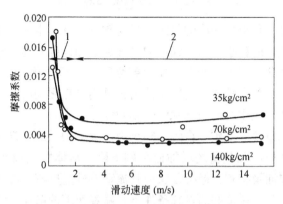

图 3 - 1　摩擦系数与滑动速度之关系

　　轴承衬的形状有各种各样的（图 3 - 2），其中圆柱形的（图 3 - 2a）较省料，但切向要求固定，长方形的（图 3 - 2b）固定性好，但用料较前者多，由三块组合的（图 3 - 2c）轴承衬比较省料，且不会转动，目前应用最广泛的是整压的半圆柱形衬瓦。

　　整块压制衬瓦的主要尺寸是它的长度 l、包角 α 和厚度 h（图 3 - 3）。

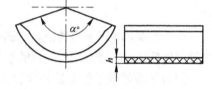

图 3 - 2　开式轴承中各种形状的主轴承衬　　　　图 3 - 3　整体压制的胶木轴瓦

　　l 决定于辊颈长度，l 和 α 决定了衬瓦的承载能力。

　　轴承包角 α 的选择正确与否对轴承的正常工作关系很大，在大载荷下增加包角 α 会促使发生抱轴现象，当包角增加到 $120°$ 以上时对减小单位压力作用不大，但使轴颈表面冷却条件变坏，衬瓦的包角一般取 $100°\sim140°$ 范围内，钢管轧机和型钢轧机取包角为 $140°$，钢管轧机轴承要求有较大的包角是因为衬瓦不但用来承受轧制力，而且用来保持轧辊的一定位置，型钢轧机衬瓦包角太小时，不用侧瓦是难以工作的，钢板轧机的衬瓦包角选为 $100°$，如果小于 $100°$，则需要增设辅助的侧轴瓦。

　　轴瓦的厚度 h 对轴承的刚度、导热性与寿命有很大影响。h 愈大则刚度愈小，导热性也差，而且轴承径向尺寸也增加，但厚度过小会降低使用寿命，其值一般可根据辊颈直径来选择：

辊径直径 d（mm）	轴瓦厚度 h（mm）
150～230	25
235～340	30
345～440	35
450～680	40

第四节　液体摩擦轴承

液体摩擦轴承是一种流体润滑的封闭式滑动轴承，其基本特点是：

(1) 摩擦系数低，能耗小。由于轴承的精细加工和良好密封，辊颈在轴承中旋转时被一层油膜与轴承衬套分隔开来，能在很高的单位压力（250kgf/cm²，24.52MPa 以上）下处于液体摩擦状态，花费在轴承中的能量消耗只是用来克服润滑油层间很小的内摩擦，所以摩擦系数低，在稳态工作时约为 0.0012～0.0035。

适合在高速重载条件下工作　在闭式轴承中，滚动轴承的允许速度是受限制的，因为这类轴承的寿命是随速度和载荷的增加而急剧下降，液体摩擦轴承在低速时油膜不易形成，速度增加对形成油膜有利，但必须保证其流动特性是层流，液体摩擦轴承的允许速度还受到散热条件的限制，在很好的冷却条件下，随着速度的增加其承载能力不是降低而是增高。液体摩擦轴承对冲击载荷敏感性小，而滚动轴承对冲击载荷特别敏感，在高速重载条件下采用液体摩擦轴承比较合适。

(2) 使用寿命长。因摩擦系数低，所以轴承工作面磨损很少，如使用得当，寿命可达数十年。

(3) 结构紧凑。在承受相同载荷的情况下，此类轴承的径向轮廓尺寸比滚动轴承的要小，在外形尺寸相同时，它的辊颈直径比采用滚动轴承时的要大，这就提高了轧辊的强度。

由于此类轴承的显著特点，它的应用范围日益扩大，广泛应用于板带轧机的支承辊上，二辊钢板轧机、小型和线材轧机的工作辊上，甚至在某些初轧机上也应用了液体摩擦轴承。

但液体摩擦轴承的制造精度和成本较高，安装精度要求很严，使用维护复杂。

根据油膜形成原理的不同，液体摩擦轴承又可分为流体动压轴承、流体静压轴承和流体静 - 动压轴承三种类型。

一、动压轴承

动压轴承是应用最早和最广泛的液体摩擦轴承，它利用摩擦副表面的相对运动，把油带进摩擦面之间，建立压力油膜把摩擦面分隔开。其工作原理见图 3 - 4，当辊颈在轴承中静止时，由于它本身的重量，自然与轴承底部接触。当辊颈沿反时针方向开始转动时，由于金属间的摩擦，辊颈靠左侧向上移动，如图 3 - 4 中 6 所示。当转速继续升高时，由于辊颈的转动将润滑油带入楔形间隙，辊颈稍向右侧偏移，如图 3 - 4 中 7 所示。这时由于高速转动体的泵压作用，不断地将润滑油从入口处压向出口处，在间隙最小处 h_{min} 形成一个高压，达 250kgf/cm²（24.516MPa）。此压力若足以与轧制力平衡，就能将辊颈浮起，使它与轴承内表面脱离接触，实现液体摩擦。由于轴承两端不能封闭，所以沿轴线上，轴承中油压呈悬链形分布，如图 3 - 4 中 10 所示。

由于依靠运动，即利用液体的动力效应来建立液体摩擦条件，故这种液体摩擦轴承可称为动压油膜轴承。

1. 最小油膜厚度 h_{min}　油膜轴承的设计，关键在于控制油膜的最小厚度 h_{min}（图 3 - 5），这个厚度与辊颈的速度和润滑油的黏度成正比，而与单位压力成反比，即

$$h_{min} \propto \frac{v \times \mu}{p} \qquad (3 - 1)$$

式中　v——圆周速度；

　　　μ——润滑油黏度；

　　　p——单位压力。

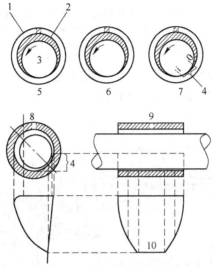

图 3-4　流体动力形成楔形油膜与轴承中压力分布

1—轴承；2—充满润滑油的空间；3—辊颈；4—径向压力区；5—静止；6—开始转动；

7—正常运转；8—端视图；9—纵向剖视图；10—纵向压力分布

h_{min} 应大于两个相对滑动表面微观不平度之和，一般说来，速度高对保证油膜形成有利，但速度也有限制，在某一特定条件下，有个临界速度可保持液体的层流状态，超过这个速度就会出现紊流，破坏油膜的形成。因此设计时要用试验得来的公式选择合理的参数。

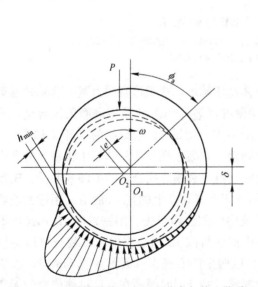

图 3-5　油膜轴承截面中压力分布与偏心位移

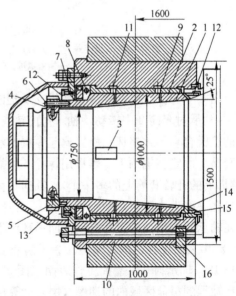

图 3-6　锥形轴套上带止推法兰的动压轴承

1—轴颈套筒；2—轴衬套筒；3—键；4、15—环；

5—螺母；6—螺栓；7—法兰盘；8—半环；9—槽；

10—轴承座；11—孔；12—密封圈；

13、14—橡皮圈；16—插板

39

2. **动压轴承的结构** 轧钢机的动压轴承有两种典型结构，它们的摩擦件都是通过套在锥面辊颈上的锥形轴套和装在轴承座中的轴承衬套组成的，只是承受轴向力的止推装置不同。一种结构是轴向力由锥形套本身的止推法兰承受（图3-6），另一种则在辊颈外端专门装有止推滚动轴承（图3-7）。带有止推法兰锥形轴套的动压轴承，其特点是结构简单紧凑。它的缺点是止推法兰受轴向力过大时会折断，使整个锥形套报废，且使锥套加工复杂，目前这种结构已趋于淘汰。带有专用止推滚动轴承的动压轴承，其特点是锥形轴套加工简单，止推轴承可以单独更换，密封型式比较先进，目前得到广泛应用。其缺点是需要专门的止推滚动轴承，辊颈的轴向尺寸较大。

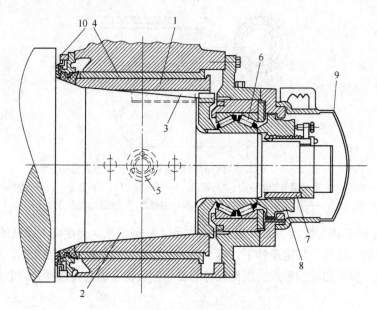

图3-7 四辊轧机上支承辊的油膜轴承

1—套筒；2—锥形辊颈；3—方键；4—轴承衬；5—锁销；6—止推轴承；7—螺丝环；
8—锁紧螺母；9—盖子；10—迷宫密封

图3-6为2500四辊冷连轧机支承辊的液体动压轴承，在锥形辊颈上紧固着轴颈套筒1，在轴承衬套筒2中转动，轴承衬内铸有一层薄的（约5mm）优质锡耐磨巴氏合金，薄层的巴氏合金不致挤坏，所以比起厚层的承载能力大。用键3、带螺纹的半环4和螺母5使套筒1固定在辊颈上。螺母用螺栓6可靠地防松，它装在螺母5和套筒1相重合的孔中（螺母上的孔较套筒上的多一个）。轴向负荷由法兰盘7和镶巴氏合金的半环8承受。轴承通过孔（图上未示出）和轴承座10上的环状槽9以及套筒2上的孔11润滑。用过的油收集在轴承端的集油槽里并自动流回循环润滑系统中的贮油箱里去。用密封圈12和橡皮圈13及14来保证轴承的密闭性。为了防止套筒1被密封圈12因摩擦损坏，装有可以更换的环15。轴承衬——套筒工作表面（图3-8）以两个中心镗出（偏移为0.3mm），以满足在轴承的负荷区域内的油楔（层）计算值的要求，并且同时保证在直径对称位置的无负荷区域内有必要的间隙，使足够的润滑油通过以带走轴承中因摩擦产生的热。类似的镗孔方法同样可保证轴承的负荷区与非负荷区表面的互换性。轴承衬套筒内的侧面集油槽，以偏心35mm镗出，以便使润滑油易于流入工作区域（由于间隙平滑地减小），并且由于润

滑油在这些集油槽中强烈的洗涤着轴颈，轴承中的散热情况得以改善。

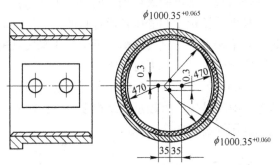

图 3-8　图 3-6 中的轴衬套筒的镗孔简图，轴颈直径 $1000^{-0.040}$

虽然在制造上圆锥形轴颈比圆柱形的要困难的多，但在强度上和拆卸轴承方面有它的优点。更换轧辊时轴承不拆开，而只须将轴承和轴承座一起整个地从圆锥形辊颈上卸下。通常轧辊上的一对轴承都做成径向止推的。相对机架转轴方向上只固定不传动端的轴承座（图 3-6 用两块可转动的插板 16 来固定的，图中只表示了其中的一个）。

近年来我国和世界各国广泛采用轴向力由单独的止推滚动轴承承受的动压轴承（图 3-7），其典型代表是美国的 Morgoil 轴承。

图 3-7 为此类轴承截面，它的基本部件是一个合金锻钢套筒，其外表面经热处理后磨光（或经抛光）如镜面，与锥形辊颈 2 用方键 3 连接在一起，一个铸有耐磨合金的轴承衬套在套筒 1 上，它们之间的接触面就是转动摩擦面，并承受径向载荷。轴承衬用锁销 5 固定于轴承座上。

在轴承右侧的一端，装有止推滚动轴承 6，它与径向轴承是分开的。这个推力轴承能承受轴向力，轧辊另一端的轴承构造稍有不同，它没有止推轴承。此外还有螺纹环 7，锁紧螺母 8 和一个外盖 9。还有迷宫式密封 10 靠紧辊身，使乳液杂质等不能浸入轴承，轴承内的润滑油也不会流失。

二、静压轴承

流体动压轴承的液体摩擦条件只有在一定的转速等条件下才能实现，因此当轧辊经常启动、制动和反转或在低速运转时就不易保持液体摩擦状态。而且，动压轴承在启动之前不允许承受很大的载荷。此外，动压轴承的油膜厚度将随轧制速度的变化而变化，因而对轧制精度有影响。

基于以上原因，近年来出现了液体静压轴承，液体静压轴承是在轴承两滑动表面之间输入足以平衡外载的高压油，人为地使两个表面分离，即靠油的静压力使轴颈在轴承中浮起，实现液体摩擦，因此这种高压油膜的形成与轴颈的运动状态无关，无论是启动、制动、反转、甚至静止状态都能保持液体摩擦条件，这是区别于动压轴承的主要特点。

液体静压轴承具有承载能力大、使用寿命长、轴承刚度高、能满足各种载荷条件和速度条件的要求。此外，对轴承衬材料可降低要求。由于静压轴承必需有一套可靠的高压液压系统及保护装置，所以应用不如液体动压轴承普遍。

三、动‐静压轴承

静压轴承虽然克服了动压轴承的某些缺点，但它本身也存在着新的问题，主要是轧钢机的静压轴承需要一套连续运转的高压液压系统来建立静压油膜，这就要求液压系统有高度的可靠性，液压系统的任何故障都可能破坏轴承的正常工作条件。

液体动 - 静压轴承就是把动压轴承和静压轴承各自的优点结合起来，克服了动压轴承和静压轴承二者的不足。轧钢机上采用这类轴承是近十多年来发展的一项新技术，如武钢1700 冷连轧机等一些现代化的轧机上已采用了这种轴承。

动 - 静压轴承是用一个润滑系统供油，用同一种润滑油，只是在原有润滑系统中再增添一套静压润滑系统装置。对于液体摩擦轴承的结构没有什么改变，只是在动压轴承的承压面上增设一个供油孔和静压油腔（图 3 - 9）。

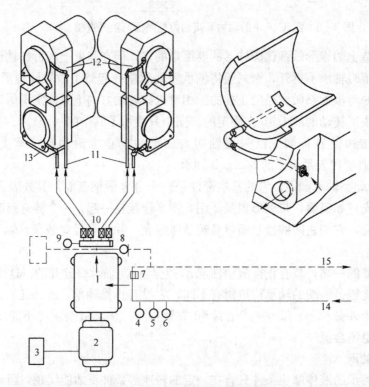

图 3 - 9　动 - 静压轴承供油系统

1—高压柱塞泵；2—电动机；3—控制装置；4—压力控制开关；5—压力表；6—温度计；
7—减压阀；8—安全阀；9—高压表；10—高压分配阀；11—工作管道；12—高压软管；
13—轴承部分扩大图；14—动压系统供油管；15—回油管

每一机座都有单独的静压系统，由一台卧式三柱塞高压泵通过换向阀使油路通入轴承中的油腔。高压泵吸入的油由动压系统中的泵供给，其工作压力为 2.5kg/cm²（0.245MPa）。高压泵输出的高压油经过自动换向阀送到轴承的负荷区（静压油腔）。高压管道上设有高压安全阀以控制系统压力，正常为 700～1000kg/cm²（68.6～98.1MPa），最高可达 1400kg/cm²（137MPa）。

当轧机开始工作时，高压泵的电动机 2 启动，使高压泵工作并向动压轴承的静压油腔中供油。当轧机转速达到 73.5m/min 时，静压系统自动停止。

当轧机高速运转后要制动停车时，轧制速度降到 73.5m/min，高压泵又自动接通，高压油又送到轴承的静压油腔，直到轧机停止运转，高压泵才停止转动。

动 - 静压轴承中油腔的开法如图 3 - 10 所示。

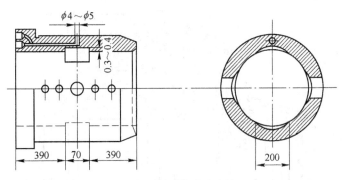

图 3 - 10 动 - 静压轴承油腔的开法

由以上可知，动 - 静压轴承的特点是：仅在低速、可逆运转、启动或制动情况下才使静压系统投入工作。在高速、稳定运转时，轴承按动压制度工作，这样，高压系统不需要连续地工作，它只在很短时间内起作用，这就大大减轻了高压系统的负担，并提高了轴承工作的可靠性，动压和静压工作制度可根据轧辊转速自动切换。装备这种轴承是比较安全的，如果静压系统出现故障需进行检修时，轴承仍可以在动压方式下继续工作，不会影响轧机的正常运转。

第五节 滚 动 轴 承

滚动轴承的摩擦系数低，能耗小，磨损小，使用寿命长，它的刚度大，有利于保证轧制产品的精度，目前已广泛应用于冷、热板带轧机、线材轧机及其他各种轧机上。一般四辊轧机的工作辊上都用滚动轴承。支承辊载荷不太大、速度不太高的情况下也可用滚动轴承，在轧制速度较高时，一般趋向于用液体摩擦轴承。滚动轴承一般用干油（油脂）润滑，不要求特别严密的密封，近年来工作辊的滚动轴承采用了新式的油雾润滑，润滑效果很好。使用滚动轴承时，换辊也较为简单。

滚动轴承的缺点是造价高，尺寸较大，在径向尺寸受限制时，不得不缩小辊颈的尺寸。

轧辊轴承要在径向尺寸受限制的情况下承受很大的轧制力，因此，轧辊用的滚动轴承都是多列的，主要有圆锥滚柱轴承、圆柱滚子轴承、球面滚柱轴承。

一、圆锥滚柱轴承

在四辊冷轧机支承辊上或四辊式热轧和冷轧机的工作辊上常常用四列锥形滚柱轴承，如图 3 - 11 所示。这类轴承不能自动调心，因此轴承座上必须有自位球面垫，因为它可同时承受径向负荷和轴向负荷，但滚柱的端面和内圈导向边缘之间作用着一定的压力，这里存在滑动摩擦，因此这类滚柱轴承比圆筒滚柱轴承产生较高的摩擦热。因此锥形滚柱轴承即使在同样的负荷条件下，也不能像圆筒滚柱轴承一样在速度很高的条件下工作。

为了便于换辊，轴承内圈与轧辊轴颈采用动配合，由于配合较松，内圈会出现微量移动，为防止对辊颈的磨损，要求辊颈硬度为 32～36HRC 或 HS＝45～50。同时，应保证配合表面经常有润滑油，有的轴承制造厂在轴承内圈的内径刻上螺旋形沟纹和在内圈的侧面刻上凹槽以保存润滑油，同时它们在某种程度上也起到收集废屑的作用。

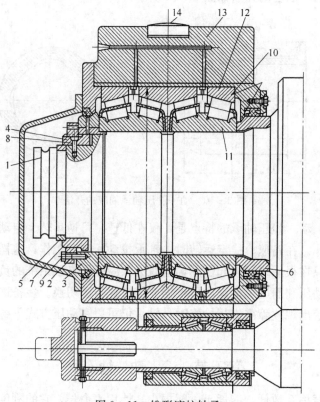

图 3 - 11　锥形滚柱轴承

1—支承辊轴颈；2—锁紧螺母；3—固定环；4—键；5—定位环；6—固定环；7—螺丝环；8—螺钉；
9—螺钉；10—锥形滚柱；11—内圈环；12—内圈；13—轴承座；14—自位球面垫

二、圆柱滚柱轴承（图 3 - 12）

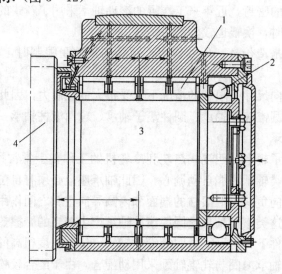

图 3 - 12　1700 四辊冷连轧机支承辊的多列圆柱滚柱轴承

1—圆柱滚子轴承；2—圆珠滚子止推轴承；3—辊颈；4—轧辊

这类轴承的摩擦系数较低（f＝0.0011），适用于高速重载荷场合，它的滚柱高度不大，对一定辊身直径来说，它能容纳最大的辊颈直径，或者对一定的辊颈直径来说，它的外形轮廓尺寸最小。这类轴承装有多个大体积的滚柱，因此它的承载能力较高。

这类轴承只承受径向载荷，轴向载荷必须用独立的止推轴承来承受，但这不能认为是一种缺点，因为止推轴承可用滚柱和滚珠，这样径向、轴向滚子都各自发挥最大的作用。在冷、热连轧宽带钢轧机上的轴向力只是其径向力很小的一部分，用两套相同的止推轴承，轧辊对称，备品简化。

圆柱滚柱轴承在辊颈上为静配合，在轴承座内为过渡配合。止推轴承在辊颈上和在轴承座内均为动配合。换辊时，外圈和滚柱与轴承座组成一整体，可以和任何一对内圈配合，具有互换性；内圈和轧辊一起拆下。

根据速度和载荷情况，圆柱滚柱轴承可用油雾润滑、稀油润滑和干油润滑。

三、球面滚柱轴承（图 3-13）

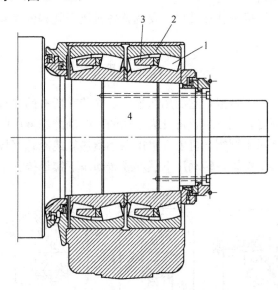

图 3-13 球面滚柱轴承
1—球面滚柱；2—球面套圈；3—隔离环；4—锥形辊颈

它的滚柱与套圈是以球面相配合的，因此它能自动调心，即轴承的轴线可随辊颈轴线转动，保持彼此平行。它可同时承受径向和轴向载荷，因此不需另加止推轴承。它常用于四辊冷轧机的支承辊上，如果轧制力不太大，每个辊颈上装一个双列球面滚柱轴承即可。若载荷大，需要四列滚柱轴承，即一个辊颈上装两个双列球面滚柱轴承，那么轴承座上就应有自位装置。

以上介绍轧钢机常用的几种滚动轴承，至于它的设计、计算已在机械零件中讲述，故不在此重复。

第四章 轧辊调整装置

轧辊调整装置的作用主要是调整轧辊在机架中的相对位置，以保证要求的压下量、精确的轧件尺寸和正常的轧制条件。轧辊的调整装置主要有轴向调整装置和径向调整装置两种。

轧辊的轴向调整装置主要用来对正轧槽，以保持正确的孔型形状，一般用简单的手动装置。

轧辊的径向调整装置的作用是：

（1）调整两工作辊轴线之间的距离，以保持正确的辊缝开度，给定压下量；

（2）调整两工作辊的平行度；

（3）调整轧制线的高度（在连轧机上要调整各机座间轧辊的相互位置，以保证轧制线高度一致）。

第一节 压下装置的类型

上辊调整装置也称压下装置，它的用途最广，安装在所有的二辊、三辊、四辊和多辊轧机上。就驱动方式而言，压下装置可分为手动的、电动的和液压的三类。

手动压下装置大多用于型钢轧机上，也用在小型热轧或冷轧钢板和带钢轧机上。轧辊的手动调整通常可用移动楔块，转动压下螺丝或转动压下螺母等方法来实现（图 4 - 1）。

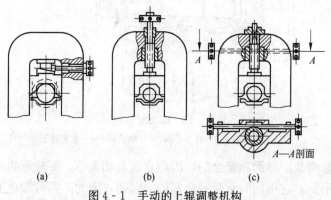

图 4 - 1 手动的上辊调整机构

（a）具有楔块；（b）具有旋转的压下螺丝；（c）具有旋转的螺母

手动压下装置的优点是结构简单、价格低。其缺点是体力劳动繁重，压下速度和压下能力较小。

电动压下装置是由电动机通过圆柱齿轮减速箱或蜗轮减速箱（有时也用行星轮减速箱）传递运动的，它可以用于所有的轧机上，如初轧机、板坯轧机、厚板、薄板及热、冷板带轧机。其优点是移动距离可达较大的数值，速度和加速度亦可达到一定的要求，压下能力较大。缺点是结构复杂、反应时间较长、效率较低。

液压压下装置主要用于冷、热轧板带轧机上，其主要特点是具有很高的响应速度，很短的反应时间，很高的调整精度。但其费用较高，控制的行程有限。

轧辊调整装置的结构在很大程度上与轧辊的调整速度、调整距离、调整频率和调整精度有关。各类轧机的上辊调整速度见表4-1。

表4-1　各种轧机的上辊移动（调整）速度

轧机特性	移动速度（mm/s）	轧机特性	移动速度（mm/s）
1000～1475初轧机	80～200	b）精轧机座	5～12
1100板坯机	50～120	型钢轧机（孔型位置不变）	2～5
800～900初轧机	40～80	钢管穿孔机	1～2
700～800三辊初轧机	30～60	四辊薄板热轧机	0.1～0.2
中、厚板轧机：		薄板及带钢冷轧机	0.05～0.1
a）粗轧机座	12～25		

电动压下装置是目前最常用的上辊调整装置，本章将予以重点介绍。调整速度是压下装置的基本参数，根据压下速度的大小，电动压下装置可分为快速压下装置和慢速压下装置两种类型。

一、快速压下装置

这类压下装置多用在初轧机、板坯轧机、中厚板轧机、连轧机组的可逆式粗轧机上，其工艺特点是：

（1）工作时要求大行程、快速和频繁地升降轧辊。

（2）轧辊调整时，不"带钢"压下，即不带轧制负荷压下。

为适应上述特点，就要求传动系统惯性小，以便在频繁的启动和制动情况下实现快速调整；由于其工作条件繁重，要求有较高的传动效率和工作可靠性；快速压下装置中还必需有克服压下螺丝阻塞事故（轧卡、坐辊）的回松装置。

快速压下装置一般采用螺丝和螺母机构来移动轧辊，按照传动的布置形式，快速压下装置有两种类型：采用立式电动机，传动轴与压下螺丝平行布置的形式和采用卧式电动机，传动轴与压下螺丝垂直交叉布置的形式。

1. 采用立式电动机　图4-2为采用立式电动机的初轧机压下机构简图。电动机11通过与其同轴的小齿轮1和中间大惰轮2带动固定在方孔套筒3上的大齿轮4，使压下螺丝5在螺母12中旋转并实现升降运动，压下螺丝的方形尾端穿在套筒的方孔中。

为了实现两个压下螺丝的同步移动以保持上轧辊的平行升降，两个中间大惰轮之间用一个小惰轮（离合齿轮6）相连。

离合齿轮6装在液压缸的柱塞杆8上，当液压缸的柱塞升起时，两个中间大惰轮之间的联系即被切断，此时两个压下螺丝可以单独调整。

压下螺丝的升降速度为90～180mm/s。其中较高的速度是在大行程移动时使用（例如在翻钢道次及换辊时）。

压下螺丝的移动距离通过与中间大惰轮2同轴的伞齿轮9以及单独的齿轮传动系统反映在指针盘上，反映压下螺丝移动距离的机构称为轧辊开度指示器。图4-3所示为其传动系统图。轧辊开度指示器主要采用了一种行星齿轮减速机构。在这种机构中，指针既可随压下螺丝而转动，亦可由专设的小电动机单独驱动。这样就可以实现指针的自由调零操作。指针的自由调零是轧辊磨损以后以及更换轧辊或轴承后所必需的操作。

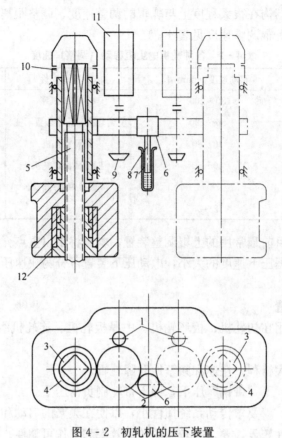

图 4 - 2　初轧机的压下装置

1—小齿轮；2—大惰轮；3—方孔套筒；4—大齿轮；5—压下螺丝；6—离合齿轮；
7—液压缸；8—柱塞杆；9—伞齿轮；10—喷油环；11—电动机；12—压下螺母

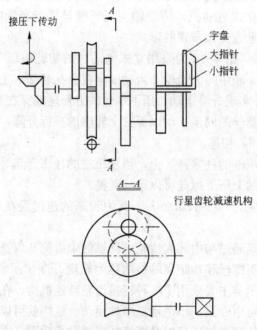

图 4 - 3　轧辊开度指示器传动系统图

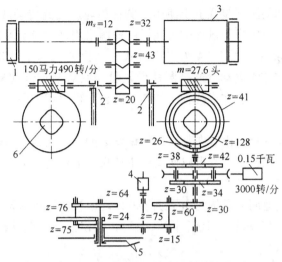

图 4 - 4a   1000 初轧机轧辊调整装置

1—制动器；2—离合器；3—电动机；4—自整角机；

5—轧辊开度指示器指针；6—压下螺丝

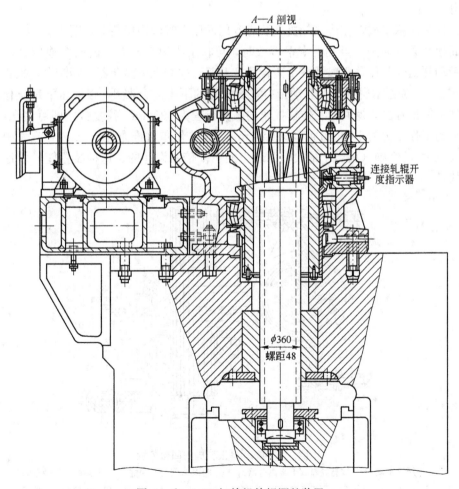

图 4 - 4b   1000 初轧机轧辊调整装置

立式电动机传动的压下装置由于使用了圆柱齿轮，因此传动效率高，零件寿命较长，又节约了有色金属，近年来新设计的初轧机已普遍采用这种传动形式。

2. 采用卧式电动机　图4-4为采用卧式电动机的快速压下装置，压下螺丝用两个150hp、490r.p.m的它激电动机通过圆柱齿轮箱和两对蜗轮传动来带动。压下螺丝的方形尾部装在蜗轮轮毂中。装在蜗杆轴上的两个离合器可保证在调整轧机时，两个上轧辊的轴承座可以单独移动。

轧辊开度指示器的指针由装在某一压下螺丝上的伞齿轮通过齿轮传动来带动，在齿轮传动装置中装有差动减速机，它可以使指针不依靠压下螺丝而由0.15kW的电动机单独带动，以实现调零操作。

需要指出，在快速调整机构的压下螺丝的传动中被迫采用蜗轮带动，常不是由于需要大的速比（例如在1000初轧机上仅等于6.85），而仅仅由于电动机和压下螺丝的轴线是交叉配置的。

快速电动压下装置由于其压下行程大，压下速度高而且不带钢压下，故在生产中易发生压下螺丝的阻塞事故，这通常是由于卡钢，或由于误操作使两辊过分压靠或上辊超限提升造成的，此时压下螺丝上的载荷超过了压下电机允许的能力，电动机无法启动，上辊不能提升。

为处理阻塞事故，在许多轧机上装有专门的压下螺丝回松装置，图4-5为4200厚板轧机回松装置的简图。当发生卡钢事故时，可将上半离合器2上的两个液压缸柱塞5升起，带动托盘9与压盖7以及下半离合器8升起，并与上半离合器2相咬合。接着开动两个工作缸3，通过双臂托盘2驱动带有花键内孔的下半离合器8，强使压下螺丝松动。工作缸柱塞靠回程缸4返回。工作缸柱塞的最大行程为300mm，往复数次即可使螺丝回松。液压缸的工作压力为19.6MPa（200kg/cm²），工作缸单缸推力为56.6吨，它是根据卡钢时最大压力6720吨（相当于最大轧制压力的1.6倍）设计的。这种装置能较快地处理阻塞事故。

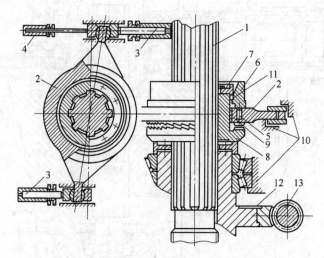

图4-5　4200厚板轧机的回松装置

1—压下螺丝；2—双臂托盘（上半离合器）；3—工作缸；4—回程缸；5—升降缸；6—托盘；

7—压盖；8—花键套（下半离合器）；9—铜套；10—支架；11—钢球；12—蜗轮；13—蜗杆

二、慢速压下装置

这类压下装置通常用在热轧或冷轧薄板和带钢轧机上。这类轧机的轧制速度很高，其轧制精度要求较高，这些工艺特征使这类压下装置具有以下特点：

（1）较小的轧辊调整量与较高的调整精度。这类轧机上辊的提升高度一般为100～200mm，在换辊操作时稍大些，在轧制过程中轧辊的调整行程更小，最大为10～25mm，最小时仅为几个微米，另外为保证带钢的厚度公差，要求调整精度高，这类压下装置的压下速度一般约为0.02～1mm/s。

（2）带钢压下。在轧制过程中为保证轧制精度，消除厚度不均，压下装置必须随时在轧制负荷下调整辊缝。此外，在开轧之前进行零位调整，还需进行工作辊的压靠操作。在轧制较薄规格的带钢时，最后几道也是在工作辊压靠的情况下工作的。因此带钢轧机的压下装置必须按照带钢压下的条件来设计。

（3）必须动作快，灵敏度高；

为了在很高的轧制速度下修正带钢的厚度偏差，压下装置必须反应灵敏，这是板带轧机压下装置的主要技术特性，对压下装置本身来说，其传动零件应有较小的惯性，以便得到较大的加速度。

（4）轧辊平行度的调整要求严格。由于带钢的宽厚比很大，故要求轧辊严格地保持平行，压下机构除应保持严格同步外，还应便于每个压下螺丝单独调整。为了实现单独压下，压下螺丝采用两台电动机分别驱动，而用离合器保证两个压下螺丝的同步压下。

采用双电机驱动的优点是：在功率相同的情况下，减少了电动机的飞轮惯性矩，有利于加速启动和制动过程。

图4-6为两级蜗轮蜗杆传动的压下装置传动简图，两级蜗轮蜗杆的减速比可达1500～2000。

图4-7为一级蜗轮蜗杆和两级圆柱齿轮传动的压下装置简图。

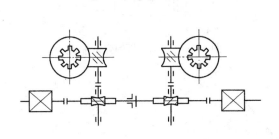

图4-6 1700四辊冷轧机两级蜗杆传动压下装置

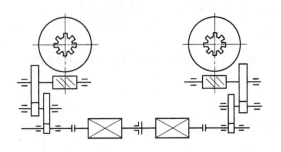

图4-7 2500四辊冷轧机一级蜗轮蜗杆和两级圆柱齿轮传动的压下装置

上述两种传动方式（图4-6及图4-7）相比起来，前者结构紧凑，但传动效率低，而且在蜗轮齿圈上要耗费很多的青铜。采用球面蜗杆传动可部分消除这些缺点，球面蜗杆传动装置较为紧凑，而且传动效率也比一般的高。此外还具有工作寿命长等特点。

第二节　轧辊平衡装置

一、上轧辊平衡装置的作用

（1）消除间隙，避免冲击。由于轧辊、轴承以及压下螺丝等零件自重的影响，在轧件进入轧机之前，这些零件之间不可避免地存在着一定的间隙。例如上辊轴承座和压下螺丝之间存在间隙 Δ_1（见图 4-8），压下螺丝和螺母之间存在间隙 Δ_2。若不消除这些间隙，则喂钢时将产生冲击现象，使设备受到严重损害。为消除上述间隙，须设上辊平衡装置，它是压下装置的组成部分。

（2）抬起轧辊时起帮助轧辊上升的作用。

二、上轧辊平衡装置的类型

上轧辊平衡装置有弹簧平衡、重锤平衡和液压平衡三种形式。

1. 弹簧平衡　弹簧平衡主要用在上辊调整量很小的轧机上，型钢轧机、线材轧机一般都用这种平衡装置（图 4-9）。弹簧置于机架盖上部，上辊的下瓦座通过拉杆吊挂在平衡弹簧上。当上辊上升时，弹簧放松，当上辊下降时，弹簧逐步压缩，弹簧力是随弹簧变形相应的轧辊位置而变化的（图 4-10）。弹簧平衡的优点是简单可靠。缺点是换辊时要人工拆装弹簧，费力、费时。

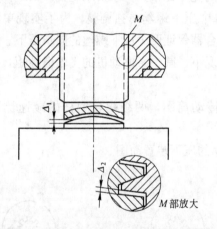

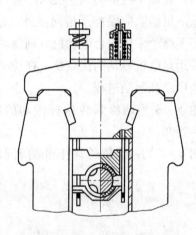

图 4-8　上辊和压下螺丝及螺母间存在两处间隙　　　图 4-9　型钢轧机的弹簧平衡

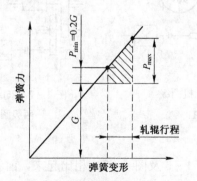

图 4-10　弹簧力与弹簧变形的关系

2. 重锤平衡 此种平衡方式广泛应用于轧辊移动量很大的初轧机上，它工作可靠，维修方便。其缺点是设备重量大，轧机的基础结构较复杂。

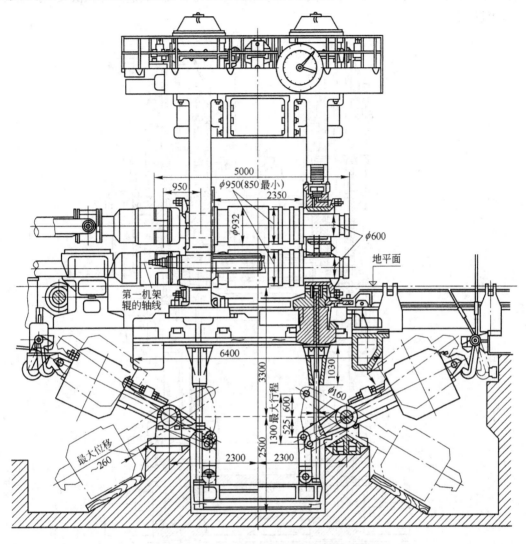

图 4 - 11 1000 初轧机的重锤平衡装置

图 4 - 11 为用重锤平衡的 1000 初轧机的工作机座，上轧辊及轴承座通过吊架支持在位于机架内的四根支杆上。这些支杆支持在横梁上，而横梁则吊挂在平衡锤杠杆的拉杆上。平衡锤相对于杠杆支点的力矩应比被平衡机件（上轧辊、轴承座、轴承、压下螺丝、支杆、横梁及拉杆）重量的力矩大 20%～40%，以便保证消除轴承座和压下螺丝联结处的间隙以及压下螺丝螺纹间的间隙。调整平衡锤在杠杆上的位置，即可调节平衡力的大小。换辊时，务必先解除平衡锤的作用，即将平衡锤挂在专用的钩子上，或用专门的栓销横插在机架立柱内的纵槽内，锁住支杆，以解除平衡力对轧辊的作用。

3. 液压平衡 液压平衡是用液压缸的液压推力来平衡上轧辊等零件的重量的。它结构紧凑，使用方便，易于操作。它可使轧辊与压下螺丝无关地移动，这对于换辊和维修都很方便，但它的投资较大，维修也较复杂。液压平衡广泛用在四辊板带轧机上，也可应用于初轧机等大型轧机上。图 4 - 12 为 1100 初轧机上辊采用液压平衡装置的示例。液压缸置于中间，侧旁的小缸是平衡上辊万向接轴用的。上辊轴承座通过拉杆和横梁吊挂在液压缸的柱塞上。

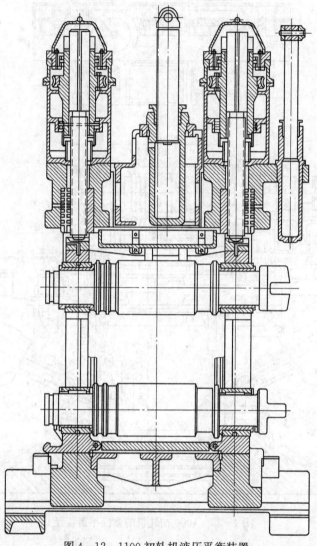

图 4 - 12　1100 初轧机液压平衡装置

图 4 - 13 为五缸式平衡装置的一例，工作辊用四个油缸来平衡，而支承辊则用位于机架上面中央位置的一个油缸通过两根拉杆和两个横梁来平衡。五缸式平衡装置的优点是：缸的数量少，简化了下支承辊轴承座的加工。更换支持辊时，只要增大液压缸的工作压力，就可将整组支承辊系提起，有利于换辊操作，换辊时，上油缸固定不动，因此不必去拆油管，液压缸放在机架顶上，工作条件较好。五缸式的缺点是吊挂部分较笨重，机座高度较高。

图 4 - 14 为八缸式液压平衡装置结构简图，四个直径较大的油缸平衡支承辊，其余四个直径较小的平衡工作辊。在有些轧机上这四个缸还起工作辊弯曲缸的作用，即用来调整辊型，液压缸的工作压力是可以调整的。

八缸式平衡装置比较紧凑，但这种平衡装置的缸数较多，而且每一套下支承辊轴承座的备件都要有平衡缸，使加工轴承座较为复杂，换支承辊时增加了拆油管的手续。此外，在换支承辊和工作辊时，为了将成套轧辊组件提起，还必须在机座下部另设提升缸。

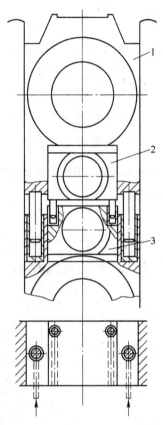

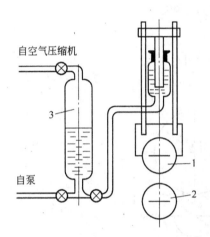

图 4-13　具有空气蓄力器的轧辊液压平衡简图
1—上轧辊；2—下轧辊；3—压缩空气

图 4-14　八缸式液压平衡装置
1—上支承辊轴承座；2—上工作辊轴承座；
3—下工作辊轴承座

三、上轧辊平衡力的确定

通常，作用于上轧辊组件上的平衡力取为被平衡零件重量的 1.2～1.4 倍（过平衡系数 K＝1.2～1.4）。

采用液压平衡时，油缸的工作压力可按下式确定：

$$P=（1.2～1.4）\frac{G}{n \cdot \pi d^2}（kg/cm^2）\tag{4-1}$$

式中　G——被平衡零件的重量（kg）；

　　　n——液压缸数目；

　　　d——液压缸柱塞直径（cm）。

对于可逆四辊轧机上轧辊平衡力的确定，要考虑在轧辊中无轧件情况下启动、制动和反转时防止工作辊与支承辊之间发生打滑。在这种情况下，上工作辊的平衡力还应根据工作辊和支承辊接触表面不打滑的条件来确定。即轧机空载加、减速时，主动辊作用于被动辊表面的摩擦力矩应大于被动辊的动力矩。下面按两种情况来分析。

1. 工作辊主动、支承辊被动的情况　若不考虑支承辊轴承中的摩擦时，两辊间不打

55

滑条件是（图 4 - 15a）

$$\mu \cdot Q \cdot \frac{D_2}{2} \geqslant \frac{(GD^2)_2}{375} \cdot \frac{\mathrm{d}n}{\mathrm{d}t} \cdot \frac{D_1}{D_2} \tag{4-2}$$

由此得

$$Q \geqslant \frac{2 \cdot (GD)_2^2}{375\mu} \cdot \frac{D_1}{D_2^2} \cdot \frac{\mathrm{d}n}{\mathrm{d}t} \tag{4-2a}$$

式中　Q——上工作辊压向支承辊的力（kg）；

　D_1，D_2——工作辊和支承辊的直径（m）；

　$(GD^2)_2$——支承辊的飞轮力矩（kg·m^2）；

　μ——工作辊和支承辊表面间的滑动摩擦系数；

　$\dfrac{\mathrm{d}n}{\mathrm{d}t}$——工作辊的角加速度（r/min/s）。

2. **支承辊主动，工作辊被动的情况**　上工作辊的过平衡力 Q 应满足下式（图 4 - 15b）：

$$\mu \cdot Q \cdot \frac{D_1}{2} \geqslant \frac{(GD^2)_1}{375} \cdot \frac{\mathrm{d}n}{\mathrm{d}t} \tag{4-3}$$

$$Q \geqslant \frac{2 \ (GD^2)_1}{375 \cdot \mu \cdot D_1} \cdot \frac{\mathrm{d}n}{\mathrm{d}t} \tag{4-3a}$$

式中　$(GD^2)_1$——工作辊的飞轮力矩（kg·m^2）。

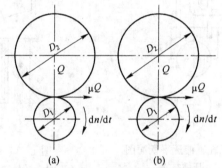

图 4 - 15　上工作辊平衡力计算简图

(a) 工作辊主动；(b) 支承辊主动

第三节　压下螺丝与螺母

一、压下螺丝

压下螺丝的结构一般分头部、本体和尾部三部分（图 4 - 16）。头部与上辊轴承座接触，承受来自辊颈的压力和上辊平衡装置的过平衡力，为了防止端部在旋转时磨损并使上轧辊轴承具有自动调位性能，压下螺丝的端部一般都做成球面形状，并与球面铜垫接触形成止推轴承。压下螺丝止推端的球面有凸形和凹形两种，老式的多为凸形，这种结构形式在使用时使凹形球面铜垫承受拉应力，改进后的压下螺丝头部做成凹形，这时凸形球面铜垫处于压应力状态，有利于提高强度，见图 4 - 17。

在带钢轧机上，为减小传动时摩擦损耗及减小压下电机功率，目前，大多数用滚动止推轴承代替滑动的止推铜垫（图 4 - 18）。

压下螺丝的尾部是传动端，承受驱动力矩，一般尾部的形状有方形、花键形和圆柱形三种（图 4 - 19）。当轧辊快速移动时（例如在初轧机上），通常将它作成镶可换青铜滑板

（图 4 - 19a）或补焊青铜的方尾。当速度不快而负荷很重时，例如在四辊板带轧机上，通常将它作成花键形（图 4 - 19b）。在轻负荷的调整机构中，包括手动的在内，压下螺丝的尾部做成带键的圆柱形（图 4 - 19c）。

压下螺丝的本体带有锯齿形或梯形螺纹，前者传动效率较高，主要用于初轧机等快速压下装置上；后者强度较大，主要用于轧制负荷较大的轧机（如冷轧带钢轧机）。压下螺丝多数是单线螺纹，只有在初轧机等快速压下装置中有时采用双线或多线螺纹。

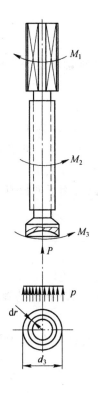

图 4 - 16　压下螺丝

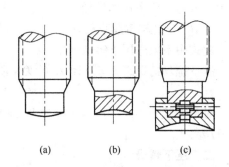

图 4 - 17　压下螺丝的止推端部
(a) 凸形；(b) 凹形；(c) 装配凹形

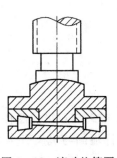

图 4 - 18　滚动垫简图

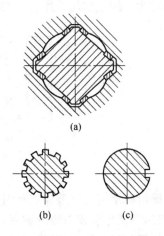

图 4 - 19　压下螺丝尾部形状
(a) 方形（镶有青铜滑板条）；(b) 花键形；(c) 带键圆柱形

压下螺丝的基本参数是螺纹部分的外径 d_0 和螺距 t，可按照我国一机部部颁标准选取。

压下螺丝的直径按作用在辊颈上最大可能的压力决定，因其长度与直径的比值很小。

故不考虑压下螺丝的纵向弯曲，压下螺丝最小断面的直径 d_1 由下列条件决定：

$$P=\frac{\pi d_1^2}{4}R_d \qquad\qquad (4-4)$$

式中　P ——作用在辊颈上的最大压力。

通常压下螺丝用 $\sigma_b=60\sim70\mathrm{kg/mm^2}$，$\delta_5=16\%$ 的锻造碳钢制造。这种钢的许用应力以 $n=6$ 计，取

$$R_d=1000\sim1200\mathrm{kg/cm^2}$$

当负荷很大时，同样可采用合金钢（40Cr 或 37SiMnMoV）。为了提高压下螺丝的螺纹和枢轴的耐磨性，将它淬火（通常表面淬火到硬度 45～60HRC），并进行磨光。

由于压下螺丝和轧辊辊颈的强度实际上和它们的直径的平方成正比，因此压下螺丝和辊颈的直径几乎近于直线关系，对于锻钢和铸钢轧辊，可以采用下列数值：

$$d_0=（0.55\sim0.62）d$$

式中　d_0 ——压下螺丝外径；

　　　　d ——轧辊辊颈直径。

此式中下限适用于铸铁轧辊。

压下螺丝的螺距 t 与外径 d_0 的关系随不同的轧机而异。开坯机上的螺距约等于：

$$t=（0.12\sim0.16）d_0$$

对于钢板轧机，为了较精确地调整，螺距取得小一些。在四辊轧机上螺距达 $0.017d_0$。

二、压下螺母

压下螺母是轧钢机上的易损零件。1150 初轧机和 4200 厚板轧机的压下螺母分别重达 1.8 吨和 4.1 吨。一般采用高强度无锡青铜 ZQA19-4 或黄铜 ZHA166-6-3-2 铸成。由于重量较大，因此如何采用合理的结构以节约有色金属，是很重要的。

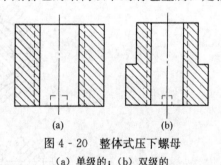

图 4-20　整体式压下螺母
(a) 单级的；(b) 双级的

压下螺母在结构上有整体式和组合式之分。整体式中又有单级与双级的两种（图 4-20）。双级压下螺母虽较单级的省铜，但往往保证不了两个阶梯端面与机架有全面而良好的接触，故目前仍以使用单级压下螺母居多。

为了节省青铜，近年来在一些大型轧机上广泛采用组合式压下螺母（图 4-21）。这种压下螺母，经在初轧机和厚板轧机上使用经验证明，其工作性能并不亚于整体铸造的青铜螺母。在铜质螺母外围加的箍圈是由高强度铸铁制造。箍圈以 D/gb 过渡配合形式套在螺母上。套上以后，再进行外径和端面上的加工。

箍圈采用高强度铸铁，是因为它的弹性模数与青铜相近，这就保证了箍圈及螺母本体

在受压时能产生均匀的变形。同时也由于高强度铸铁塑性较好，装配时不易破裂。这一点一般灰铸铁是无法保证的。

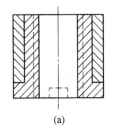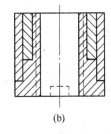

(a)　　　　　　　　　(b)

图 4-21　组合式压下螺母
(a) 单箍的；(b) 双箍的

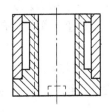

图 4-22　带冷却水套的组合式螺母

组合式螺母有单箍和双箍两种。当采用双箍时，在套上第二个箍圈以前，必须先车削第一个箍圈的外径及相应的螺母外径。

采用加箍螺母，在制造工艺上必须保证箍圈的端面紧密地压在螺母的台阶上。

另外，还有一种具有循环水冷却的组合式压下螺母（图 4-22）。循环水从下部进入，由上部流出。出口处位于入口正对面，保持冷却水的环流。

经在初轧机上的使用经验证明，具有循环水冷却的压下螺母，其寿命可延长 1.5~2 倍。

压下螺母的主要尺寸是它的高度 H 和外径 D。

压下螺母的高度 H 可根据螺纹的许用单位压力 $150~200 \text{kg/cm}^2$ 来确定。根据这一条件取 $H \approx (1.2~2) d_0$。

螺母的外径 D 根据它的端面和机架在接触面上的单位压力为 $600~800 \text{kg/cm}^2$ 选取。一般取 $D = (1.5~1.8) d_0$。

为了便于更换，螺母与机架镗孔的配合常采用 D_4/d_4 或 D_4/dc_4 级的动配合。

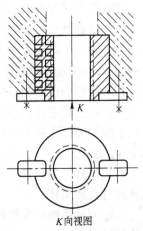

为了防止螺母从机架中脱出和防止螺母在机架中转动起见，通常用压板将螺母加以固定。压板嵌在螺母和机架的槽内，并用螺栓固定（图 4-23），压板槽的位置一般不应开在机架横梁的中间断面上，因为该处受的弯矩较大。

K 向视图

图 4-23　压下螺母的固定

三、转动压下螺丝所需的力矩

转动压下螺丝的静力矩也就是压下螺丝的阻力矩，它包括止推轴承的摩擦力矩和螺纹之间的摩擦力矩。

相应于压下螺丝移向轧辊及离开轧辊，转动两个压下螺丝所需的力矩等于：

$$M_{1,2} = P\left[\frac{d_3}{3}\mu + \frac{d_{cp}}{2}\text{tg}(\rho \pm \alpha)\right] \qquad (4-5)$$

式中　　P——作用在两个压下螺丝上的压力；

　　d_3 和 d_{cp}——压下螺丝枢轴的直径及螺纹中径；

　　ρ 和 α——螺纹中的摩擦角及螺纹导角；

　　μ——压下螺丝枢轴的摩擦系数。

当轧机空转时转动压下螺丝的力 P 为：

$$P=Q-G \tag{4-6}$$

式中　Q 和 G ——平衡力及被平衡机件的重量

通常平衡力比被平衡机件的重量大 20%～40%，则

$$P=(0.2\sim0.4)G$$

当压下螺丝在轧制过程中移动时（带钢压下），P 力等于作用在轧辊上的压力。但当采用弯辊装置调整辊型时，还应考虑弯辊力的作用。

第四节　液压压下装置

随着科学技术的发展，带钢的轧制速度逐渐提高，对产品的精度要求也日益严格。电动压下装置由于其传动效率低、运动部分惯量大、反应速度慢、调整精度低等缺点，已不能满足工艺要求，为此近年来在高速带钢轧机上开始采用液压压下装置。目前，新建的冷连轧机组几乎已全部使用液压压下装置，热带钢连轧机精轧机组的最后一架也往往装有液压压下装置。

液压压下装置是用液压缸代替传统的压下螺丝、螺母来调整轧辊辊缝的。在这一装置中，除液压缸和液压供油系统外还有伺服阀、检测仪表和运算控制系统。

液压压下装置和电动压下相比具有：

（1）快速性好。有很高的轧辊辊缝调整速度和加速度。尤其是加速度，例如在 1600吨轧制力的负荷下，轧辊调整的加速度能达到 $30mm/s^2$，满载时辊缝调整速度 $2\sim3.5mm/s$；而电动压下的加速度为 $1.75mm/s^2$，辊缝调整速度为 0.5mm/s。现代液压压下装置系统的频率响应可达 20Hz。

（2）调整精度高。液压压下的最小可控移动量为 2.5μ，而电动压下则是 10μ，因而液压压下的成品厚度偏差可减少到 $\pm4\mu$（加减速段约为 $\pm10\mu$），而电动压下的厚差一般在 $10\sim20\mu$ 以上。

（3）过载保护简单、可靠。因为液压系统有自动及快速卸压装置，可以防止轧辊及其轴承的过载和损坏。

（4）可灵活地改变轧机模数。易于实现从"恒辊缝"到"恒压力"的控制，以适应各种轧制情况。

（5）采用标准液压元件，简化了机械结构，消耗的功率小，效率高。

其缺点是：

（1）检测元件、液压元件要求制造精度高。

（2）技术复杂，对操作维护要求高，对故障分析、排除较困难。

（3）液压系统对油的脏污很敏感。

表 4-2 为液压压下与电动压下主要性能的比较。

一、液压压下装置的类型

液压压下装置的类型较多，早期发展起来的一种称半液压压下装置，是液压压下装置与电动压下装置并设的，故又称电动-液压压下装置。电动压下部分用于"粗调"，如作辊缝的予调及换辊等大行程调整。这部分装置仍是传统的由电动机通过蜗轮蜗杆而驱动压下螺丝旋转与升降。液压压下部分"精调"，由液压缸 7（图 4-24）通过活塞杆上的齿条 5 推动扇形齿轮 6 使压下螺母 4 在机架内自由回转，从而实现压下螺丝 2 的升降（不旋

转）。压下螺母 4 与扇形齿轮 6 是用键连接的。

表 4 - 2　液压压下与电动压下主要性能比较

项　　目	液压压下	电动压下
过渡过程时间（从发出讯号至完成 0.1mm 压下的时间）	0.05～0.1s	0.75～1s
加　速　度	15～30mm/s^2	1.5～1.75mm/s^2
压下速度：　负载时 　　　　　　空载时	1.6mm/s 2.87mm/s	0.134mm/s 0.268mm/s
系统频率响应	6～20Hz	1.2Hz
轧　机　刚　性	硬 - 中 - 软（可变）	中（不可变）

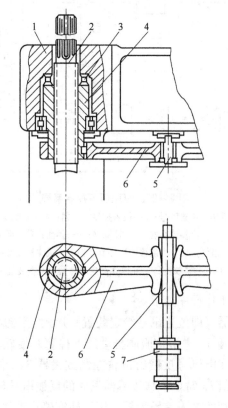

图 4 - 24　电动 - 液压压下装置

1—机架；2—压下螺丝；3—止推轴承；4—压下螺母；5—齿条；

6—扇形齿轮；7—液压缸

电动 - 液压压下装置的惯性较小，具有较短的反应时间，比电动压下装置的调整速度提高 3～4 倍。费用比纯液压压下装置要小，但其结构比较复杂（因为需要电和液压两套调整机构），利用液压驱动压下螺母所得到的调整范围很小，效率也不高，仍然不能满足现代高速轧制对压下速度及加速度的要求。

近年来发展起来的全液压压下装置，全部取消了传统的电动压下机构，辊缝的调整完全靠液压缸的柱塞来进行。用它装备起来的轧机，现在习惯上就称全液压轧机。

全液压轧机机座总高比电动压下的机座矮了 1.5～2 米，机座外貌也更为整齐美观了。当然最重要的优点是它具有极高的响应速度和效率。

液压压下装置除液压动力系统和电气控制系统外，其主要部件是电液伺服阀、检测装置（检测辊缝大小的位置传感器和测压仪等）以及调整辊缝的主液压缸。

液压缸、电液伺服阀及位置传感器将在液压传动与液压伺服系统中讲授。

二、全液压压下控制系统简介

为了对全液压轧机有个大概了解，有必要先就它的控制系统的基本原理作一介绍。下面介绍一种近代典型的液压压下控制系统，系统的基本组成如图 4 - 25 所示。

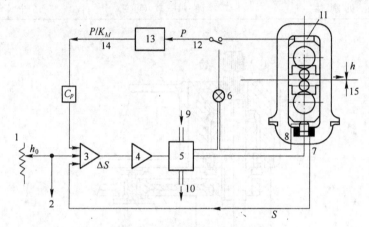

图 4 - 25 液压压下控制系统

1—给定电位器；2—给另一机架的位置讯号；3—位置控制放大器；4—放大器；5—电液伺服阀；
6—压力传感器；7—位移传感器；8—柱塞缸；9—供油；10—回油；11—压头；
12—轧制力讯号；13—力位移转换环节；14—轧机弹性变形补偿讯号；
15—测厚仪；C_p—轧机弹性变形补偿量调整装置

这种液压压下系统的工作程序如下：

（1）首先由给定电位器（即位置讯号给定装置）1 予给定初始辊缝调整讯号 h_0，此讯号经放大器输入电液伺服阀 5，电液伺服阀推动压下柱塞 8 使轧辊压下。与此同时，位移传感器 7 将柱塞的位移变成电讯号反馈给位置控制放大器 3，并与给定位置讯号相比较。当压下柱塞位移达到给定值 h_0 时，位移传感器发回的反馈讯号与输入讯号 h_0 相等。两讯号经比较后输入电液伺服阀的输入信号为零，压下柱塞停止动作。此时，初始辊缝即调整完毕，可以开始轧钢。

（2）在轧制过程中，轧制压力发生变化，其波动量 ΔP 立即通过压头 11 或压力传感器 6（两者可借选择开关任意选用）。毫无延滞地转换成电讯号，此讯号又通过力——位移转换环节 13 按比例地将轧制力讯号转换成位置补偿调整讯号 $\Delta S = \dfrac{\Delta P}{K_M}$。若 K_M 为轧机的模数，则 ΔS 代表轧制力增加 ΔP 后引起的轧机变形。此讯号再乘以刚性调节系数（C_p）输入到位置控制放大器 3，使柱塞作位移调整，以补偿轧机变形的压下调整量。若 $C_p = 1$ 时，则输入的压下调整与轧机的变形相等。当压下柱塞的调整位移量达到 $\Delta S = \dfrac{\Delta P}{K_M}$

时，由位移传感器 7 反馈到位置控制放大器 3 的电讯号与通过压头 11 返回到位置控制放大器 3 的电讯号相等。二讯号经比较相减后的值为零，没有讯号输出。于是，调整完毕，轧机弹跳得到完全补偿。

设出口带材的厚度为 h 毫米，则

$$h = S_0 + \frac{P}{K_M} - \Delta S$$

式中　S_0——辊缝初始值（mm）；

　　　P——轧制力（t）；

　　　K_M——轧机刚性系数（t/mm）；

　　　ΔS——位移传感器的位移增量（mm）。

$$dh = \frac{dP}{K_M} - dS$$

这就是说，要实现对轧机弹性变形的补偿，就是使控制过程实现 $\frac{dP}{K_M} = dS$。

（3）如果在基本系统上加上测厚反馈，利用测厚仪和标准板厚信号，就可以实现带钢厚度的自动控制。当给定的辊缝值 h_0 不正确或轧辊发生磨损时，轧机出口侧的测厚仪 15 对出口带钢实际厚度进行检测，并与标准板厚信号比较，输出偏差信号 Δh，从而使辊缝得到校正。

现代化的液压压下系统应能补偿由于各种因素变化引起的厚度误差，这些因素包括：带材原始厚度的活动，带材硬度波动，轧辊的磨损，轧辊的热膨胀，轧辊轴承油膜厚度的变化以及支承辊的偏心等。

液压压下系统所以有上述功能，关键在于它既利用了反应灵敏，传递方便的电气讯号作为检测系统，又利用了输出功率大，刚性好的液压系统作为执行机构，并且把电液伺服阀作为电－液转换环节，成功地把电、液结合在一起，充分发挥了优越性。

根据液压缸设置位置的不同，液压压下装置有压下式和压上式两种形式。

1. 压下式　通过安装在机架上横梁的液压悬挂缸，将液压缸悬挂在上支承辊轴承座和机架上横梁之间（实际上，在液压缸与上横梁之间还有一个压下垫块，换辊时可抽出）。

压下式的液压缸及其控制盘因布置在上部，故有较清洁的工作条件，这是它的优点。缺点是须设悬挂缸，增加了设备费。

2. 压上式　液压缸装在下支承辊轴承座和机架下横梁之间。液压缸放在下边，虽然环境脏一些，但拆装方便；控制用的伺服阀控制盘，直接安装在距离液压缸很近的地下室内，控制灵敏，节省管路，操作维修方便。

液压缸的这两种布置形式，相比起来何者为优，目前尚无明确结论，在国外及国内轧机上这两种型式都有。武钢 1700 冷连轧机及单机架平整机用的是压下式（SIEMAG 制），双机架平整机用的是压上式（DEMAG 制）。无论何种布置型式，都是把液压缸做成可移出式，这是因为液压缸必须经常拆卸与更换密封的缘故。

目前的液压压下系统一般都采用 200kg/cm^2（19.6 兆帕）以上的高压油。西德的 DEMAG 与 SIEMAG 以及日本的 IHI 均用 250kg/cm^2（24.5 兆帕）的供油压力，以保证液压缸内有 210kg/cm^2（21 兆帕）的工作压力。提高油压，在一定的范围内可以提高反应速度和控制精度。但进一步提高油压，受元件加工精度限制，且将增加系统的发热，还可能产生噪音。

液压缸直径主要根据最大轧制力与系统工作压力来确定。例如一个工作压力为 210kg/cm² （20.58 兆帕）的液压系统，欲产生 1500 吨的力，所采用的液压缸直径在 ϕ900mm 以上。

例题 核验 1000 初轧机压下装置的传动功率。

已知：两个电机传动，每个电机功率 $N=150$hp，转速 $n=490$r/min，通过圆柱齿轮（传动比 $i=0.625$，$\eta_1=0.96$）及蜗轮蜗杆（传动比 $i_2=6.83$，$\eta_2=0.8$）来传动。

总传动比 $\qquad\qquad i_0=i_1\times i_2=0.625\times 6.83=4.27$

总效率 $\qquad\qquad \eta=\eta_1\times \eta_2=0.77$

短时运转开启次数 $\qquad\qquad$ 1000/h

解：

1. 电动机额定力矩及最大力矩

$$M_H=716.2\frac{N}{n}=716.2\frac{150}{490}=220\text{kg}\cdot\text{m}$$

$$M_{max}=2M_H=440\text{kg}\cdot\text{m}$$

2. 两个电机最大力矩为

$$M_{max电机}=880\text{kg}\cdot\text{m}$$

3. 传动压下螺丝使其升降所需的力矩　已知平衡装置作用在压下螺丝上的力

$$Q=2\times 12.7=25.4t\quad (Q=2\times 0.4G)$$

式中　G——轧辊、轴承、轴承座、压下螺丝重量之半。

压下螺丝外径 $d_0=360$mm；内径 $d_1=276.694$mm；平均直径 $d_{平均}=327.268$mm；螺距 $t=48$mm；端部直径 $d_n=240$mm（取摩擦系数 $\mu_n=0.15$）；螺纹摩擦角 $\rho=5°48'$（取 $\mu_\rho=0.1$）；螺纹导角 $\alpha=2°40'30''$。

（1）上辊下降时传动两个压下螺丝的力矩

$$M_B=Q\left[\frac{d_n}{3}\times\mu_n+\frac{d_{平均}}{2}\text{tg}\ (\alpha+\rho)\right]$$

$$=25400\left[\frac{0.24}{3}\times 0.15+\frac{0.324}{2}\text{tg}\ (5°43'+2°40'30'')\right]$$

$$=920\text{kg}\cdot\text{m}$$

（2）上辊上升时传动两个压下螺丝的力矩

$$M'_B=Q\left[\frac{d_n}{3}\times\mu_n+\frac{d_{平均}}{2}\text{tg}\ (\rho-\alpha)\right]$$

$$=25400\left[\frac{0.24}{3}\times 0.15+\frac{0.324}{2}\text{tg}\ (5°43'-2°40'30'')\right]$$

$$=532\text{kg}\cdot\text{m}$$

4. 由压下螺丝推算到电机轴上的力矩（静力矩）

$$M_S=\frac{M_B}{i_0\times\eta_0}$$

$$M'_s = \frac{920}{4.27 \times 0.77} = 280 \text{kg} \cdot \text{m （上辊下降）}$$

$$M''_s = \frac{532}{4.27 \times 0.77} = 162 \text{kg} \cdot \text{m （上辊上升）}$$

5. **传动的动力矩**　传动件的飞轮力矩：两个电机 $GD^2_{\text{电机}} = 200 \text{kg} \cdot \text{m}^2$；两个联轴节、主动齿轮及轴 $GD^2 = 30 \text{kg} \cdot \text{m}^2$；中间齿轮 $GD^2 = 43 \text{kg} \cdot \text{m}^2$；轴、两个联轴节、两个蜗杆及齿轮的 $GD^2 = 24 \text{kg} \cdot \text{m}^2$；蜗轮 $GD^2 = 680 \text{kg} \cdot \text{m}^2$；压下螺丝 $GD^2 = 55 \text{kg} \cdot \text{m}^2$，推算到电机轴上的总飞轮力矩：

$$GD^2_{\Sigma} = 200 + 30 + \frac{43}{1.34^2} + \frac{24}{0.625^2} + \frac{(680+55)}{4.27^2} \approx 400 \text{kg} \cdot \text{m}^2$$

式中　$i_1 = \frac{43}{32} = 1.34$，由轴 II 到轴 I 的传动比：

$i_2 = \frac{20}{32} = 0.625$，由轴 III 到轴 I 的传动比：

$i = 4.27$，由压下螺丝到电机轴的总传动比。

电机启动时的角加速度这样选取：

当轧辊下降时，$\varepsilon_1 = 500$（r/min）/s；当轧辊上升时 $\varepsilon_2 = 600$（r/min）/s。

则启动时为克服传动件的惯性所需的动力矩为：

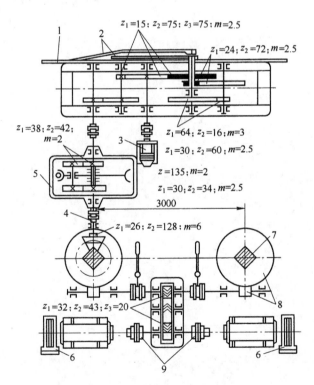

图 4-26　上轧辊调整装置传动图

1—表盘；2—指针；3—自整角机；4—联轴节；5—蜗轮蜗杆减速器；6—制动器；
7—压下螺丝；8—蜗轮蜗杆传动；9—齿形联轴节

65

$$M_d = \frac{GD_\Sigma^2}{375} \times \varepsilon$$

$$M_d' = \frac{400}{375} \times 500 = 535 \text{kg} \cdot \text{m （轧辊下降时）}$$

$$M_d'' = \frac{400}{375} \times 600 = 640 \text{kg} \cdot \text{m （轧辊上升时）}$$

6. 电机轴上最大力矩

$$M_{max} = M_S + M_d$$

$$M_{max}' = 280 + 535 = 815 \text{kg} \cdot \text{m （轧辊下降）}$$

$$M_{max}'' = 162 + 640 = 802 \text{kg} \cdot \text{m （轧辊上升）}$$

所选电机的最大力矩为 880kg·m，因而

$$M_{max电机} > M_{max}$$

所以能满足工艺要求。

第五章 机 架

每个轧钢机座除了轧辊、轴承和调整装置等部分外，在轧辊辊身两侧还配置有两个机架。机架俗称牌坊，是轧钢机工作机座的骨架，它承受着经轴承座传来的全部轧制力，因此要求它具备足够的强度和刚性。从结构上看，还要求机架能便利于装卸轧钢机座上的各零件，以及有快速换辊的可能性。本章主要叙述机架的结构型式以及强度和变形的计算方法。

第一节 机架的型式及主要参数

一、机架型式

机架根据结构的不同可分成两类：闭式机架和开式机架。

闭式机架是一个将上下横梁与立柱铸成一体的封闭式整体框架（图5-1a），因此它的强度和刚性较大，但换辊不便。它常用在受力大或要求轧件精度高而不经常换辊的轧钢机上，如初轧机、板坯轧机、钢板轧机、钢管轧机和多辊式冷轧机等。

开式机架的上盖可以从U形架体上拆开，它的刚性不及闭式机架，但它换辊方便的优点使它广泛地应用在型钢轧机上。开式机架的上盖与U形架体的连接方式有以下几种型式：

1. **螺栓连接**（图5-1b） 这是一种制造年代较早，有着长期使用历史的开式机架。螺栓的下部用扁楔固定在立柱上，其上部穿过机架上盖，用螺母紧固。机架上盖和U形架体用带有一定配合的止口来定位。这种机架由于连接螺栓比较细，容易受力而伸长，使机架上盖与U形架体的结合面分离，因此它的刚性较差。拧动螺母既费劲又费时，换辊也不方便。

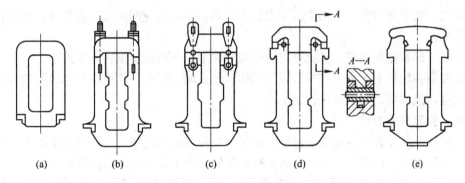

图5-1 机架的主要型式

(a) 闭式机架；(b) 螺栓连接；(c) 套环连接；(d) 销轴连接；(e) 斜楔连接

2. **套环和斜楔连接**（图5-1c） 机架上盖与U形架体的这种连接方式，在一些比较老式的型钢轧机上可以见到。套环的下部用销轴与U形架体铰接，扁楔从套环中穿过，压住机架上盖，在机架上盖与U形架体的结合面上装有一定位销。这种型式机架的刚性也比较差，因为套环容易受拉而变形，同时销轴铰接处存在着较大的间隙。

3. 销轴和斜楔连接（图 5-1d） 这种结构的机架是将机架上盖的下部插在立柱上端的凹槽内，并穿以圆柱销轴，使机架上盖和 U 形架体连接起来。为了消除销轴连接处的间隙，在销轴的两侧用楔子打紧，使机架上盖与 U 形架体连接比较牢固。这种机架的刚性较好，换辊也较为方便。但圆柱销轴容易变形，影响拆卸。

4. 斜楔连接（图 5-1e） 这种机架的上盖是成整体的。将它吊放在两片 U 形架体的上端，机架上盖的中部紧密地插在 U 形架体的两立柱之间，在其每个垂直结合面上用斜度为 1:25 的两块楔子打紧。此两块楔子与机架垂直结合面成 15°配置，下楔底面与机架盖接触，上楔上面与立柱接触。因此楔子打紧后，机架上盖与 U 形架体连接得很牢固。由于楔子以较大的接触面承受压力，所以变形小，有利于提高机架的刚性。它本是开式机架，因为它的刚性好，故有半闭式机架之称。这种机架还具有换辊方便的特点，因此近年来有取代其它开式机架，而被广泛应用于型钢轧机的趋势。

二、机架结构

虽然机架的型式种类很多，但它们的结构具有许多共同的特点。一般设计机架时要考虑以下一些问题。

机架上横梁中部镗有与压下螺母外径相配合的孔，装入压下螺母后，下面用压板固定。为了保证上横梁有足够强度，上横梁的中部厚度要适当加大。

机架立柱的中心线应和装入其中的轧辊轴承座的中心线相重合。对于上辊经常作上下移动的初轧机和钢板轧机，立柱的内侧面与上辊轴承座相接触的一段应镶上铜滑板，以避免立柱被磨损，铜滑板用埋头螺钉紧固在立柱上。对于带有 H 架的型钢轧机，立柱内侧中部有凸缘，用以固定中辊之下轴承座。近代的钢板轧机为了适应快速换辊的需要，常把弯辊液压缸由原来安装在轴承座上而改为安装在机架上，因而在立柱内侧都增加了附加支座。机架的侧面沿轧辊轴线方向，一般还固定有轴向调节装置。两机架之间装有导板梁。

机架立柱的断面形状有近似正方形、矩形和工字形三种。近似正方形断面的机架，惯性矩小，适用于窄而高的闭式机架和水平力不大的四辊轧机。矩形和工字形断面的机架，惯性矩大，抗弯能力大，适用于水平力较大，而机架矮而宽的闭式二辊轧机，如初轧机和板坯轧机。

机架下部有机架底脚，机架靠它座在地脚轨上，并用地脚螺钉来紧固。

在大型初轧机上，为了缩短轧辊与工作辊道之间的距离，往往在轧辊的两侧各增加一个机架辊，机架辊的轴承装在机架上。

三、机架主要参数

机架各部尺寸大多根据轧辊直径来决定。在很多有关轧钢设备的书籍中给出了计算机架尺寸的经验式[7]，可供参考。这里仅对机架的几个主要尺寸加以简要说明。

1. **窗口高度** 窗口高度 H 与轧辊数目、辊身直径、辊颈直径、轴承和轴承座径向厚度，以及上辊的调整距离等因素有关。计算时可根据轧机的结构型式和各部件的尺寸具体确定。一般可用下式计算：

$$H = A + d + 2S + h + \delta$$

式中 A ——轧辊中心距，对四辊轧机是指支承辊中心距，对三辊轧机是指上下辊中心距；

d ——辊颈直径，对四辊轧机是指支承辊辊颈直径；

S——轴承和轴承座的径向厚度；

h——上轧辊调整距离；

δ——考虑压下螺丝头部伸出机架外的余量，以及安放测压头的可能性。

2. **窗口宽度** 对开式机架窗口宽度 B 可根据轴承座尺寸来确定，对闭式机架应使窗口宽度比轧辊辊身直径稍大，以便在换辊时能顺利地从窗口取出轧辊。

3. **立柱断面尺寸** 机架应具有足够的强度和刚性，机架刚性表示它抵抗变形的能力，实际上它与机架立柱断面尺寸有着密切的关系。机架立柱的断面尺寸可以根据下面式子近似确定：

当用铸铁轧辊时 $\qquad\qquad\qquad\qquad F_2=0.6\sim0.8d^2$

当用铸钢轧辊时

　　对开坯机 $\qquad\qquad\qquad\qquad\qquad F_2=0.65\sim0.8d^2$

　　对其它轧机 $\qquad\qquad\qquad\qquad\quad F_2=0.8\sim1.0d^2$

当用合金钢轧辊时 $\qquad\qquad\qquad\quad F_2=1.0\sim1.2d^2$

式中　d——辊颈直径，对四辊轧机指支承辊辊颈直径。

为了提高钢板和带钢的厚度精度，减小钢板和带钢的厚度公差范围，目前有把机架立柱的断面尺寸和轧机刚性增大的趋势。大多数情况下，确定机架立柱的断面尺寸都已突破上述式子的限制。具体选择时可以参照现有轧机的数据确定（见表5-1）[8]。

表5-1　新型钢板轧机的刚性指标

刚性指标 轧机类型	机架立柱断面积（cm²）	轧机刚性（t/mm）
四辊中厚板轧机	9000～10000	700～800
热带钢四辊轧机	7000～8000	达625
冷带钢四辊轧机	6000～7000	达600

第二节　闭式机架的强度计算

轧钢机架是形状比较复杂的铸件，为了便于运用材料力学中的方法来计算它的强度和刚性，可将机架简化为平面刚架，并可取出工作机架横梁和立柱的轴线，把机架按长方形框架处理（见图5-2）。因为断面形状为矩形或工字形的机架的断面形心位于同一平面上，同时力系作用平面与机架的上述对称平面相重合的假设与实际情况不会有很大差别。

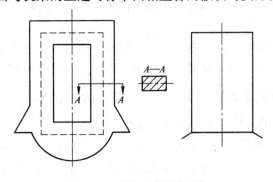

图5-2　机架及其简化框架

根据对轧钢机座的受力分析，可将机架在轧制时的受力情况归纳为两大类：对称力系和不对称力系（如图 5-3a 及 b）。机架在对称力系作用下，仅自身产生变形，力的大小对机架的支承反力无影响。机架在不对称力系作用下，除了产生自身变形外，在机架固定处出现了支承反力 A 和 B。这些支承反力均可由静力平衡方程式求得。

　　机架在由轧辊传递来的力系和支承反力的共同作用下，它的横梁和立柱就要弯曲和伸长，这时机架处于受力状态。为了求出机架各断面上的应力值，首先必须计算各该断面的弯曲力矩和作用于横梁及立柱上的拉力。由于闭式刚架为一静不定刚架，于是机架上的弯曲力矩和拉力不是用静力平衡方程式所能解出来的。

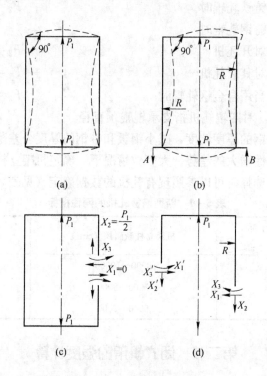

图 5-3　机架的受力情况

(a) 对称力系；(b) 不对称力系；(c) 对称受力机架内力；(d) 不对称受力机架内力

　　一般说来，解闭式刚架的内力是属解三次静不定问题[9]，因为就图 5-3b 所示刚架的上半部而言，结构的未知约束比由静力平衡条件提供解出内力的方程的数目多三个（如图 5-3d）。

　　在对称力系作用下的简单闭式刚架，由于对称的原因，三个未知力中有两个可以借直观判断出来，问题就变成如何来求解另一个未知力，所以可以认为是一次静不定问题。例如图 5-3a 所示刚架立柱上的拉力 $X_2 = \dfrac{P_1}{2}$，立柱上的切力 $X_1 = 0$，于是刚架便成为只有一个未知弯曲力矩 X_3 的一次静不定刚架（如图 5-3c）。

　　静不定刚架的计算完全可以模仿静不定梁的方法来进行，不同的地方仅是对于静不定刚架是属内部静不定问题，对于静不定梁是属外部静不定问题。解静不定刚架的方法可以扼要叙述如下：首先解除刚架的结构约束，使之变成静定的结构型式；然后在断口处加上未知内力来代替结构约束，并与原静不定刚架等效，以未知力表示的静定刚架称为原静不定刚架的基本形式；其次根据变形条件立补充方程，补充方程的数目一定要与静不定次数相对应；最后解补充方程可求出未知内力。

下面先来讨论有对称力作用的简单闭式刚架的应力计算问题。

今有一闭式刚架（见图5-4a），其上作用着大小相同方向相反的两个垂直力 P_1，P_1 为一片机架上承受的轧制力。此刚架的静定结构型式是这样选定的：沿刚架的垂直中心线将此刚架剖开，根据对称型式刚架在对称力作用下，下横梁中点挠角仍等于零的道理，可将下横梁断口处用固定端代替，此刚架的静定结构型式如图5-4b所示。在上横梁的断口处作用有 $\frac{P_1}{2}$ 和静不定力矩 M_0，如果把 $\frac{P_1}{2}$ 力和静不定力矩 M_0 画在图上，那么静定结构型式便变成原刚架的基本型式（见图5-4c）。静不定力矩 M_0 的大小是有限制的，它应当保证上横梁断口处的挠角等于零，以维持与原刚架完全等效，于是就可从 $\theta=0$ 这一变形条件中求出 M_0。

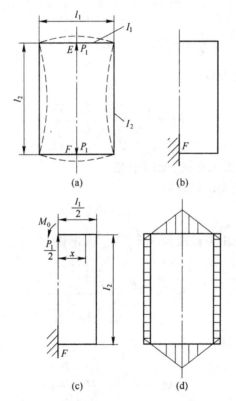

图5-4 闭式刚架及其弯曲力矩图
（a）对称受力闭式机架；（b）机架的静定结构型式；
（c）机架的基本型式；（d）机架弯矩图

根据单位力法求变形，可得：

$$\theta = \int \frac{M'_x M_x}{EI_x} dx = 0 \tag{5-1}$$

式中　M_x 和 M'_x——分别为机架同一计算截面 x 上由于载荷和单位力矩产生的弯曲力矩；

I_x——机架计算截面上的断面惯性矩；

E——弹性模数；

x——计算截面至机架中心线的水平距离。

如果机架为等截面横梁和等截面立柱，则上式可分成三段进行积分。上横梁、立柱和下横梁的断面惯性矩分别为 I_1、I_2 和 I_3。

对于上横梁和下横梁，有

$$M_1 = M_3 = \frac{P_1}{2}x - M_0 \quad M'_1 = M'_3 = -1$$

对于立柱，有

$$M_2 = \frac{P_1 l_1}{4} - M_0 \quad M'_2 = -1$$

将上面结果代入方程式（5-1）得：

$$\theta = \frac{1}{EI_1}\int_0^{l_1/2}\left(\frac{P_1}{2}x - M_0\right)(-1)dx + \frac{1}{EI_2}\int_0^{l_2}\left(\frac{P_1 l_1}{4} - M_0\right)(-1)dx$$

$$+ \frac{1}{EI_3}\int_0^{l_1/2}\left(\frac{P_1}{2}x - M_0\right)(-1)dx = 0$$

由上式可求得静不定力矩：

$$M_0 = \frac{P_1 l_1}{4}\frac{\dfrac{l_1}{4I_1} + \dfrac{l_2}{I_2} + \dfrac{l_1}{4I_3}}{\dfrac{l_1}{2I_1} + \dfrac{l_2}{I_2} + \dfrac{l_1}{2I_3}} \tag{5-2}$$

式中　l_1、l_2 ——机架横梁和立柱的轴线长度。

横梁中部弯曲力矩最大，其值为

$$M_{1max} = M_0 \tag{5-3}$$

立柱中的弯曲力矩可由方程式 $M_2 = \dfrac{P_1 l_1}{4} - M_0$ 求得：

$$M_2 = \frac{P_1 l_1^2}{16}\frac{\dfrac{1}{I_1} + \dfrac{1}{I_3}}{\dfrac{l_1}{2I_1} + \dfrac{l_2}{I_2} + \dfrac{l_1}{2I_3}} \tag{5-4}$$

在 $I_1 = I_3$ 的情况下，则

$$M_{1max} = \frac{P_1 l_1}{4}\frac{\dfrac{l_1}{2I_1} + \dfrac{l_2}{I_2}}{\dfrac{l_1}{I_1} + \dfrac{l_2}{I_2}} \tag{5-5}$$

$$M_2 = \frac{P_1 l_1}{8}\frac{1}{1 + \dfrac{l_2 I_1}{l_1 I_2}} \tag{5-6}$$

根据求得的 M_0 值和 $\dfrac{P_1}{2}$ 值作出的静定型式刚架的弯曲力矩图，便是原刚架的弯曲力矩图。机架工作时的弯矩分布如图 5-4d 所示。

从上式可以看出，减小立柱的刚性和增加横梁的刚性可以减小立柱中的弯曲力矩，横梁上的弯曲力矩相应的有些增加。这对于减轻比较窄而高的机架（如四辊轧机）的重量是有利的。

机架中的应力：

（1）横梁受弯曲，在横梁中间断面的外缘拉伸应力值最大，其值为

$$\sigma_1 = \frac{M_{1max}}{W_1} \tag{5-7}$$

式中　W_1 ——横梁的断面模数。

（2）立柱受弯曲和拉伸，立柱内缘的拉伸应力值为

$$\sigma_2 = \frac{M_2}{W_2} + \frac{P_1}{2F_2} \tag{5-8}$$

式中　W_2、F_2 ——立柱的断面模数和断面面积。

例题 1　某一四辊钢板轧机的轧制力 $P = 2000$t（19.9MN），机架形状及其断面尺寸如图5-5所示。其中 $H = 4850$mm，$B = 1380$mm，试计算机架上横梁、立柱和下横梁上的应力。

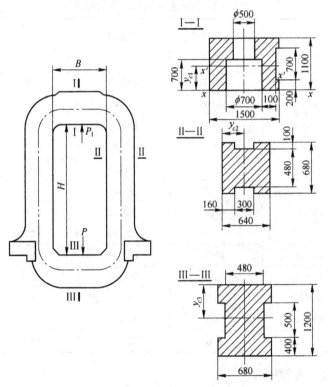

图5-5　四辊轧机机架形状及其断面尺寸

解：

1. 求断面面积（F）、静矩（S）、惯性矩（I）的计算（以Ⅰ—Ⅰ断面为例）

（1）断面面积

$$F = F_1 - F_2 - F_3 - F_4$$
$$= 110 \times 150 - 70 \times 70 - 40 \times 50 - 70 \times 10 = 8900 \text{cm}^2$$

（2）相对于 $x-x$ 轴的静矩及重心坐标

$$S = S_1 - S_2 - S_3 - S_4$$

$$= 110 \times 150 \times \frac{110}{2} - 70 \times 70 \times \frac{70}{2} - 40 \times 50 \ (70+20) \ - 70 \times 10 \ (20+35)$$

$$= 517500 \mathrm{cm}^3$$

$$y_{c1} = \frac{S}{F} = \frac{517500}{8900} = 58.1 \mathrm{cm}$$

（3）相对重心轴 $x'-x'$ 的断面惯性矩

$$I = I_1 - I_2 - I_3 - I_4$$

$$= \frac{150 \times 110^3}{12} + 150 \times 110 \ (58.1-55)^2 - \frac{70 \times 70^3}{12} - 70 \times 70 \ (58.1-35)^2$$

$$- \frac{50 \times 40^3}{12} - 50 \times 40 \ (90-58.1)^2 - \frac{10 \times 70^3}{12} - 10 \times 70 \ (58.1-55)^2$$

$$= 95.9 \times 10^5 \mathrm{cm}^4$$

其余断面的 F、S、y_c 和 I 值列于表 5-2 中。

表 5-2　四辊钢板轧机的几何数据

断面名称	单元尺寸 $b \times h$ （cm）	面积 F （cm²）	静矩 S （cm³）	重心位置 y_c （cm）	惯性矩 I $\times 10^5$ （cm⁴）
	150×110	16500	907500	55	108
	-70×70	-4900	171500	35	46.2
I—I	-50×40	-2000	180000	90	23
	-10×70	-700	38500	55	2.9
	总　计	8900	517500	58.1	95.9
	68×16	1088	8700	8	6.6
II—II	48×30	1440	44640	31	1.1
	68×18	1224	67320	55	6.7
	总　计	3752	120660	32.2	14.4
	68×40	2720	272000	100	45.6
III—III	48×50	2400	132000	55	5.8
	68×30	2040	30600	15	44.1
	总　计	7160	434600	60.7	95.5

（4）横梁和立柱的轴线长度

$$l_1 = B + 2y_{c2} = 138 + 2 \times 32.2 = 202 \mathrm{cm}$$

$$l_2 = H + y_{c1} + y_{c3} = 485 + 58.1 + 60.7 = 604 \mathrm{cm}$$

2. 求立柱和横梁上的弯曲力矩　因为 $I_1 = I_3$，所以立柱上的弯曲力矩为：

$$M_2 = \frac{P_1 l_1}{8} \frac{1}{1 + \frac{l_2 I_1}{l_1 I_2}} = \frac{1000 \times 202}{8} \frac{1}{1 + \frac{604 \times 95.9 \times 10^5}{202 \times 14.4 \times 10^5}}$$

$$= 1200 \cdot \mathrm{tcm} = 12 \mathrm{t} \cdot \mathrm{m} \ (117.7 \mathrm{kN} \cdot \mathrm{m})$$

上下横梁上的最大弯曲力矩为：

$$M_{1max} = \frac{P_1 l_1}{4} - M_2 = \frac{1000 \times 202}{4} - 1200$$

$$= 49300 \text{t} \cdot \text{cm} = 493 \text{t} \cdot \text{m} \ (4.83 \text{MN} \cdot \text{m})$$

3. **计算各断面上的应力**　上横梁上表面具有最大拉应力，其值为：

$$\sigma_1 = \frac{M_{1max} y_1}{I_1} = \frac{493 \times 10^5 \ (110 - 58.1)}{95.5 \times 10^5} = 267 \text{kg/cm}^2 \ (26.2 \text{MPa})$$

立柱既受拉又受弯，其内侧的合成拉应力为：

$$\sigma_2 = \frac{M_2 y_2}{I_2} + \frac{P_1}{2F_2} = \frac{12 \times 10^5 \times 32.2}{14.4 \times 10^5} + \frac{1000 \times 10^3}{2 \times 3752}$$

$$= 160 \text{kg/cm}^2 \ (15.7 \text{MPa})$$

下横梁下表面具有最大拉应力，其值为：

$$\sigma_3 = \frac{M_{1max} y_3}{I_3} = \frac{493 \times 10^5 \ (120 - 60.7)}{95.5 \times 10^5} = 306 \text{kg/cm}^2 \ (30 \text{MPa})$$

在生产中往往会遇到形状比较复杂的机架，它与上述简单机架比较，有两点主要区别：

（1）机架轴线不再是简单矩形。实际上机架在横梁和立柱的连接处有较大的圆角，或者立柱轴线不是直线。

（2）横梁和立柱沿长度方向各断面的惯性矩是变化的。

由于与简单机架差别甚大，用上述方法计算会引起较大误差。如果用图解法可得出更为精确的结果。

为了简化计算，同样可将受力对称和变形对称的复杂形状沿机架中心线剖开，取其半个机架作为原机架的基本型式（如图5-6）。于是同理可得：

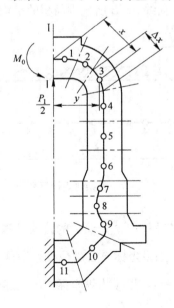

图 5-6　闭式复杂机架的基本型式

$$\theta = \int \frac{M'_x M_x}{EI_x} \mathrm{d}x = 0$$

式中 x ——计算截面与 I－I 截面间机架轴线的长度。

机架计算截面上的弯曲力矩 M_x 和单位力矩作用下计算截面上的弯曲力矩 M_x 分别为:

$$M_x = \frac{P_1}{2}y - M_0 \qquad M'_x = -1$$

式中 y ——力 $\frac{P_1}{2}$ 对于计算截面的力臂。

将以上各值代入上列积分式,并移项,得

$$M_0 = \frac{\int \frac{P_1}{2} y \frac{\mathrm{d}x}{I_x}}{\int \frac{\mathrm{d}x}{I_x}} \tag{5-9}$$

按此式确定 M_0 是比较困难的,因为式中 I_x 和 y 都无法用 x 的函数来表示。

如果将机架按长度分成若干段 Δx(约 12~16 段),对某一小段 Δx_i 来说,当 Δx_i 很小时,I_i 及 y_i 可看成是常数,于是上式积分可用有限和来代替,则

$$M_0 = \frac{\sum \frac{P_1}{2} y_i \frac{\Delta x_i}{I_i}}{\sum \frac{\Delta x_i}{I_i}} \tag{5-10}$$

式中 y_i ——力 $\frac{P_1}{2}$ 至该小段 Δx_i 中点的力臂。

上述公式可用图解法表示(图 5-7),以 $\frac{P_1}{2}y_i$ 为纵坐标,$\sum \frac{\Delta x_i}{I_i}$ 为横坐标,则公式 (5-10) 中的分子表示曲线和横坐标轴间的面积,分母表示与图形相对应的横坐标值。从公式 (5-10) 可知 M_0 值等于曲线 ACB 所包围面积的平均纵坐标。

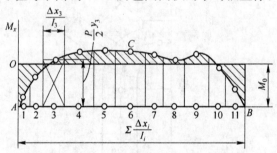

图 5-7 机架弯矩计算简图

任意断面上的力矩 M_x 可按 $M_x = \frac{P_1}{2}y - M_0$ 的公式计算。由上面式子可看出 M_x 就是图 5-7 中画阴影线的力矩图,如果坐标原点在 O 处,则这时纵坐标表示 M_x 值。

为了简化计算,可先设 $\frac{P_1}{2} = 1$,以 y 为纵坐标作出上述曲线,再将曲线面积之平均纵坐标乘以 $\frac{P_1}{2}$ 即得出所求的 M_0。

第三节　二辊开式机架强度计算

开式机架广泛应用于型钢轧机上。根据用途的不同，开式机架可分为二辊式和三辊式两种。在横列的粗轧机座和某些开坯机座上大多采用三辊式。二辊开式机架主要用于精轧机座和顺列式多机座轧机上。

二辊开式机架的上横梁通常用螺钉紧固在立柱上，当机架上作用有轧制力时，连接螺钉仅承受拉力，于是该机架应为静定刚架。但下横梁在轧制力作用下产生弯曲时，立柱将跟随着向内变形，上横梁一般均由立柱外侧锁紧，故它不影响立柱向内倾斜，而上辊轴承座则可能妨碍立柱互相靠近，机架在上辊轴承座处出现静不定力 T。所以二辊开式机架仍然是一次静不定结构（如图 5-8a）。静不定力 T 根据下面变形条件决定：

$$\Delta_{TP} + \Delta_{TT} + \Delta = 0 \tag{5-11}$$

式中　Δ——机架立柱和轴承座间的侧向间隙；

　　Δ_{TP}——作用力 P_1 在 T 方向产生的位移；

　　Δ_{TT}——静不定力 T 在 T 方向产生的位移。

若用 δ_{TT} 表示单位力作用在 T 点在 T 方向产生位移，则将 $\Delta_{TT} = T\delta_{TT}$ 代入上式得：

$$\Delta_{TP} + T\delta_{TT} + \Delta = 0 \tag{5-12}$$

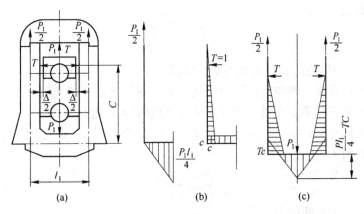

图 5-8　二辊开式机架的弯矩计算图

（a）二辊机架结构；（b）弯矩计算图；（c）二辊轧机合成弯矩

用材料力学方法求变位：Δ_{TP} 和 δ_{TT}（见图 5-8b）

$$\Delta_{TP} = -\frac{P_1 l_1^2 C}{8EI_1} \tag{5-13}$$

$$\delta_{TT} = \frac{2C^3}{3EI_2} + \frac{l_1 C^2}{EI_1} \tag{5-14}$$

式中　I_1、I_2——下横梁、立柱的断面惯性矩；

　　l_1——下横梁的轴线长度；

　　C——T 力作用点和机架下横梁轴线之间的距离。

将求得的变位代入公式（5-11），并化简得：

$$T = \frac{\dfrac{P_1 l_1^2}{8} - \dfrac{\Delta E I_1}{C}}{C\left(l_1 + \dfrac{2}{3} C \dfrac{I_1}{I_2}\right)} \qquad (5-15)$$

T 力只能为正值或零，不能为负值。如果上式求得 T 是负值，则表示立柱上 T 力作用点的水平位移小于侧向间隙，即 T 力不存在。有 T 力作用时的机架弯矩图如图 5-8c 所示。

机架各部的弯曲力矩和应力值：

（1）下横梁中点弯曲力矩最大，其值为：

$$M_{1max} = \frac{P_1 l_1}{4} - TC \qquad (5-16)$$

下横梁上的最大弯曲应力：

$$\sigma_1 = \frac{M_{1max}}{W_1} \qquad (5-17)$$

式中　W_1 ——下横梁断面模数。

（2）立柱上弯曲力矩与下横梁连接处为最大，其值为：

$$M_{2max} = TC \qquad (5-18)$$

立柱上的最大应力：

$$\sigma_2 = \frac{M_{2max}}{W_2} + \frac{P_1}{2F_2} \qquad (5-19)$$

式中　W_2、F_2 ——立柱的断面模数和断面面积。

轧机在工作过程中，侧向间隙可能变化很大。在计算立柱应力时，应设 $\Delta = 0$，即取 T 为最大；在计算下横梁应力时，应设 $T = 0$，即取最大可能的 Δ 值。

上横梁上由螺栓引起反力，因此上横梁可按简支梁计算。上横梁上的最大弯曲力矩也位于其中点，其值为：

$$M_{max} = \frac{P_1 l}{4} \qquad (5-20)$$

上横梁上的最大弯曲应力：

$$\sigma = \frac{M_{max}}{W} \qquad (5-21)$$

式中　l ——上横梁上两螺栓之间的中心距；

　　　W ——上横梁的断面模数。

第四节　机架的材料及许用应力

一、机架的材料

轧钢机机架通常采用 ZG35 铸成，有时也有用 ZG25 制造的。铸铁机架由于不能承受冲击载荷、强度较低，现已不再使用。机架铸件的机械性能应该保证达到：$\sigma_b \geqslant 5000\text{kg/cm}^2$；$\sigma_s \geqslant 2800\text{kg/cm}^2$；$\delta \geqslant 15\%$；$a_K \geqslant 3.5$（kg·m）/cm^2。机架一般采用整体铸造，如铸造能力受限制，也可分段铸造，用电渣焊焊成一体。

二、计算静强度时机架许用应力的确定

前面几节在讨论轧钢机各类机架的应力计算时，都把作用力看成是固定不变的静载荷，而且应力在各断面上的分布是均匀的，用上述方法求得的应力称为名义应力。而根据名义应力来判断机架强度的方法称为机架的静强度计算。

而实际上，轧制时轧机受着极频繁的冲击和振动的作用，此时机架中出现的动载荷往往高出于静载荷的数倍。同时由于不正确的轧制方法，可能在轧辊折断时使机架上的作用力出现最大值，此时机架上的实际应力超过名义应力。此外还由于机架形状和尺寸的影响，机架上由于应力集中产生的局部应力也大大超过名义应力。工作机架是轧钢机座中最重要的零件之一。为了避免机架毁坏，在采用名义应力校核机架强度时，往往选用较大的安全系数 $m=12.5\sim15$ 和小的许用应力值，以弥补名义应力不符合实际的缺陷。当然也和由于制造上的原因造成机架材料性质发生波动，而无法对它的强度极限作出准确估计有关。所以机架静强度的判别式为：

$$\sigma \leqslant [\sigma] = \frac{\sigma_b}{n} \tag{5-22}$$

式中　σ——名义应力；

　　　σ_b——机架材料的强度极限。

计算静强度时，虽然选用了较大的安全系数，许用应力只为 $350\sim450\text{kg/cm}^2$（$34.3\sim44.1\text{MPa}$），但机架也会因偶然事故而遭破坏，或者在尖锐的应力集中作用下仍不免在使用一段年限后断裂。所以精确计算出机架内部各点的实际应力和合理选择机架的许用应力值，对保证轧钢机可靠工作和降低机架重量都具有极重大的意义。最近发展起来的有限单元法用于计算大型机架的应力分布，能较精确地求出机架上各点的应力值，这方面有许多文献介绍。至于机架的强度计算一般除作静强度计算外，有时还要作防止过载破坏计算和疲劳强度计算。机架计算中的有限单元法和疲劳强度计算可参阅有关参考文献〔11〕、〔23〕。

三、防止过载破坏机架许用应力确定

为了防止机架过载破坏，机架许用应力应根据下述条件决定，当轧辊由于过载而断裂时，机架不应产生塑性变形[1]，即

$$[\sigma] \leqslant \sigma_s \frac{P_1}{P_{max}} \tag{5-23}$$

式中　　　　σ_s——机架材料的屈服极限；

　P_1、P_{max}——机架的计算负荷和轧辊断裂时的最大负荷。

P_{max} 值通常由轧辊辊颈强度所决定，故为

$$P_{max} = \frac{2\int_0^{d/2} \sigma_b b_x y \mathrm{d}y}{C} = \frac{\sigma_b S}{C} \tag{5-24}$$

式中　σ_b、S——轧辊材料的强度极限和辊颈断面的塑性断面系数；

　　　C——压下螺丝中心线至轧辊辊身边缘的距离。

对圆断面来说 $S=0.167d^3$，所以

$$P_{max} = \frac{0.167d^3}{C}\sigma_b \tag{5-25}$$

第五节　机架弹性变形计算

机架在垂直方向的变形是由横梁变形 f_1 和立柱变形 f_2 两部分组成的，而横梁变形又包括由弯曲力矩所引起的变形 f_1' 和由切力引起的变形 f_1'' 两项，于是机架垂直方向的变形为：

$$f = f_1' + f_1'' + f_2 \tag{5-26}$$

横梁变形可以用与其等效的悬臂梁（图 5-9）来计算。悬臂梁固定端相当于横梁的中点，悬臂端即为横梁与立柱连接点，其上作用有 $\dfrac{P_1}{2}$ 力和弯矩 M_2。悬臂端的挠度就是一个横梁的变形，挠度 f_1' 和 f_1'' 可按单位力法计算。

对于上横梁和下横梁具有相同横断面的机架来说，f_1' 值为：

$$f_1' = 2 \int_0^{l_1/2} \frac{M_1' M_1}{EI_1} \mathrm{d}x \tag{5-27}$$

弯曲力矩 M_1 及单位力引起的弯曲力矩 M_1' 为：

$$M_1 = \frac{P_1}{2} x - M_2 \quad M_1' = x$$

因此得

$$f_1' = \frac{l_1^2}{4EI_1} \left(\frac{P_1 l_1}{6} - M_2 \right) \tag{5-28}$$

式中　M_2——机架立柱中的力矩。

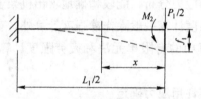

图 5-9　机架横梁的等效悬臂梁

$$f_1'' = 2 \int_0^{l_1/2} \frac{k Q_1' Q}{GF_1} \mathrm{d}x \tag{5-29}$$

式中　G、F_1——剪切弹性模数和横梁断面积；

　　　　k——断面形状系数，对于矩形断面 $k = 1.2$。

切力 Q_1 及单位力引起的切力 Q_1' 为：

$$Q_1 = \frac{P_1}{2} \quad Q_1' = 1$$

因此得：

$$f_1'' = \frac{k P_1 l_1}{2 G F_1} \tag{5-30}$$

立柱伸长量为：

$$f_2 = \frac{P_1 l_2}{2 E F_2} \tag{5-31}$$

式中　F_2——立柱断面面积。

第六章 轧钢机座的刚性

第一节 轧钢机刚性的概念

轧钢机在轧钢时产生的巨大轧制力，通过轧辊、轴承、压下螺丝、最后传递至机架，由机架来承受。轧钢机上的所有这些零部件都是受力部分，它们在轧制力作用下都要产生弹性变形。因为这个缘故，轧机受力时轧辊之间的实际间隙要比空载时为大。通常我们将空载时的轧辊间隙称为原始辊缝 S_0，而把轧钢时轧机的辊缝弹性增大量称为弹跳值。

弹跳值是从总的方面来反映轧钢机座受力后轧机变形的大小，它是与轧制力的大小成正比的。在相同的轧制力作用下，如果轧机弹跳值愈小说明该轧钢机座的刚性愈好。所以轧钢机座的刚性的概念是表示该轧机抵抗弹性变形的能力。

轧机弹跳值的存在并不妨碍轧机轧出一定厚度的轧件，因为对于该轧机可以采用预先调整原始辊缝的办法，使弹跳后的辊缝值恰好与轧件厚度相同。但轧制薄钢板时，有时由于压下装置能力的限制，即使采用预压紧的办法，轧机的弹跳值仍然大于钢板厚度，这时就无法轧出较薄的钢板来，也就是说轧机的弹跳值大小将限制轧出钢板的最小厚度。

轧机弹跳值（或轧机刚性）对产品质量有很大影响，它是决定轧出钢板厚度有波动量的主要因素之一，如果钢板的厚度波动差别过大时，将使钢板成为不合格品。造成板厚波动的主要原因是在一道轧制过程中（S_0 一定），当轧制压力由于某种原因而发生变化时（例如张力发生变化，轧件温度和机械性能不均匀等），辊缝的弹性增大量也随着变化。由于轧材出辊缝后弹性恢复量很小，所以轧机辊缝弹性增大量的变化就是轧出钢板板厚的变化。

为了解轧制力变化对辊缝弹性增大量的影响，我们以纵坐标表示轧制力，以横坐标表示轧辊的开口度，由实验方法作出轧机的弹性变形曲线（如图 6-1）。曲线与横坐标轴的交点，即为原始辊缝 S_0'，以后随轧制力增大，轧辊的开口度加大。由图中可以看出，在轧制负荷较低时有一非线性线段，但是在高负荷部分曲线的斜率逐渐增加，而趋向于一固定值。曲线的斜率就是机座的刚性系数，所以轧机的刚性系数可以这样来定义：所谓轧机的刚性系数，就是当轧机的辊缝值产生单位距离的变化时所需的轧制力的增量值，即

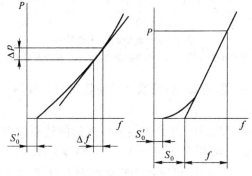

图 6-1 轧机的弹性变形曲线

$$K=\frac{\Delta P}{\Delta f}\qquad\qquad(6-1)$$

式中 Δf——弹跳值的改变量。

当轧机弹性变形曲线为一直线时，刚性系数可以表示为

$$K=\frac{P}{f}\qquad\qquad(6-2)$$

式中 f——弹跳值。

上式说明，轧机弹性变形曲线愈陡，系数愈大，则轧机的刚性也愈好。

如果轧机的弹性变形曲线为一直线，则由图 6-2a 可知轧出钢板的厚度可以用下式表示：

$$h=S_0+f=S_0+\frac{P}{K}\qquad\qquad(6-3)$$

即

$$P=K(h-S_0)\qquad\qquad(6-4)$$

上式为轧机的弹性变形曲线方程，它表示轧制力大小与轧出钢板厚度 h 之间的关系。

另方面由塑性变形方程知，轧制力大小又与轧件变形时的压下量 Δh 值有关，其公式为：

$$P=p_mb\sqrt{R(H-h)}\qquad\qquad(6-5)$$

式中 p_m——平均单位压力；

b、h——钢板的宽度和厚度；

H——坯料厚度；

R——轧辊半径。

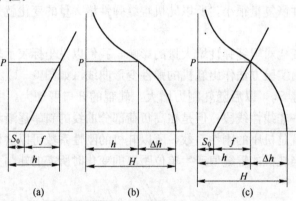

图 6-2 轧制时的工作特性

(a) 轧机的弹性线；(b) 轧件的塑性线；(c) 轧制时的工作点

由于平均单位压力 p_m 也是 Δh 的函数，因而轧制力方程为一非线性方程，其塑性变形曲线如图 6-2b 所示。

在一台轧机上，作用于轧机的力 P 与使轧件变形的轧制力 P 是成对出现的作用力与反作用力；两者应该相等，因此联立解公式（6-4）和（6-5），即可求得钢板的厚度。如用图形表示，就是图 6-2c 中轧机弹性变形曲线与塑性线的交点；此交点称为工作点，上两式中任何一参数发生变化都将引起工作点的改变，即板厚发生变化。

为了清楚地看出轧机刚性对轧出钢板厚度的影响，下面我们来研究几种情况：

1) 图6-3a表示在轧制过程中由于轧件变形抗力、摩擦系数和张力等外部因素发生变化，使塑性曲线由 B 变到 B'。这时对于刚性系数不同的两条弹性变形曲线而言，显然轧机的刚性愈大，外部因素改变对轧出板厚的影响愈小，即 $h-h_1 < h-h_2$。如果要求板厚的波动小，则轧机的刚性大愈加有利。

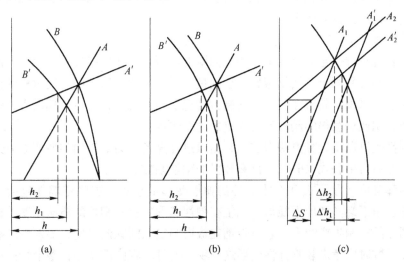

图6-3 轧机刚性对板厚变化的影响

(a) 变形抗力发生变化；(b) 来料厚度不均匀；(c) 轧辊偏心和轴承油膜厚度改变

图6-3b表示板坯厚度不均匀引起塑性曲线的改变。这时轧机刚性对板厚的影响同前一种情况相同，也是轧机的刚性愈大，外部因素改变对轧出板厚的影响愈小。同样，如果要求板厚波动小，则轧机的刚性大愈加有利。

图6-3c表示由于轧辊偏心及油膜轴承油膜厚度变化的影响，使轧辊辊缝值产生 ΔS 的变化，从而引起钢板厚度改变。这种情况下，轧机刚性对板厚变化的影响与上面两种情况正好相反。对于刚性大的轧机，轧辊偏心及轴承油膜厚度变化引起钢板厚度的变化也大，即 $\Delta h_1 > \Delta h_2$。故对于轧辊偏心这种内部因素所引起轧制状态改变，刚性小的轧机更具有优越性。

由于轧机刚性对轧制钢板的质量有着极密切的关系，因此在新设计轧机中或在钢板厚度控制方面，都要用到轧机刚性的概念。

第二节 轧钢机刚性的测定

由轧机刚性的定义：$K = \dfrac{P}{f}$ 知，轧机刚性与轧制力和轧机的弹跳值两个参数有关，所以如果测得各种大小的轧制力及与其对应的弹跳值，就能作出轧机的弹性曲线，从而可以求得该轧机的刚性系数。轧制力可以用安装于压下螺丝端头的测压仪来测量，而轧机弹跳值有两种测量方法，因此决定测量轧机刚性系数有两种不同方法。

一、轧辊压靠法

其方法是先移动轧辊，使上下工作辊直接相接触，此时测压仪读数指向零，即处于零位状态。在保持轧辊回转的情况下，开始调节压下螺丝，使两轧辊逐渐压靠。每增加一定的压靠量时，记录下相应的压下调节量和轧制力，并绘成纵坐标为轧制力，横坐标为压下调节量的关系曲线，此即轧机的弹性曲线。因为此法是在压下螺丝调节结束后，在恒定不变的轧制力作用下测得的数据，因此称为静态刚性。

由于轧辊压靠法在轧辊间没有轧制材料，而两轧辊间的压扁又与实际轧制时的压扁变形有区别，因此测量误差较大。

二、轧制法

在保持轧辊辊缝一定的情况下，用不同厚度的板坯送入轧机轧制，读出轧制每块钢板时的轧制力，并分别测定各块钢板轧制后的板厚。再由测量所得的各块钢板的板厚和原始辊缝值的差值，来确定轧机在各对应轧制力情况下的弹跳值，然后作轧制力和弹跳值之间的关系曲线。用此法测得的刚性称为轧机的动态刚性。

轧机刚性也可以用计算方法来求，它是通过计算各受力部件的弹性变形而先求得轧机的弹跳值，然后再由公式（6-2）计算轧机的刚性系数。

轧机的弹跳值 f 是下面几个零部件的弹性变形的总和，这些零部件包括：轧辊、机架、轴承座、压下螺丝和压下螺母。轧辊在弹性变形主要对钢板的横向厚度差有影响，但是在定点测厚的轧制生产线上，它对带钢在板厚测定点的纵向厚度也要发生影响，因此计算轧机刚性系数时应考虑轧辊弹性变形这一项，而且轧辊弹性变形在整个轧机总变形量中占有很大的比重。根据有关统计资料轧机各零部件弹性变形的大致比例为：轧辊和轴承变形之和约占 58％～70％；调整装置变形约占 14％～21％；机架变形约占 11％～16％[13]。了解轧机总变形中各部分零部件所占的比例，可以帮助找出刚性较弱的部件，并为修改其尺寸，设计更加合理的轧机提供了依据。

第三节　影响轧机刚性的因素

前面说过，轧机的刚性对轧制产品的尺寸公差有着直接的影响，而轧机的刚性又不是一成不变的常数，它受到外界条件的改变而变化。究竟有哪些因素影响轧机的刚性呢？下面就来回答这个问题。

一、轧制速度的影响

对于采用液体摩擦轴承的轧机，由于轴承的油膜厚度在生产过程中是经常发生变化的，

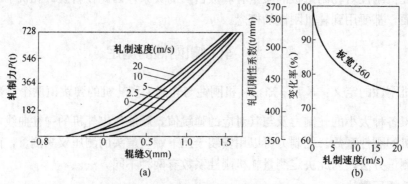

图 6-4　轧制速度对轧机刚性的影响

(a) 不同轧制速度下的轧机弹性变形曲线；(b) 轧机刚性与轧制速度的关系

因此它将直接影响到轧机刚性的改变。造成油膜厚度变化的原因，对于某一性质稳定的润滑油，在冷却充分的条件下，它仅与轧制力和轧制速度的大小有关。图 6-4a 表示在不同轧制速度下所测得的轧机弹性变形曲线[13]。由图可见，在某一恒定不变的轧制速度情况下，当轧制力大于某一定值（如图中 182t）时，轧机的弹性变形曲线基本上接近于直线，因此可近似地认为轧制力的变化对轧机刚性不发生影响。轧机刚性的改变主要由轧制速度的变化引起的。如以轧制速度为横坐标，轧机刚性系数为纵坐标，可将图 6-4a 改造成图 6-4b。由图可清楚地看出，随着轧制速度的增高，轧机的刚性系数下降。

二、板宽的影响

在轧制不同宽度的钢板时，单位板宽上的轧制力的大小是不一样的，在变形区中工作辊的压扁量也是互不相同的。另外由于板宽不同，会造成工作辊与支持辊间的接触压力沿辊身长度方向有不同的分布情况，从而使工作辊与支持辊的接触变形量和支持辊的弯曲变形量都发生变化。由于这些原因，板宽的大小将会影响到轧机的刚性。图 6-5a 表示在不同板宽情况下测得轧机刚性系数随轧制速度变化的情形。如果在某一轧制速度下，以板宽 1360 毫米时的轧机刚性系数为 100%，那么对于不同板宽作出轧机刚性系数的变化率如图 6-5b 所示。由图可见，轧制钢板的宽度愈窄，则轧机的刚性系数下降愈多。

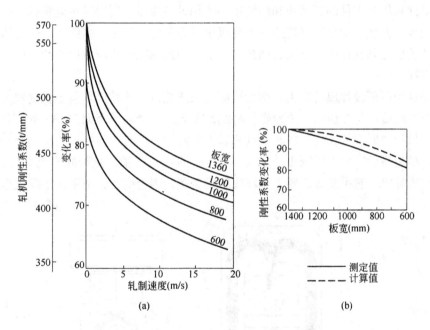

图 6-5 板宽对轧机刚性的影响

（a）不同板宽时轧机刚性与轧制速度的关系；（b）轧机刚性与板宽的关系

第四节 提高轧机刚性的措施

从轧机弹跳方程 $h=S_0+\dfrac{P}{K}$ 可以看出，对于克服由于轧制力的波动而引起板厚变化，轧机的刚性系数愈大则更加有利。因此在一般情况下均希望尽可能地增大轧机的刚性。目前在板轧机设计中，有增大立柱断面和各受力零部件尺寸的趋势。用增大轧机零部件尺寸的方法来提高轧机刚性是有一定限度的，一方面它遇到像机架这样巨大零件在制造、加工和运输方面的困难，另一方面由于轧辊间以及轧辊和轧件间接触变形的不可避免，而且随着轧辊尺寸加大，接触变形也要增加，它约占总变形的 15%～50%。所以提高轧机刚性要从下面两方面来采取措施。

一、缩短轧机应力回线的长度

在普通轧钢机座中，轧机的弹性变形 f 可近似地用虎克定律来表示各受力部件的变形之和，即

$$f = \frac{P}{E}\left(\frac{l_2}{2F_2} + \frac{l_3}{F_3} + \frac{l'_3}{F'_3} + k\frac{l_1^3}{I_1}\right) \tag{6-6}$$

式中 l_2、F_2——机架立柱的长度和断面积；

     l_3、F_3——上辊轴承至上横梁的长度及压下螺丝的断面积；

     l'_3、F'_3——下辊轴承座高度及断面积；

     l_1、I_1——上下横梁的长度及断面惯性矩；

     k——系数。

由上式可看出，在一定的轧制力作用下，轧机的弹性变形是受力零件的长度和断面积的函数。靠增加轧机各零件的断面积和惯性矩会增加设备重量，所以减小轧机弹性变形增大轧机刚性的唯一办法，就是尽可能地减小轧机中受力零件的长度。由图 6-6a 可知，轧机中受力零件长度之和就是该轧机应力回线的长度，因此缩短轧机应力回线的长度，便能提高轧机的刚性。

根据这个原理设计成的轧机，称为短应力回线轧机。该轧机取消了长度较大的受力件机架，而在轧辊的每侧用两个拉紧螺栓将刚性很大的两个轴承座固定在一起（图 6-6b），缩短了轧机应力回线的长度，使轧机具有较大的刚性。同时两螺栓在轧辊轴承外圈允许的条件下，尽量靠近安装，以减小公式（6-6）中的 l_1 的数值。这种轧机也称无牌坊轧机，或称悬挂式轧机。它可制成二辊、三辊或四辊型式，用于线材、型钢、中厚板直至板带材轧机上。

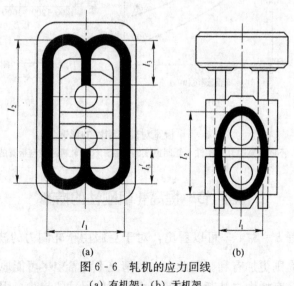

(a)   (b)

图 6-6 轧机的应力回线

(a) 有机架；(b) 无机架

二、对机座施加预应力

如果在轧制前对轧机施加预应力，那么轧机在轧制时的变形量可大大减小，从而提高了轧机的刚性。凡是轧辊未受力就使机架和轴承座处于受力状态的轧机，都称为预应力轧机。

预应力轧机的种类很多，有小型型钢轧机上用的预应力轧机，也有薄板和中厚板轧机上用的预应力轧机，它们的结构型式各不相同，而且有多种施加预应力的方案。小型型钢预应力轧机都采用无机架的型式，在加固的轴承座上穿以预应力拉杆，并用液压螺母施加预紧力[12]。钢板预应力轧机都采用有机架的形式。这里仅以四辊钢板预应力轧机为例说明预应力轧机提高刚性的原理。图6-7表示出两种四辊预应力轧机的结构示意图。它们都是采用闭式机架，这和普通四辊轧机是相同的，所不同的是在图6-7a所示的预应力轧机的支持辊轴承座之间装设有推力的液压缸；在图6-7b所示的预应力轧机的窗口内装设有两个调整螺栓，它们通过两根预应力压杆压在下支持辊轴承座上，在下横梁上装有液压缸。液压缸在轧制前充油加载，使轧钢机架、调整螺栓、预应力压杆和下轴承座处于预先受力状态。这两种形式的预应力轧机虽然结构不同，但是它们的工作原理是一样的。机架上部的压下螺栓是调整上下辊之间距离用的。

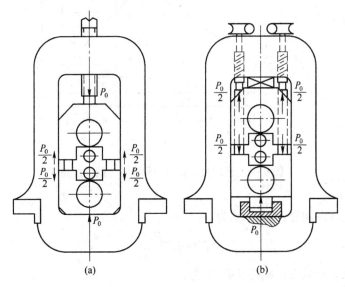

图6-7　四辊预应力轧机

(a) 预应力液压缸型式；(b) 预应力压杆型式

图6-7b所示的预应力轧机在液压缸加载时机架受拉力，而其它部件如调整螺旋、下支持辊轴承座、压杆等均受压力。显然作用在机架上的力与作用在其它部件上的力是相等的，这力就是预紧力 P_0。

在预紧力 P_0 的作用下，机架产生拉伸变形 l_1，其它部件产生压缩变形 l_2（见图6-8）。在一般情况下，变形量 l_1 和 l_2 与预紧力 P_0 呈线性关系，它们的比值就是各自的刚性系数 K_1 和 K_2。机架的刚性系数：

$$K_1 = \frac{P_0}{l_1} = \text{tg}\alpha \qquad (6-7)$$

其它受压部件的系统刚性系数：

$$K_2 = \frac{P_0}{l_2} = \text{tg}\beta \qquad (6-8)$$

轧制时在一侧机架上作用有轧制力 P_1，这时机架受力增加到 R_l，相应的变形量为 l'_1，与此同时，其它受压件出现弹性松弛，作用力减小到 R_y，相应的变形量为 l'_2。显然

$$P_1 = R_l - R_y \qquad (6-9)$$

当轧制压力发生波动而使作用在一侧机架上的轧制力变化到 P'_1 时，机架和其它受压件的变形量相应为 l''_1、l''_2。这时每侧机架上轧制力波动量为：

$$\Delta P_1 = P'_1 - P_1 = \Delta P_1 + \Delta P_y \qquad (6-10)$$

式中　ΔP_1——作用在机架上的轧制压力改变量；

　　　ΔP_y——作用在其它受压件上的轧制压力改变量。

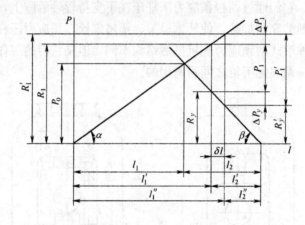

图 6-8　预应力轧机的力和变形之间的关系

由此引起轧件纵向厚度偏差 δl 为：

$$\delta l = \frac{\Delta P_1}{K_1 + K_2} \qquad (6-11)$$

所以预应力轧机的系统刚性系数 K 为：

$$K = K_1 + K_2 \qquad (6-12)$$

对于同样轧机，即机架刚性系数仍为 K_1，其它受压件的刚性系数仍为 K_2，如果不施加预应力，则当轧制力 P_1 也增加 ΔP_1 时，这时轧钢机座的总变形应为：

$$\Delta l = \Delta l_1 + \Delta l_2 = \frac{\Delta P_1}{K_1} + \frac{\Delta P_1}{K_2}$$

即

$$\Delta l = \frac{\Delta P_1}{\dfrac{K_1 K_2}{K_1 + K_2}} \qquad (6-13)$$

所以普通轧机的系统刚性系数 K' 为：

$$K' = \frac{K_1 K_2}{K_1 + K_2} \qquad (6-14)$$

由此可知，预应力轧机比普通轧机刚性增大的倍数 η 为：

$$\eta=\frac{K}{K'}=\frac{K_1+K_2}{\dfrac{K_1K_2}{K_1+K_2}}=\frac{(K_1+K_2)^2}{K_1K_2}=2+\frac{K_1}{K_2}+\frac{K_2}{K_1} \tag{6-15}$$

当 $K_1=K_2$ 时，$\eta=4$，这时轧机刚性增大的倍数为最小，而当 K_1 与 K_2 相差悬殊时，刚性增大的倍数更为显著。以上计算是在未考虑轧辊变形的情况下进行的，因此是个近似值，实际增大倍数要比计算值略小。

预应力轧机发展很快，目前主要用在小型、线材和薄板等要求精度高的轧机上。在中板轧机上也有采用的。

第五节　轧机刚性与钢板纵向厚度差及控制性能之间的关系

轧机刚性对钢板质量有着极为密切的关系，它的物理概念已在本章第一节作过简略的说明。这一节我们还要分三方面的内容深入地从理论上来分析这个问题。

一、轧机刚性与钢板纵向厚度差的关系

轧机由于外扰作用，势必会影响钢板的板厚波动。所谓外扰作用是指轧制过程中工艺参数的变化。这些工艺参数诸如来料厚度、轧制温度、摩擦系数、轧制速度、钢材的机械性能、张力和轧辊偏心等。工艺参数发生变化，对钢板板厚波动的影响，可用下式表示：

$$\delta h=m\Delta X \tag{6-16}$$

式中　δh——钢板板厚偏差；

$\quad\quad X$——泛指各种工艺参数；

$\quad\quad m$——扰动影响系数。

就减弱外扰对板厚变化的影响而论，应尽量取较小的 m 值。

分析各种工艺参数对板厚的影响，可以看出，它们对轧机刚性的要求是不相同的。大致可分为两类：一类是与轧机外部条件有关的工艺参数，如来料厚度、轧制温度、钢材机械性能、摩擦系数、张力等，这些工艺参数的改变，都会引起轧制力的变化；另一类是与轧机内部条件有关的工艺参数，如轧制速度、轧辊偏心等，轧制速度的变化会引起液体摩擦轴承油膜厚度的改变，它和轧辊偏心一样，都会造成辊缝值的波动。

为求出轧机刚性对钢板纵向厚度的影响，我们先对公式 $h=S_0+\dfrac{P}{K}$ 求增量。对于第一类工艺参数变化而言，当辊缝不变仅由轧制力变化引起板厚波动时，则

$$\delta h=\frac{1}{K}\Delta P \tag{6-17}$$

此时扰动影响系数为 $m=\dfrac{1}{K}$，为减轻引起轧制力波动的外扰量对板厚的影响，应采用刚性系数大的轧机。

当辊缝由于轧辊偏心和轴承油膜厚度波动而变化时，轧制力也随之而变，这时引起的板厚变化为：

$$\delta h=\Delta S+\frac{\Delta P}{K} \tag{6-18}$$

而

$$\Delta P = -\frac{\partial P}{\partial h}\delta h \qquad\qquad (6-19)$$

式中，$\frac{\partial P}{\partial h} = M$，称为材料的塑性系数。将上式代入公式（6-18），并经化简得：

$$\delta h = \frac{K}{K+M}\Delta S \qquad\qquad (6-20)$$

此时扰动影响系数为 $m = \frac{K}{K+M}$。为了尽量减轻轧辊偏心和轴承油膜厚度波动等外扰量对板厚的影响，应采用刚性系数小的轧机更为有利。

二、轧机刚性与轧机控制性能的关系

采用厚度自动控制的轧机，当在轧制过程中由于某工艺参数改变，引起钢板厚度偏离给定值时，自动控制系统立刻发出信号，调节轧机的某一参数，纠正钢板的偏差。目前轧机上可供控制的调节参数有：1）调整轧机的压下，改变给定的轧辊辊缝值；2）调节轧机的前后张力；3）调节轧制速度。所谓轧机的控制性能，就是指调节这些参数时，轧机对钢板厚度的纠偏能力。可用下式表示：

$$\delta h = Q\Delta Y \qquad\qquad (6-21)$$

式中　Y——泛指各控制参数；

　　　Q——控制灵敏度。

就提高控制系统的纠偏能力而论，应尽量提高控制灵敏度。

从分析各种控制参数对板厚的纠偏能力，可以看出，它们对轧机刚性的要求是不相同的。我们也用增量方程来研究，首先分别写出调节每个控制参数时的增量方程。

调整压下改变原始辊缝值时，与公式（6-20）相同，即

$$\delta h = \frac{K}{K+M}\Delta S \qquad\qquad (6-22)$$

此时控制灵敏度 $Q = \frac{K}{K+M}$，为了提高调压下对钢板纠偏的能力，采用刚性大的轧机为宜。

调节张力时，一般原始辊缝不变，所以

$$\delta h = \frac{1}{K}\Delta P \qquad\qquad (6-23)$$

而压力的波动既受张力变化的影响，又受压下量变化的影响，因此有

$$\Delta P = -\frac{\partial P}{\partial T}\Delta T - \frac{\partial P}{\partial h}\delta h \qquad\qquad (6-24)$$

式中 $\frac{\partial P}{\partial h} = M$ 为材料的塑性模数，将上式代入公式（6-23），并经化简，得

$$\delta h = \frac{-\frac{\partial P}{\partial T}}{K+M}\Delta T \qquad\qquad (6-25)$$

此时控制灵敏度 $Q = \frac{-\frac{\partial P}{\partial T}}{K+M}$，为了提高调张力对钢板纠偏的能力，采用刚性小的轧机

具有更好的效果。

调节轧制速度时，情况与调张力相同，也有

$$\delta h = \frac{-\dfrac{\partial P}{\partial V}}{K+M}\Delta V \tag{6-26}$$

此时控制灵敏度 $Q = \dfrac{-\dfrac{\partial P}{\partial V}}{K+M}$，为了提高调速度对钢板纠偏的能力，也应采用小刚性的轧机。

三、轧机刚性系数可任意调节问题

轧机的刚性系数是反应轧机能力的一个固有常数。当它设计制造成以后，这台轧机的刚性系数就被确定下来了。虽然它在生产过程中随着轧制速度和轧件宽度的变化而有所改变，但这只是在轧机刚性系数附近的微小摆动。如前面所述，生产过程对轧机刚性的要求，有些情况下希望大些，而在另外一些情况下又希望小些，尤其在连轧机上前几架和后几架取不同的刚性系数值，才能获得最佳的控制效果，最理想的钢板尺寸公差和良好的板形。也就是说生产过程中希望能够改变轧机的刚性，以满足人们对它的不同要求。

这小节主要叙述实现轧机刚性系数可调的基本控制思想。大家知道，钢板轧机厚度自动控制的原理是基于轧机的弹跳方程或它的偏差方程：

$$\left.\begin{array}{l} h = S_0 + \dfrac{P}{K} \\[2mm] \delta h = \Delta S + \dfrac{\Delta P}{K} \end{array}\right\} \tag{6-27}$$

如果在轧制过程中能随时保证：

$$\delta h = \Delta S + \frac{\Delta P}{K} = 0 \tag{6-28}$$

即当轧制温度、来料厚度、钢板材质等因素发生变化，而引起轧制力波动时，板厚要随之发生变化。如果控制系统以极高的速度调节轧辊间的辊缝值，使其刚好抵消轧制力波动引起的板厚变化，则可维持板厚不变。

实际工作过程如图 6-9 所示。四辊轧机的轧制力 P 由安装在压下螺丝端头上的测压仪测得，并与给定压力 P_0 比较得压力偏差 ΔP。轧辊辊缝由液压缸推动下辊轴承座来调节，辊缝值 S 由装于液压缸上的位移传感器来测量，并与给定原始辊缝值 S_0 比较得辊缝偏差 ΔS。ΔP 乘以 $\dfrac{1}{K}$ 后再与 ΔS 相加，如果 $\Delta S + \dfrac{\Delta P}{K} \neq 0$，则控制系统输出一信号给伺服阀，使液压缸动作，一直到 $\Delta S + \dfrac{\Delta P}{K} = 0$ 时，伺服阀才停止动作。这就是板厚自动控制的基本原理。

假设 $\dfrac{\Delta P}{K}$ 和 ΔS 以不同比例反馈[14]，使

$$\Delta S + \alpha \frac{\Delta P}{K} = 0 \qquad\qquad (6\text{-}29)$$

式中　α——轧机刚性可控系数。

这只要在 $\dfrac{\Delta P}{K}$ 信号之后，加一比例系数可调的乘法器即可做到。将公式（6-29）代入公式（6-27），得

$$\delta h = (1-\alpha)\,\frac{\Delta P}{K} \qquad\qquad (6\text{-}30)$$

这时，轧机的系统刚性为：

$$K_c = \frac{\Delta P}{\delta h} = \frac{K}{1-\alpha} \qquad\qquad (6\text{-}31)$$

适当地选择轧机刚性可控系数 α，改变轧机的刚性，其关系为（见图 6-10）：

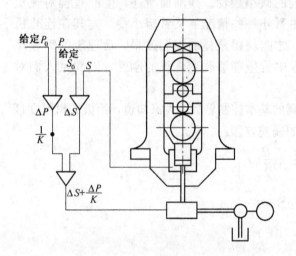

图 6-9　板厚控制工作过程

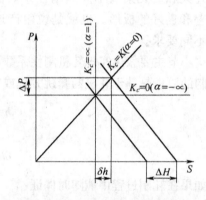

图 6-10　可调刚性轧机基本特性

当 $\alpha=1$ 时，$K_c=\infty$，$\delta h=0$，此为等厚轧制过程。

当 $\alpha=0$ 时，$K_c=K$，$\delta h=\dfrac{\Delta P}{K}$，此为无控制轧制过程。

当 $\alpha=-\infty$ 时，$K_c=0$，$\Delta P=0$，此为等压轧制过程。

第六节　轧机的横向刚性

轧制钢板的质量有两大指标：一是钢板的厚度精度（板厚公差）；二是钢板的平直度（板形）。从板厚精度来看，它又有纵向板厚精度和横向板厚精度之分。前面几节着重讲述了轧机的纵向刚性及其对钢板纵向厚度公差的影响。钢板的横向厚度公差和板形问题与轧机的横向刚性有着密切的关系。这一节就来介绍轧机横向刚性的有关问题。

一、轧机横向刚性概念

在四辊式轧机上轧制钢板时，由于支持辊的弯曲变形和支持辊与工作辊间的不均匀的接触变形，使工作辊产生弯曲，这时轧出的钢板沿板宽方向就要出现厚度差（见图 6-11）。如果工作辊弯曲愈厉害，钢板横向厚度差愈严重，则说明该轧机的横向刚性小；相反工作辊弯曲变形小，则轧机的横向刚性大。与轧机的纵向刚性的概念相类似，轧机横向刚性也是抵抗轧机弹性变形的能力，所不同的是前者抵抗轧机的弹跳变形，后者是抵抗轧机的弯曲变形。于是轧机相对于轧制力的横向刚性系数 C_P 可表示为[15]：

$$C_P = \frac{P}{\delta h_b} \tag{6-32}$$

式中　P——轧制力；

δh_b——钢板中部与边部的厚度差。

由上式可见，轧机相对于轧制力的横向刚性系数的意义，是指当钢板中部与边部产生1毫米厚度差时，所需的轧制力大小。

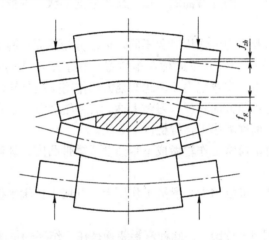

图 6-11　四辊轧机轧辊变形

为了抵消轧辊在轧制力作用下产生的弯曲变形，提高钢板的平直度和缩小横向板厚公差，生产中常采用下面几种方法：

（1）轧辊预先加工成凸辊；

（2）用调节辊温分布的办法来调整辊形，也称控制轧辊的热凸度。

（3）采用机械弯辊的方法，以抵消轧辊在轧制时的弯曲变形。

前两种方法操作上是很麻烦的。如果采用预先加工成凸辊，就需要增加机械加工工序。采用控制轧辊热凸度方法也不是经常有效的，它的热稳定性差，而且烫辊时间长。所以目前新设计的钢板轧机普遍采用弯辊的方法，或者在采用弯辊同时，也配合使用预先加工成凸辊。

上述因素对轧机的横向刚性都会发生影响，如果同时考虑弯辊力和工作辊凸度的影响，则钢板的中部和边部厚度差可用下式表示：

$$\delta h_b = h_c - h_e = \frac{P}{C_P} - AC - \frac{F}{C_F} \tag{6-33}$$

式中　h_c、h_e——钢板中部和边部厚度；

C、A——工作辊凸度及其比例系数；

F、C_F——弯辊力及轧机相对于弯辊力的横向刚性系数[15]。

轧机相对于弯辊力的横向刚性系数，表示使钢板中部和边部产生 1 毫米厚度差时，所需要的弯辊力值。

从上式可以看出，当轧辊凸度恒定时，则影响钢板横向厚度差的因素有二：一是轧制力变化的影响；二是弯辊力作用的影响。

从轧制力影响来看，轧机对钢板的横向厚度差应具有较少的影响，即当轧制状态改变而引起轧制力变化时，应有尽量小的钢板横向厚度差，这就要求轧机具有比较大的 C_p 值。

从弯辊力的影响来看，希望轧机具有好的控制性，即在比较小的弯辊力作用下，就能使钢板的横向厚度差发生明显的变化，这就要求轧机具有比较小的 C_F 值。

二、液压弯辊调整辊形装置

液压弯辊调整辊形装置，是提高轧机横向刚性的重要措施之一。它是靠液压缸的推力，使工作辊或支持辊产生附加弯曲的，以改变辊缝的形状，保证轧出的钢板的平直度和厚度公差合乎要求。

液压弯辊装置根据弯辊力的作用对象不同，可以分为下面三种类型。

1. 正弯工作辊（图 6 - 12a）　此种弯辊装置是在下工作辊的轴承座上装有液压缸，使上下工作辊轴承座间作用有弯辊力 F。此弯辊力的作用方向与轧制力同向，而它对工作辊弯曲与轧制力引起的弯曲方向相反，习惯上称此种弯辊装置为正弯工作辊。它使轧制时工作辊挠度减小，所以也称减小工作辊挠度的方法。

采用正弯工作辊时，通常工作辊做成不带凸度或微带凸度，轧制时工作辊的挠度全靠弯辊来抵消。

有时为了简便起见，可以增大平衡缸工作压力，利用工作辊平衡缸起弯曲工作辊的作用。

2. 负弯工作辊（图 6 - 12b）　此种弯辊装置是在工作辊轴承座和支承辊轴承座之间装置液压缸，使它们之间作用有弯辊力 F。对工作辊来说此弯辊力的作用方向与轧制力反向，而它对工作辊的弯曲与轧制力引起的弯曲方向相同，习惯上称此种弯辊装置为负弯工作辊。由于它使轧制时工作辊挠度增加，所以也称增加工作辊挠度的方法。

采用负弯工作辊时，工作辊的凸度应该大些。这时轧制力引起的工作辊弯曲挠度小于轧辊的原始凸度，生产中还要靠负弯工作辊以补偿轧辊多余的凸度。

3. 弯曲支承辊（图 6 - 12c）　此种弯辊装置是在支承辊的外伸辊头上装有液压缸，使上下支承辊之间作用有弯辊力 F。此弯辊力的作用方向与轧制力同向，而它对支承辊的弯曲与轧制力引起的弯曲方向相反，所以也称正弯支承辊。当然也有负弯支承辊的方法，但应用得较少。

从以上三种弯辊方法的比较来看，正弯工作辊需要的弯辊力小，设备结构简单。但是由于增加了弯辊作用，使工作辊与支承辊辊身边部的接触负荷增加，容易造成支承辊边部辊面掉皮，会影响支承辊使用寿命。同时也增加了轧辊轴承的负荷，使工作辊轴承的寿命和轧辊辊颈的疲劳强度有所降低。由于调节弯辊力的大小会引起压下螺丝负荷的波动，因此它也会直接影响钢板纵向板厚变化幅度加大。

负弯工作辊效果较好，所需要的弯辊力也小，设备结构也简单。由于负弯工作辊方法可以减轻工作辊与支承辊间的接触负荷，大大改善了支承辊的工作条件和延长它的使用寿命。同时因为这种弯辊方法的弯辊力并不影响压下螺丝负荷的变化，故这时纵向板厚变化幅度要小些。

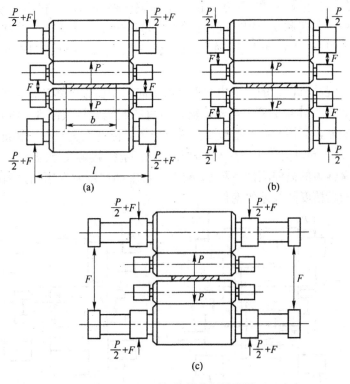

图 6 - 12 四辊轧机弯辊受力图

(a) 正弯工作辊；(b) 负弯工作辊；(c) 弯曲支承辊

弯曲支承辊方法和弯曲工作辊方法不同，后者的调节灵敏度高，所以普通四辊轧机上以弯曲工作辊方式居多。但是在宽板轧机上弯曲工作辊方法使工作辊的挠度曲线呈波浪形，就是说弯辊效果只能对钢板边部起到调节作用，不能影响到钢板的中部，因此对于宽钢板轧机以弯曲支承辊的效果为好。弯曲支承辊的方法要有较大的弯辊力，设备也复杂些。由于弯辊力引起轧机各部分变形的增加，特别是支承辊轴承负荷增加，因此在设计轧机和选用轴承时，必须充分考虑到这一点。采用弯曲支承辊方法时，支承辊上的弯辊力对轧机起到预应力的作用，因而也有利于减小钢板的厚度变化。

三、靠移动中间辊来调节辊形

为了提高轧机的横向刚性，出现了一种在四辊轧机工作辊和支承辊之间增加一个中间辊的特殊六辊式轧机。该轧机的中间辊，借助于安装在轧机传动侧上部的液压机构的推动，而作轴向移动。由于增加了中间辊的轴向移动装置，它和工作辊的弯辊装置配合作用，具有特殊的弯辊效能，并且在轧制过程中能随时控制工作辊的凸度，以保证轧出具有较高平直度的钢板。

这种轧机为什么能提高轧制精度呢？我们先从钢板的横向厚度差公式（6 - 33）来分析：

$$\delta h_b = h_c - h_e = \frac{P}{C_P} - AC - \frac{F}{C_F}$$

由上式可知，对于普通四辊式轧机具有较大的横向厚度差。其原因是：（1）四辊轧机相对于轧制力的横向刚性系数 C_P 小，因为工作辊弯曲变形，不仅由支承辊弯曲而引起，而更主要的是由工作辊和支承辊之间的接触变形而产生；（2）相对于弯辊力的横向刚性系数 C_F 大，因为这时工作辊和支承辊的有效接触长度最长。因此，四辊轧机的横向刚性和控制性能都差。

如果改成六辊轧机，它的上下中间辊可沿轴向向相反方向移动，轧机的受力情况如图 6-13a 所示。这时工作辊的变形与支承辊带凸肩的四辊轧机（图 6-13b）相类似，工作辊主要受压缩变形，而把弯曲变形减少到最低限度，因此大大提高了轧机相对于轧制力的横向刚性系数 C_P。同时由于工作辊与中间辊之间的有效接触长度减小，工作辊易受弯曲，使轧机相对于弯辊力的横向刚性系数 C_F 减小，弯辊的控制效果增加。因此可使该轧机获得良好的板形和高精度同板差的钢板。

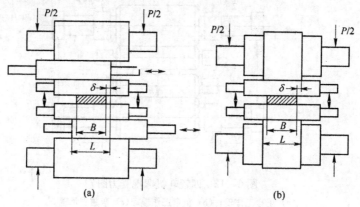

图 6-13　六辊轧机与四辊轧机的对比

（a）中间辊可轴向移动的六辊轧机；（b）支持辊带凸肩的四辊轧机

第七章 联 接 轴

第一节 轧钢机联接轴的类型及用途

联接轴是用于将动力由齿轮机座或电动机传递给轧辊，或从一个机座的轧辊传递给另一机座的轧辊（机座按横列式布置时）。目前应用较广泛的联接轴有：万向接轴、梅花接轴和弧形齿接轴等三种型式。

各种联接轴的特点和应用范围见表 7 - 1。

表 7 - 1 轧钢机联接轴的类型和用途

类 型		特 点	应 用 范 围
梅花接轴		由四个或多个凸瓣组成，凸瓣有弧形或普通梅花头型，允许较小的倾角	最大倾角 $\alpha=1°\sim2°$，最大转数 $n=400\text{r/min}$，用于横列式型钢轧机，轧辊调整距离很小
万向接轴	滑块式	衬板由耐磨青铜、黄铜或人工合成材料作成，允许有较大的倾角，润滑条件差	最大倾角 $\alpha=8°\sim10°$，最大转数 $n=1000\text{r/min}$，用于初轧机、冷、热板带轧机、钢管轧机、钢球轧机、中、厚板轧机等
	十字头式	磨损件少（没有月牙形滑块），因滚动轴承间隙小，工作平稳，润滑条件好，传动效率高，外形尺寸大，叉头强度较弱	最大倾角 $\alpha=15°$，用于带钢轧机、钢管轧机和立辊轧机中
弧形齿接轴		传动平稳，润滑条件好，节省有色金属，径向间隙小	最大倾角 $\alpha=3°$，高转速条件下不适用（因磨损大），用于带钢轧机、连续式小型轧机和线材轧机等

一、万向接轴

在轧辊调整范围较大的轧机上，一般是万向接轴将扭矩传递给轧辊。常用的万向接轴有两种型式：滑块式万向接轴和十字头万向接轴。

滑块式万向接轴（图 7 - 1）能传递很大的扭矩（可达 3000kN·m）和允许有较大的倾

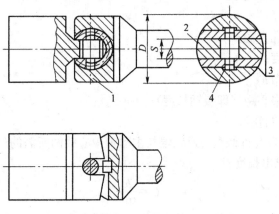

图 7 - 1 滑块式万向接轴

1—叉头；2—扁头；3—滑块；4—小方轴

角（可达 $8°\sim10°$），但万向接轴的润滑较为困难，铜滑块易磨损，工作中易生冲击。

十字头万向接轴（带滚动轴承的万向接轴）如图 7 - 2 所示，它广泛用于汽车工业，近年来在轧钢机械上也逐渐使用十字头万向接轴。十字头万向接轴与滑块式万向接轴相比有以下优点：十字头万向接轴采用滚动轴承（也有用铜套的），不易磨损，减少了铜的消耗。十字头万向接轴轴承内间隙少，磨损少，能保证良好的工作条件。带滚动轴承的十字头万向接轴的密闭性好，润滑可靠。滑块式万向接轴的叉头或扁头与较长的接轴做成一件，制造复杂，十字头万向接轴叉头与接轴一端用花键连接，另一端则用键连接，所以接轴由于采用了半联轴节和滚动轴承，拆装比较容易。十字头万向接轴的传动效率较高。

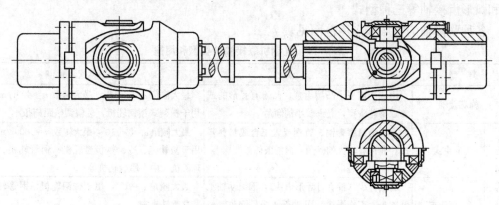

图 7 - 2　100 无缝穿孔机用十字头万向接轴

十字头万向接轴的主要缺点是叉头的强度较弱，外形尺寸大，十字头的同心度要求高，制造要求高。

万向接轴主要用在初轧机、板坯轧机、开坯机、钢管轧机、中板与厚板轧机上，同样也用于薄板轧机、冷轧板带轧机上。

万向接轴与梅花接轴相比，由于前者从运动学的观点看比较完善而且工作比较平稳，因此它已开始用在型钢轧机与钢坯轧机上。

万向接轴是根据虎克铰链的原理制成的。

万向接轴的主要参数是：

　　　　D——叉头直径；

　　　　d——叉头镗孔直径；

　　　　S——扁头厚度；

　　　　α——接轴倾角；

　　　　L——两铰链中心距（即接轴长度）；

　　　　d_3——接轴本体直径。

接轴长度 L 由接轴允许倾角 α 及轧辊与主动轴中心线间所需的最大距离 h 来决定（图 7 - 3）。即可用下式求出长度：

$$L=\frac{h}{\text{tg}\alpha}$$

接轴长度在水平线上的投影，随其倾角的不同而变化。接轴铰链中的一个轴通常固定在主动轴上，而连接轧辊的另一个轴则是不固定的，即是轴向游动的。

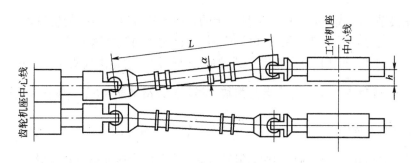

图 7-3　万向接轴的布置简图

当上轧辊上升量很大时（在初轧机与板坯轧机中有时达 2000mm），为了尽可能地使两根接轴的工作条件均衡，故将下接轴（图 7-3）也配置成倾斜的（但一般考虑由于冷却水与氧化铁皮大量向下滴落，致使工作条件恶化，故此倾角较小）。当齿轮机座齿轮的直径比轧辊的最小直径大很多时，则在齿轮机座端接轴端部的尺寸作得比靠轧辊端的大些。而且它与齿轮（比轧辊更贵的零件）的联结强度较大，并能保证在过载时不致破坏。

叉头直径 D 取决于强度及轧辊最小直径（图 7-1），或比磨削后的轧辊直径小 5～15mm。

$$D=(0.85\sim0.95)D_{轧辊}$$

式中　$D_{轧辊}$——轧辊的名义直径。

镗孔直径通常取约为接轴端部直径的一半。

$$d=(0.48\sim0.5)D$$

扁头的厚度大约为：

$$S=(0.25\sim0.28)D$$

接轴本体直径 d_3 一般取：

$$d_3\approx(0.5\sim0.6)D$$

在实际生产中，扁头式万向接轴用得很普遍（图 7-1）。在接轴的圆柱形孔中装有青铜的或酚醛胶布衬垫，它们在孔的中心线方向由圆柱形凸肩来固定其位置。在齿轮（或轧辊）端部的扁头上做有切口，在切口中装有端部带有轴颈方形或圆形的滑块。虎克铰链的一个中心线是接轴的镗孔中心线Ⅰ，而另一中心线则是滑块的中心线Ⅱ。

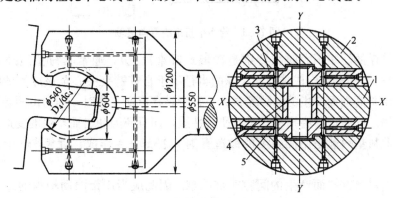

图 7-4　1150 初轧机万向接轴开式铰链结构图

1—扁头；2—叉头；3—月牙形滑块；4—小方轴；5—青铜滑板

铰链在接轴中心线方向的位置不是固定的，因而它可以沿扁头的切口稍微移动。为使铰链装配方便起见，叉形接头两股间的间距作得比衬垫的宽度稍大些。

图 7-4 为 1150 初轧机万向接轴开式铰链的结构图，它是由扁头 1、叉头 2、月牙形滑块 3 和一根小方轴 4 组成。两个月牙形滑块（衬瓦）以滑动配合 $\left(\dfrac{D_4}{dc_4}\right)$ 装在叉头径向镗孔中，扁头则插在这两个月牙形滑块中间。小方轴两端轴颈与月牙形滑块也是滑动配合 $\left(\dfrac{D_4}{dc_4}\right)$，其中间的矩形断面部分与扁头的长形切口能够滑动，在其配合表面镶有青铜滑板 5。

根据拆卸方法不同，万向接轴的铰链分为：（1）轴向拆卸的（图 7-1、图 7-4），即铰链的一头在中心线方向上可以移动。这种铰链有一个带切口的扁头，在轴向换辊时（在闭式机架中）它通常用在靠轧辊的一端。（2）侧向拆卸的，即铰链的一端可沿侧向移动（通常是在开式机架中，当换辊时它们向上抬起）。这种铰链通常具有带孔的扁头和代替滑块的贯穿螺栓（图 7-5），当贯穿螺栓抽出后，移动叉形接头或带衬垫的扁头便可将铰链拆开。在这种结构中，因为孔中没有凹槽，所以叉形接头上的镗孔就比较简单，但是贯穿螺栓会大大减弱叉形接头的断面积。所以应当尽量避免采用这种接轴。

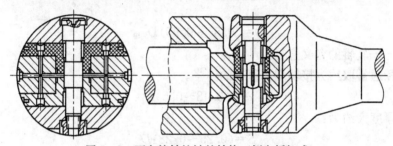

图 7-5　万向接轴铰链的结构（侧向拆卸式）

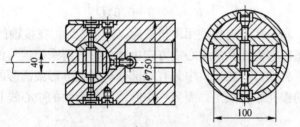

图 7-6　传递小扭矩的万向接轴

当接轴传递的转矩不大时（特别是在辊式矫直机上），通常其衬垫用外环固定（图 7-6）。同时衬垫的端部作成球面形，球的半径等于自铰链头中心至该球面的距离。应当注意，衬垫由于磨损而产生的间隙若很大，特别是在可逆工作时，因为由间隙而产生的冲击会加剧磨损。同时这种磨损不仅具有研磨性质，而且还因冲击而产生的变形也助长了这种磨损。因此衬垫一般是用高强度的锻造青铜 ZQA19-4 作成，近年来也有采用尼龙 6 等工程塑料。

要消除由衬垫磨损而产生的间隙非常困难。因此应当用带滚动轴承的万向接轴（图 7-7），滚动轴承能保证接轴在工作中的间隙最小，并且由于其密闭性较高，故能更可靠地保持润滑油（干油）。同时还可以不用青铜，但这种铰链的强度要小得多。

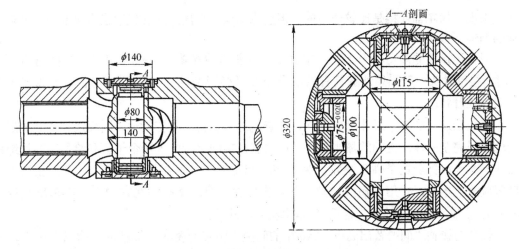

图 7 - 7 带有滚针轴承的万向接轴

普通万向接轴的铰链不易润滑,这是因为其密闭性不好,润滑油不易保持在工作表面上。通常采用干油。用油枪或装在接轴上的注油器注入。

改善润滑的试验有以下几种:1)稀油由环形槽注入,该环形槽由焊在接轴头上的罩子组成;2)采用单独润滑系统的稀油浇注式润滑,这一润滑系统由构造复杂的密闭罩构成,而密闭罩通常作得能将整个接轴包住;3)应用能将接轴铰链包住的耐油橡胶套等。用稀油润滑,由于单位压力大,滑动速度低,因此应采用黏度大的润滑油。

接轴的材质通常采用 45 号钢,若传递较大扭矩时可采用合金钢,如 40Cr、37SiMn2MoV 等。

二、梅花接轴与轴套

梅花接轴与轴套(图 7 - 8)应用在轧辊中心线间距变化不大而且接轴的倾角不大于 1°~2° 的轧钢机上。当倾角很大时,就产生很大的摩擦损失,以及由此而产生的急剧磨损,从而使梅花接轴和轴套的寿命降低。采用联合接轴,即在与齿轮机座连接的一端为万向接轴铰链,而在与轧辊连接的一端则为梅花轴套,就可改善轴与轴套的磨损情况。这样一来,齿轮一端就能很好地维护,同时由于梅花连接易于拆卸、因而不会使换辊复杂。对横列式

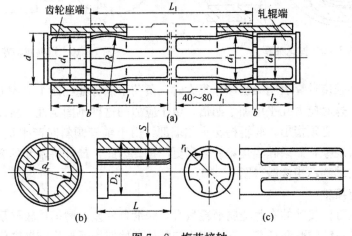

图 7 - 8 梅花接轴

(a) 弧形梅花头;(b) 梅花套筒;(c) 普通的梅花头

轧机来说，梅花轴连接是比较通用的。但应当指出，在横列式轧机中也有全部使用万向接轴的趋势（虽然换辊较复杂）。

当梅花接轴的倾角小于 1°时，接轴轴头为普通的梅花头（图 7 - 8c）。当倾角为 1°～2°时，接轴轴头一般采用外圆具有弧形半径 R 的弧形梅花头（图 7 - 8a）。以改善接轴与套筒的接触状况。

梅花轴连接的各个尺寸已成系列，可查阅有关资料。梅花接轴的断面尺寸及断面形状与轧辊的完全一样。接轴的最小长度，应根据在接轴上能放下两个轴套和给吊车的钢绳留出 40～80mm 间隙的条件来决定。为了使轴套在工作中不在接轴上窜动，所以在接轴的槽里应放上木块，并用卡箍或铁丝捆住。当接轴需要平衡时，在它的中部应车出直径为 $0.88d_1$ 的轴颈来安装轴承。这里 d_1 指梅花头的外径。

轴套与接轴之间要留出 $\Delta = 0.015d_1$ 的间隙。轴套的突瓣与接轴的凹槽以同一半径制成，但是为了轴套与接轴接触得更好，应采用不同的圆心（图 7 - 9）。轴套的长度等于轧辊梅花头长度的两倍，再加上轧辊梅花头与接轴梅花头端面的间隙。

通常轴套所用的材料是灰口铸铁，当应力很大时，轴套就应当用铸钢作成。接轴所用材料是强度极限为 $\sigma_b = 50\sim60\text{kg/mm}^2$ 的铸钢或锻钢。

梅花接轴只按扭转应力计算，应力的最大值在梅花头的凹槽中，它等于：

$$\tau_{\max} = \frac{M}{0.0706d_1^3}$$

式中　　d_1——梅花头外径；

　　　　M——扭转力矩。

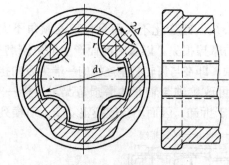

图 7 - 9　梅花轴套

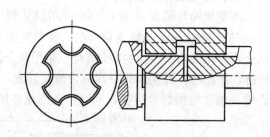

图 7 - 10　短突瓣梅花轴套

梅花轴套的强度计算表明，当倾角很大时，负荷不能分配在四个突瓣上，而只是由两个突瓣来承受，这时应力几乎增加了两倍。由于应力的这种不固定性，所以不推荐用梅花轴套作保险零件。必须指出，轧辊梅花头的端部，由于轴套倾斜时产生很大的接触应力，常常会发生剥落现象，如果轧辊是铸铁的则更严重。因此，最好将轴套的突瓣作得与轧辊和接轴的梅花头端部不相接触（图 7 - 10）。

三、弧形齿接轴

由于滑块式万向接轴的有色金属消耗量大，润滑条件差，磨损比较严重，因此往往成为轧钢机主传动系统的薄弱环节。五十年代初国外开始使用弧形齿接轴来代替滑块式万向接轴或梅花接轴。目前，除大型初轧机和板坯轧机外，在其他轧钢机上都有采用弧形齿接轴的。我国某厂 300 小型连轧机也用弧形齿联接轴代替了原有的滑块式万向接轴。

弧形齿接轴的优点是：

（1）传动平稳，噪声小，有利于提高轧制速度；

（2）没有冲击振动，径向间隙可减小到最低限度；

（3）可节省大量有色金属；

（4）润滑条件好，有利于提高轧机作业率；

（5）重量轻（一般比滑块式万向接轴重量减轻 1.5～2 倍左右）；

（6）传动效率高、装卸方便、便于换辊、使用寿命长。

弧形齿接轴工作时的倾角一般为 2°，尽量不要大于 3°，这是因为弧型齿接轴的承载能力随倾角的增加而显著下降（图 7-11）。但随着弧形齿接轴的发展，其允许倾角也在增加。

弧形齿接轴的外形尺寸较大，故在某些场合下使用受到限制。

弧形齿接轴主要由外齿轴套和内齿圈组成。其外齿侧面的节圆线为弧线，外齿套的齿顶和齿根表面是弧面，而齿的断面两侧也是弧面（图 7-12），即外齿纵断面上，齿的母线呈腰鼓形。这样弧面外齿套与内齿圈啮合时，能在 *XOZ* 和 *XOY* 两个互相垂直的平面内倾斜，起万向铰链的作用。

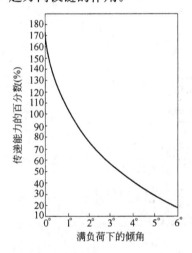

图 7-11 弧形齿接轴承载能力与其倾角的变化曲线

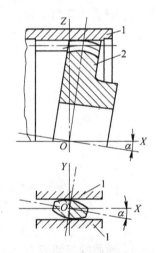

图 7-12 弧形齿接轴齿形示意图
1—内齿圈；2—弧面外齿套

图 7-13 为 300 小型车间轧机用弧形齿接轴的实例。

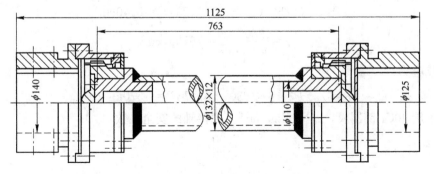

图 7-13 300 轧机用弧形齿接轴

例题 计算初轧机的万向接轴。

已知：轧辊直径 $D=950\text{mm}$，上辊最大提升高度 $H=1200\text{mm}$，齿轮座节圆直径 $d=1000\text{mm}$，下轧辊比下齿轮中心线低 $\Delta=50\text{mm}$，作用在一个接轴上的最大扭转力矩 $M_{扭}=125\text{tf}\cdot\text{m}$，轧辊端的万向接轴头部直径为 840mm，齿轮座端的头部直径为 950mm。

解：

1. 取上辊最大倾角 $\alpha=8°30'$，则接轴长为（图 7-14）

$$L=\frac{h}{\text{tg}\alpha}=\frac{H+D-d-\Delta}{\text{tg}\alpha}=\frac{1200+950-1000-50}{\text{tg}8°30'}\approx7500\text{mm}$$

2. 接轴 $d=450\text{mm}$ 时的扭转应力

$$\tau=\frac{M_n}{0.2d^3}=\frac{12500000}{0.2\times45^3}=690\text{kg/cm}^2$$

3. **轴头上的应力** 垫板作用于接轴颚板上的力 P：

$$P=\frac{M_n}{a}\approx1.43\frac{12500000}{77}=23200\text{kgf}\qquad(b=770\text{mm})$$

Ⅰ—Ⅰ 断面的弯曲应力：

$$M_w=P\cdot x\approx1.43\frac{M_n}{b}\cdot x$$

$$\sigma_w=\frac{M_w}{W_w}\approx1.43\frac{M_n}{b\cdot W_w}\cdot x$$

$$W_w=\frac{3b_1^2+6b_1b_2+2b_2^2}{6\ (3b_1+4b_2)}\cdot h^2$$

$$=\frac{3\times32^2+6\times32\times25+2\times25^2}{6\ (3\times32+4\times25)}\times23.7^2=4380\text{cm}^3$$

$$M_w=232000\times15.6=3620000\text{kgf}\cdot\text{cm}$$

$$\sigma_w=\frac{3620000}{4380}=830\text{kg/cm}^2$$

Ⅰ—Ⅰ 断面的扭转应力：

$$W_n=\eta\cdot\ (b_1+b_2)\ \cdot h^2$$

$$\frac{b_1+b_2}{h}=\frac{32+25}{23.7}=2.4;\qquad\eta=0.256$$

$$W_n=0.256\ (32+25)\ \times23.7^2=8140\text{cm}^3$$

$$\tau=\frac{12500000}{2\times8140}=767\text{kg/cm}^2$$

合成应力：

$$\sigma=\sqrt{\sigma^2+3\tau^2}=\sqrt{830^2+3\times767^2}=1570\text{kg/cm}^2$$

接轴用 40Cr 钢制成，$\sigma_b=75\text{kg/mm}^2$，则接轴的安全系数：

$$n=\frac{7500}{1570}=4.77$$

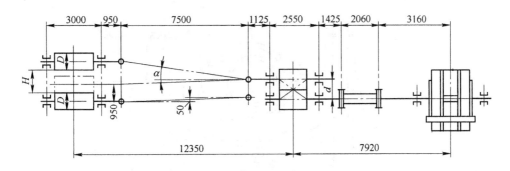

图 7 - 14　初轧机联接轴简图

第二节　联接轴的平衡

在轧辊直径大于 $450\sim500$mm 的轧机上，为了不使联接轴的重量全部传到梅花轴套上或接轴铰链上，通常接轴是通过轴承来加以平衡的，平衡所需的力约为被平衡零件重量的 $1.1\sim1.3$ 倍。

常用的联接轴平衡装置有弹簧平衡、重锤平衡和液压平衡三种型式。联接轴在移动量不大时（$<50\sim100$mm），通常采用弹簧平衡（图 7 - 15），将弹簧配置在一侧接轴容易拆卸。当联接轴移动量较大时，采用液压平衡或重锤平衡。在更换轧辊时，用液压平衡能很容易地调整轧辊端接轴头的位置。因此，在车间里已经有平衡轧辊用的液压系统时，即使联接轴的移动量不大，也应采用液压平衡（图 7 - 16a、b）。

在初轧机及其他上辊抬升量很大的轧机上，当没有平衡轧辊用的液压系统时，下轧辊用弹簧平衡，而上轧辊则如图 7 - 17 所示，用重锤平衡。

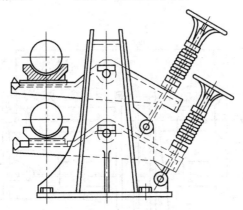

图 7 - 15　接轴的单侧弹簧平衡

更换轧辊时，下接轴的高度在靠近轧辊的一端用螺帽 1 调节，与螺帽配合的螺栓通过弹簧与轴承来平衡接轴。上接轴的位置用蜗轮 - 蜗杆机构 2 调节。当轧辊由机座中取出前，使接轴处于最低位置时，对重升起，然后利用上述机构使滚子 3 插入重垂杠杆 4 下面，由于对重使接轴产生过平衡，所以在装设新轧辊时，接轴的位置可由滚子 3 的位置来决定。弹簧 5 的用途是用来承受接轴的一部分重量，并可消除轴承支承梁 7 的铰链 6 与接轴铰链中心线间在高度上可能产生的不重合现象。

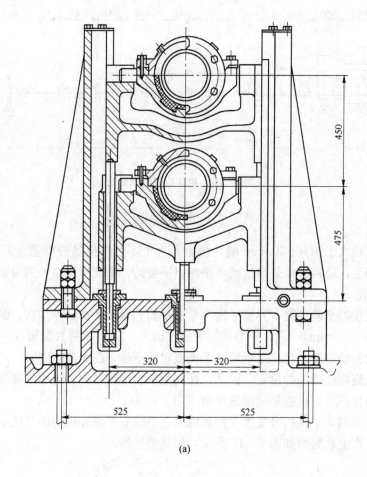

(a)

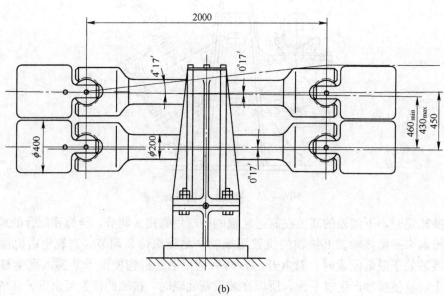

(b)

图 7-16 2500 四辊轧机接轴的液压平衡

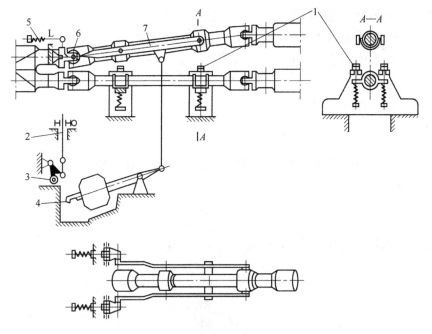

图 7 - 17　初轧机联接轴的平衡装置

1—螺帽；2—蜗轮、蜗杆机构；3—滚子；4—重垂杠杆；

5—弹簧；6—铰链；7—轴承支承梁

第三节　万向联接轴的强度计算

滑块式万向接轴的强度计算常用的有两种方法，一种是材料力学的方法，另一种是以试验数据为基础的经验公式法，用后者计算比前者简单。

一、开口式扁头的受力分析和强度计算

图 7 - 18 为带有切口的铰链扁头受力分析图。其合力 P 在扁头一个支叉上的作用点将由其断面的中心移向一侧。故在危险断面Ⅰ—Ⅰ中（图 7 - 19），除有弯曲应力外还有扭转应力。

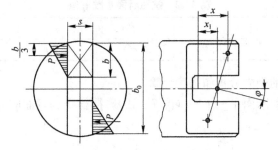

图 7 - 18　带有切口的扁头受力图

这里力 P 等于：

$$P = \frac{M}{b_0 - \frac{2}{3}b} \qquad (7-1)$$

式中　M——接轴所传递的转矩；

　b_0、b——分别为扁头的总宽度与扁头一个支叉的宽度。

　Ⅰ—Ⅰ——断面中的弯曲力矩：

$$M_w = Px \tag{7-2}$$

式中　x——合力 P 的力臂，它等于：

$$x = 0.5\left(b_0 - \frac{2}{3}b\right)\sin\alpha + x_1 \tag{7-3}$$

这里 α 与 x_1 分别为接轴的倾角与铰链中心至Ⅰ-Ⅰ断面的距离。

　Ⅰ—Ⅰ断面中的扭矩等于：

$$M_n = P\frac{b}{6} \tag{7-4}$$

弯曲应力与扭转应力各等于：

$$\sigma = \frac{6M_n}{bS^2} \tag{7-5}$$

$$\tau = \frac{M_n}{\eta S^3} \tag{7-6}$$

式中　S——扁头断面厚度；

　η——计算抗扭断面系数的系数，它与比值 $b:S$ 有关，并等于（当抗扭断面系数写成 ηS^3 形式时）：

计算应力等于：

$$\sigma_j = \sqrt{\sigma^2 + 3\tau^2} \tag{7-7}$$

也可用下面公式进行计算：

$$\sigma_j = \frac{1.1M}{\left(b_0 - \frac{2}{3}b\right)bS^2}\left[3x + \sqrt{9x^2 + \left(\frac{b}{6\eta}\right)^2}\right] \tag{7-8}$$

该式中力矩的因次为 kg·cm，长度单位为 cm。

表 7-2　抗扭断面系数 η 值

$b:s$	1	1.5	2	3	4	6
η	0.208	0.346	0.493	0.801	1.15	1.789

二、闭口式扁头的受力分析和强度计算

带孔的扁头在危险断面Ⅰ—Ⅰ中（图 7-19），同样受到弯曲应力与扭转应力。

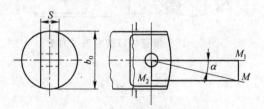

图 7-19　带孔扁头的计算简图

如果在接轴中心线上作一由接轴传递的总力矩 M 的向量，就可看到该总力矩的分力矩为：

$$M_1 = M\cos\alpha \tag{7-9}$$

$$M_2 = M\sin\alpha \tag{7-10}$$

在扁头 I—I 断面上，相应的引起的扭转应力与弯曲应力为：

$$\tau = \frac{M_1}{\eta \cdot S^3} \tag{7-11}$$

$$\sigma = \frac{6M_2}{b_0 S^2} \tag{7-12}$$

式中　η——与比值 $b_0 : S$ 有关的系数（见表 7-2）。

计算应力按公式（7-7）计算。

当 $b_0 : S = 3.5$ 时，用式（7-8）进行应力计算更精确些：

$$\sigma_j = 0.7\frac{M}{S^3}A \tag{7-13}$$

式中　A——系数，$A = \sin\alpha + \sqrt{\sin^2\alpha + 1.37\cos^2\alpha}$ $\tag{7-14}$

三、叉头的受力分析和强度计算

图 7-20 为叉头的受力分析图。其合力 P 位于距铰链中心线 $\frac{b_1}{3}$ 处，其中 b_1 为叉股的宽度。因此，由接轴传来的力矩 M 所决定的合力 P 将等于：

$$P = \frac{3M}{2b_1} \tag{7-15}$$

假设 A—A 断面的中心线上有两个大小等于力 P、方向相反的力 P_1 与 P_2，就可看出，将有力偶 P 与 P_1 作用在叉股上，其力矩等于 $\frac{M}{2}$，此时还有力 P_2 在叉股中引起弯曲应力、拉应力及剪应力。因此，在叉股任意断面 I—I 中的应力可根据下面几个力及力矩计算：

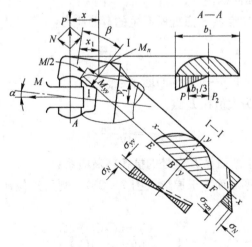

图 7-20　作用在叉头上的力

1. 对该截面 x-x 轴的弯曲力矩：

$$M_{xx}=Px \qquad (7-16)$$

式中　x——P 力的力臂，等于：

$$x=(x_1+y_1\operatorname{tg}\alpha)\cos\alpha=x_1\cos\alpha+y_1\sin\alpha \qquad (7-17)$$

式中　x_1—— I—I 断面中性线的横坐标；

　　　y_1—— I—I 断面中性线的纵坐标。

2. 拉力 N 为：

$$N=P\sin(\alpha+\beta) \qquad (7-18)$$

式中　β—— I—I 断面的倾角。

3. 对该断面 y—y 轴的弯曲力矩为：

$$M_{yy}=\frac{M}{2}\sin(\alpha+\beta) \qquad (7-19)$$

4. 扭转力矩为：

$$M_{KP}=\frac{M}{2}\cos(\alpha+\beta) \qquad (7-20)$$

I—I 断面中应力的最大值通常是在 EF 线上的 B 点，或者是在 E 点和 F 点处。这些应力的组成部分如下：

(1) 由主要弯曲力矩 M_{xx} 所产生的弯曲应力，这些弯曲应力在叉股的内表面（即在 EF 线上）处等于：

$$\sigma_{xx内}=\frac{M_{xx}}{W_{xx内}} \qquad (7-21)$$

式中　$W_{xx内}$——该断面对于 x—x 轴的断面系数。

(2) 由力 N 所产生的拉应力：

$$\sigma_N=\frac{N}{F} \qquad (7-22)$$

式中　F—— I—I 断面面积。

(3) 由力矩 M_{yy} 在 E 点或 F 点处所产生的弯曲应力：

$$\sigma_{yy}=\frac{M_{yy}}{W_{yy}} \qquad (7-23)$$

式中　W_{yy}——该断面对于 y—y 轴的断面系数。

(4) 扭转应力，其最大值在 B 点：

$$\tau_B=\frac{M_{KP}}{W_{KP\cdot B}} \qquad (7-24)$$

式中　$W_{KP\cdot B}$—— I—I 断面在 B 点处的抗扭转断面系数。

若使 I—I 中的扇形断面等于梯形（图 7-21），则可近似地计算出 I—I 断面的抗弯断面系数。

$$W_{xx\cdot 内}=\frac{3C_2^2+6C_2C_3+2C_3^2}{6(3C_2+4C_3)}C_1^2 \qquad (7-25)$$

$$W_{yy} = \frac{C_2^3 + 3C_2^2 C_3 + 4C_2 C_3^2 + 2C_3^3}{6(C_2 + 2C_3)} \cdot C_1 \tag{7-26}$$

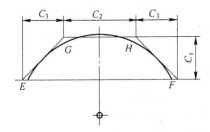

图 7 - 21 叉股的断面

断面 B 点处的抗扭断面系数可用下式计算：

$$W_{KP \cdot B} = \frac{r^3}{2.86} \left(\frac{h}{r} \right)^{2.82} \tag{7-27}$$

式中 r 与 h——扇形弧的半径与扇形面的高。

B 点处的应力为：

$$\sigma_j = \sqrt{(\sigma_{xx \cdot \text{内}} + \sigma_N)^2 + 3\tau_{KP \cdot B}^2} \tag{7-28}$$

E 点及 F 点处的应力：

$$\sigma_j = \sigma_{xx \cdot \text{内}} + \sigma_{yy} + \sigma_N \tag{7-29}$$

叉头应力的计算，除用上面的计算方法外，还可用实验公式进行计算。实验证明，叉头最大计算应力发生在叉股内表面的某一点上，并可用下式进行计算：

$$\sigma_j = 35 \frac{M}{D^3} \left(\frac{D}{D-d} \right)^{1.25} k \tag{7-30}$$

式中 d——叉头镗孔直径（cm）；

D——叉头外径（cm）；

M——力矩（kg·cm）；

k——接轴倾角系数，等于：

$$k = 1 + 0.05 \alpha^{2/3} \tag{7-31}$$

当 $d = 0.5D$ 时：

$$\sigma_j = 27.5 \frac{M}{D^3} (2.5k + 0.6) \tag{7-32}$$

四、万向接轴的安全系数和许用应力

万向接轴在轧钢机中是比较重要的部件，一般应尽可能采用大于 6 的安全系数（$n \geqslant 6$），并由此确定材料的许用应力。万向接轴的工作特点是：径向轮廓尺寸受限制，并且传递扭矩很大，有时达 300t·m。因此在接轴中产生相当大的应力，故在个别情况下，只能采用 $n > 5$ 的安全系数。

接轴的材料一般采用 40 号或 45 号锻钢，当应力很大时，采用合金钢，例如 40Cr 或 40CrNi 等合金锻钢。

例题 计算 1150 初轧机的万向接轴，此接轴的扁头带有切口。

已知：

所传递的力矩 M（tf·m）　　　　　150

接轴头的直径 D（mm）　　　　　1000

镗孔直径 d（mm）　　　　　500

倾斜角 α（°）　　　　　8

切口扁头的全宽 b_0（mm）　　　　　950

扁头每一支叉的宽度 b（mm）　　　　　340

扁头厚度 S（mm）　　　　　330

由铰链中心至扁头危险断面的距离 x_1（mm）225

解：按式（7-8）计算扁头中的应力：

$$\sigma_j = \frac{1.1M}{\left(b_0 - \frac{2}{3}b\right)bS^2}\left[3x + \sqrt{9x^2 + \left(\frac{b}{6\eta}\right)^2}\right]$$

$$= \frac{1.1 \times 15000000}{\left(95 - \frac{2}{3}34\right)34 \times 33^2} \times \left[3 \times 27.6 + \sqrt{9 \times 27.6^2 + \left(\frac{34}{6 \times 0.21}\right)^2}\right]$$

$$= 1060 \text{kg/cm}^2$$

式中，$\eta = 0.21$ 是由表 7-2 查出的。

根据式（7-3）：

$$x = 0.5\left(b_0 - \frac{2}{3}b\right)\sin\alpha + x_1$$

$$= 0.5\left(95 - \frac{2}{3}34\right)\sin 8° + 22.5 = 27.6 \text{cm}$$

因 $d = 0.5D$，故铰链叉形接头中的应力按式（7-32）计算得：

$$\sigma_j = 27.5\frac{M}{D^3} \cdot (2.5k + 0.6) = 27.5\frac{15000000}{100^3}(2.5 \times 1.2 + 0.6)$$

$$\approx 1500 \text{kg/cm}^2$$

k 值由式（7-31）确定：

$$k = 1 + 0.05\alpha^{2/3} = 1 + 0.05 \times 8^{2/3} = 1.2$$

第八章 剪 切 机

剪切机是轧钢车间的辅助机械设备，用来剪切钢坯、型材和带材，也用来纵向剪切钢板及带钢。剪切机的型式很多，根据其结构及工艺特点可分为四种类型：平刃剪、斜刃剪、圆盘剪和飞剪。

第一节 平 刃 剪

剪刃平行放置的剪切机简称为平刃剪。这种剪切机通常用于热态剪切初轧方坯和扁坯，以及中小型钢坯。亦有时用于冷态剪切中小型成品钢材。

根据剪切方式，平刃剪可分为：1）上切式剪切机，其下剪刃固定不动，上剪刃上下运动进行剪切；2）下切式剪切机，这种剪切机的两个剪刃都运动，剪切过程是通过下剪刃的上升来实现的；3）水平方向剪切的剪切机。

平行剪刃剪切机还可分为：闭式剪切机，机架位于剪刃的两侧（一般是吨位比较大的剪切机）；开式剪切机，机架位于剪刃的一侧（一般是吨位比较小的剪切机）。闭式机架通常做成门型的，刚性好，剪切断面大。但是操作人员不易观察剪切情况，不便于设备维修和事故处理。而开式机架通常做成悬臂式的，刚性较差，剪切断面小，但是便于检修维护和事故处理。

一般大吨位剪切机采用下切式，小吨位剪切机采用上切式。目前，吨位在 2000～2500t 以上的剪切机，有向上切式机械剪发展的趋势。

一、上切式剪切机

上切式剪切机通常是曲柄连杆式结构，其特点是结构和运动较为简单。但是被剪切轧件易弯曲，剪切断面不垂直。因此，在剪切较厚轧件（大于 30～60mm）时，在剪切机后边。需要增设一台摆动滚道（图 8-1 所示）。

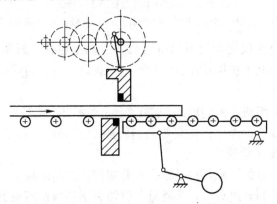

图 8-1 带摆动辊道的上切式剪切机

二、下切式剪切机

下切式剪切机广泛地应用于剪切断面厚度大于 30～60mm 的初轧钢坯和其它类型的钢坯。剪切过程的特点是：在剪切开始，上剪刃首先下降，当压板压住钢坯并达到预定的压力后，即行停止，其后是下剪刃上升进行剪切。剪切后，下剪刃首先下降回到原来位置，接着上剪刃上升恢复原位。这种剪切金属的方法，具有下面一些优点：（1）剪切时钢材高于辊道面，因此，不需要剪机后面的摆动升降辊道；（2）剪切长轧件时，上剪刃一侧的钢材不会弯曲；（3）下切式剪切机机架不承受剪切力的负荷；（4）装设有活动压板，保证剪切时钢坯处于正确位置，以获得整齐的切面。

下面介绍国内应用较广泛的几种平行刃剪切机。

1. 六连杆式剪切机　六连杆式剪切机使用的吨位有：900t、400t和250t。大吨位的六连杆式剪切机，安装在φ1150初轧机的生产线上，用于剪切初轧方坯和板坯。400t和250t剪切机，应用在φ650轧钢车间。图8-2所示为400t六连杆式剪切机，是φ650轧钢车间的配套设备。

剪切机的型式为开口下切式，剪切时机架不承受剪切力负荷。最大剪切力是400t。剪刃长度为720mm和500mm两个规格。最大剪切断面为240×240mm和21×300mm，剪切次数为5～12次/分，传动电机功率为200kW两台，转数为500～1200r. p. m。

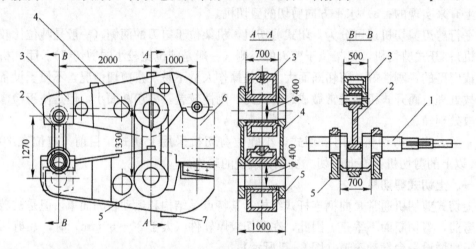

图8-2　400t六连杆式剪切机

1—曲柄轴；2—连杆；3—上剪股；4—拉杆；5—下剪股；6—上刃台；7—下机架

六连杆式剪切机由主机座和附属设备组成。主机座包括：机架、剪切机构、传动系统、上刃台导行套定位调节机构及压板装置等。附属设备有：剪切机前后辊道、定尺挡板等。

剪切机构由六连杆组成：曲柄轴1、连杆2、上剪股3、拉杆4、下剪股5和可沿导行套上下移动的上刃台6等。整个机构只有曲柄轴的O点是唯一的固定支点。全部机构的重量由支点O及下机架7承受。

剪切过程中，上刃台的下降行程是根据被剪切钢坯的断面高度，进行预先调正。调正时应保证所剪钢坯能顺利通过刃口，又要避免剪切后钢坯因抬离辊道过高，引起钢坯的翘头或弯曲变形。调整机构如图8-3所示，电动机传动蜗杆蜗轮，使与蜗轮用螺旋副连接的导行套（限位轴套）带动上刃台升降，并使上刃台停留在要求的位置上，限制其下降。在导行套的中心孔内，穿有可以上下移动的拉杆，拉杆下端挂有上刃台，拉杆上端装有起缓冲作用的板形弹簧和止推筒。

114

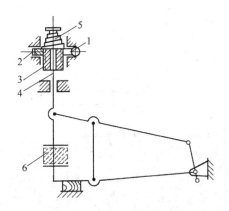

图 8-3 上刃台调整机构

1—蜗杆；2—蜗轮；3—导行套；4—拉杆；5—板型弹簧；6—钢坯

为了防止剪切时钢坯翘起，剪切机装有压板装置。

剪切机工作方式有两种：循环工作制和摆动工作制。循环工作制开口度为 290mm，摆动工作制的开口度有两种，分别为 100mm 和 150mm。根据剪切断面高度选用工作制。摆动工作制剪切周期短，生产率高。

（1）循环剪切工作制　在剪机启动前，曲轴停于下死点位置。剪切时启动电机，曲轴转过 360°剪切一次。剪切后曲轴又停于下死点位置，电动机作单向转动。

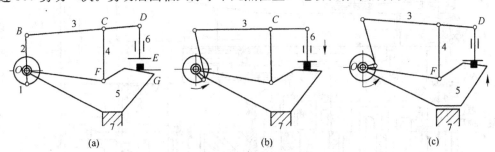

图 8-4　循环剪切工作制的剪切过程

1—曲轴；2—连杆；3—上剪股；4—拉杆；5—下剪股；6—上刃台；7—下机架

1）原始位置：曲轴在下死点位置（如图 8-4a 所示），拉杆 4 处于铅直位置，下剪股 5 处于最低位置，上刃台 6 处于最高位置，两剪刃完全张开。机构的全部重量，通过下剪股 5 传到下机架 7 上。

2）下剪股不动，上刃台下降：剪切时启动电机，曲柄轴由原始位置开始绕 O 点按图示方向转动。由于自身重量下剪股不动，曲柄轴通过连杆 2，推动上剪股 3 左端上升，上剪股在 C 点受拉杆 4 的约束，迫使上剪股右端带动上刃台 6 下降，直到上剪刃与钢坯的距离为 15mm 时，上刃台被预先调整好位置的导行套卡住而停止移动（见图 8-4b）。

3）上刃台不动，下刃台上升进行剪切：曲轴继续旋转，推动上剪股尾部继续抬起，但支点由中间部位移到前端 D 点，通过拉杆 4 拉着下剪股绕 O 点转动，使下剪股 5 的头部向上抬起，与钢坯接触，并托起钢坯进行剪切。剪切后，下剪股继续上升至上死点位置。这时，整个机构与钢坯的重量由曲柄轴和导行套承受（见图 8-4c）。

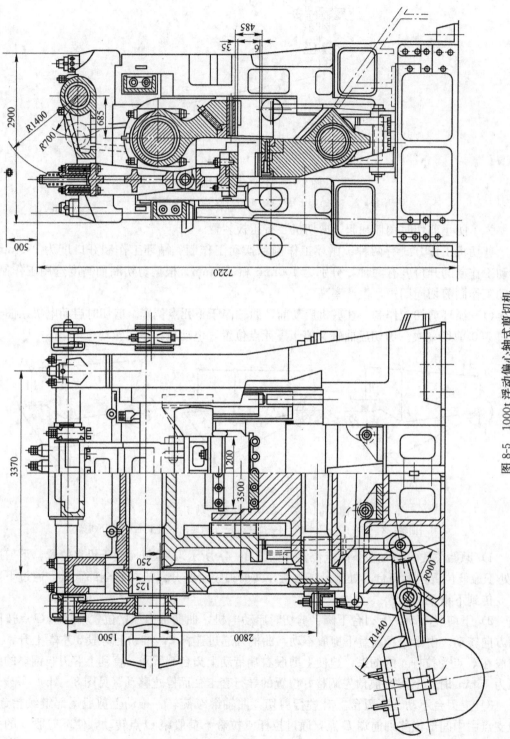

图 8-5　1000t 浮动偏心轴式剪切机

4）剪切终了，机构复位：钢坯被切断后，曲轴由上死点位置继续旋转，上下刃台逆上述动作次序，先下刃台下降，而后上刃台上升。在曲柄轴转过 360° 时，机构和刃台恢复原始位置，完成一次剪切循环。曲轴由主令控制器操纵，自动停止在下死点位置上，准备下次剪切。

（2）摆动剪切工作制　在实行摆动剪切工作制时，电机作正反两个方向转动，每剪切一次，电机改变一次转向。曲轴不停在下死点位置，不作整周转动，只在小于 360° 角度内摆动。这样可以缩短剪切周期时间，增加每分钟的剪切次数，提高剪切机的生产率。

六连杆式剪切机结构比较简单，操作方便，工作可靠，剪切质量好。缺点是：设备重量较大，剪切次数低，检修时拆装麻烦，检修时间较长。

2. 浮动偏心轴式剪切机　浮动偏心轴式剪切机，用于剪切初轧方坯和板坯。初轧厂的剪切机是主轧制线上的关键设备之一，由于初轧机生产工艺的不断强化，使初轧剪切机的工作更为繁重。在许多情况下，成为初轧车间生产的薄弱环节。剪切机的能力和运转质量，将直接影响初轧车间的生产能力。

图 8-5 所示为 1000t 浮动偏心轴式剪切机，具有机械压料机构和机械平衡系统。其最大剪切力为 1000t，刀片行程为 500mm，刀片长度为 1200mm。它用于剪切断面为 350×350mm 以下的初轧坯和断面为 200×900mm 以下的板坯。剪切机由两台 410hp，$400 \sim 800$r/min 的电动机经过一台两级减速机（$i = 48.76$）带动。每分钟剪切次数最高达 12 次。当剪切较大断面的轧件时，剪切机的偏心轴回转 360°，即整周工作制；当剪切小断面时，偏心轴可逆地转动一个角度，即摆动工作制。

剪切机由剪切机构、压料机构、传动装置及平衡系统所组成。

这类剪切机的附属机构较为完善，这些附属机构是：活动定尺挡板、切头推出机和切头运输机等。为了使切头能落到辊道下面的切头运输机上，剪切机后的第一组辊道设计成可以自动移开的。移动机构如图 8-6 所示。转动双臂杠杆时，辊道便开始前后移动，与此同时，使辊道后端的最后一个辊子能随着辊道的前后移动，而作上下摆动。

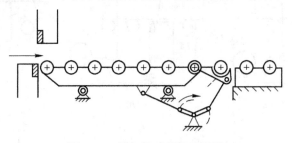

图 8-6　剪切机后的移动辊道

剪切机构如图 8-7 所示。下刃台架在上刃台架的垂直导轨中移动，而上刃台架则在剪切机机架的导轨中移动。所以剪切机机架不承受剪切力和当剪切时作用于剪刀上的侧向推力。传动的回转双偏心曲轴 ABC 安装在上刃台上。双偏心曲轴的一个偏心作为上刃台 I 的心轴 C，另一个偏心则通过大连杆 G 与下刃台 H 的心轴铰链。当双偏心曲轴回转时，下刃台 H 沿着上刃台 I 中的滑道移动，使上下刃台相对移动，实现剪切。为了保证剪切断面规整，在 E 端固定有压板机构 J，压板杠杆 OE 的 O 端固定于机架上，另一端通过缓冲器（图中未示出）、压板连杆 K 与压板 J 相连。

剪切机的剪切过程如图 8-8 所示。图中的 a 为剪切机构的原始非剪切位置。当上刃台停于最高位置时，下刃台处于最低位置，并坐落在机座底部的缓冲器上。

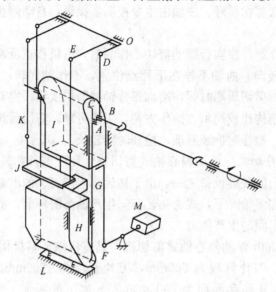

图 8-7　浮动偏心轴式 1000t 剪切机机构简图

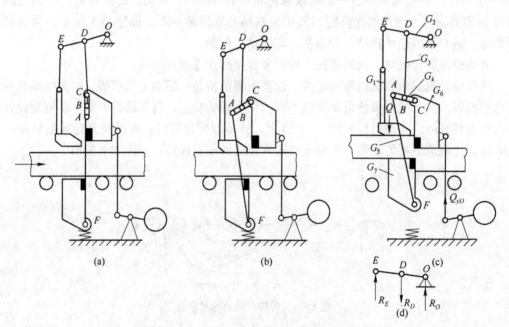

图 8-8　浮动偏心轴式剪切机的运动简图

第一步，当启动剪切机时，由于刃台压板自身重量的作用，偏心轴绕 A 点旋转，上刃台和压板下降，由于臂长 $AB=CB$ 和 $ED=DO$，当压板未与金属接触之前，上刃台和压板将以同一速度下降，把金属压在辊道的辊子上，如图 8-8b 所示。下刃台刃口低于辊道平面 6mm。

第二步，当压板压住金属后，机构向下运动的阻力增大，转动中心由 A 移向 B，以 B 为中心转动，一直到下刃台抬起接触金属为止。这个过程是很短的。

第三步，下刃台接触金属后，以 B 点为转动中心已告结束。这时，偏心轴绕不动点 C 回转，下刃台和压板夹持金属向上移动进行剪切如图 8 - 8c 所示。当曲轴转过 180°时，上刃台下降到最低位置，下刃台上升到最高位置，剪切过程结束。

第四步，复位。金属被剪断后，偏心轴仍继续回转。首先，下刃台，压板和夹在它们之间被剪断的金属下降。到金属接触辊道后，压板不动，下刃台开始脱离金属向下运动。在下刃台回到原来位置之后，上刃台和压板同时上升回到原来位置。到曲轴转过 360°时，机构回复原始位置，完成一次剪切循环。

综上所述，一切剪切过程可分为：1）上刃台下降一段距离后停止不动；2）下刃台上升并完成剪切动作后又下降到原始位置；3）上刃台回到原始位置。这个剪切过程可在剪刃运动参数示波图中清楚地看出来（图 8 - 9 所示）。图 8 - 9 中 S_s 表示上剪刃行程；S_x 表示下剪刃行程。

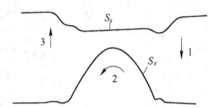

图 8 - 9　上下剪刃运动示波图

1—上剪刃下降；2—下剪刃上升到最高位置（剪切完毕）后又下降到最低位置；
3—上剪刃上升复位

3. 曲柄活连杆式剪切机　现在国内普遍使用的 200t 以下的钢坯剪切机，多数属于曲柄连杆上切式剪切机。这种老式剪切机的构造是：曲柄、连杆和滑块三者设计成不可分离的。剪切过程的实现靠牙嵌式离合器把曲轴和传动系统连接起来，使曲轴转动实现剪切。这种牙嵌式离合器，限制了剪切次数的提高。根据现有剪切机使用情况知道，用在剪切机上的牙嵌式离合器每分钟的接合次数不超过 15 次，这就限制了剪切机生产率的提高。为提高剪切机的剪切次数，我国某钢厂研制了一台 70t 曲柄活连杆式钢坯热剪机。

活连杆式剪切机与一般曲柄连杆式剪切机比较，曲柄活连杆式热剪机的连杆和上刃台的滑块，在运动中是可以分离的。曲柄连杆不停地转动，带动倾斜于一侧的连杆做上下空程运动。这时上刃台不动并保持最大开口度。需要剪切时，借助气缸将连杆拉向上刃台上面的平台上，使上刃台随着曲轴转动而向下移动进行剪切。这种剪切机取消了牙嵌式离合器，在整个工作过程中，曲轴都在不停地运转。因之，设备结构简单，重量轻，实际剪切次数可达 22.5 次/分。

ϕ630×3 轧钢车间通用设计采用的 200t 活连杆式钢坯热剪机，其结构如图 8 - 10 所示。电动机和减速机安装在机架的上方，曲轴穿过机架用二个滑动轴承支撑，尾部装有直径为 ϕ1900mm 的大齿轮，曲轴端与连杆铰接。上刃台装在机架的垂直导轨中，并可沿导轨上下移动。在上刃台中部留有一平台 A，在 A 的右侧方有一凹槽，下部固定有下刃台。这是在总结和改进 70t 闭式热剪机的基础上，经过多次改进后设计成功的。最大剪切力 200t，最大剪切断面 150×150mm，剪刃开口度 230mm，剪刃长度 500mm，剪切次数为 15 次/分。

剪切机结构示意图如图 8 - 11 所示，连杆 6 的下端与一拉杆相连，用气缸 - 杠杆机构带动拉杆，操纵连杆下端的位置。剪切时，连杆下端置于上刃台上面平台 A 处。非剪切时，连杆下端斜置于上刃台右侧的凹槽中，随着曲轴的转动，连杆作上下空程运动。下刃台固定在机架上是不动的。这种剪切机所以有很高的生产能力，关键是改革了离合机构，它用气缸操纵连杆，代替了一般的离合器。提高了离合次数，也提高了剪机的生产能力。

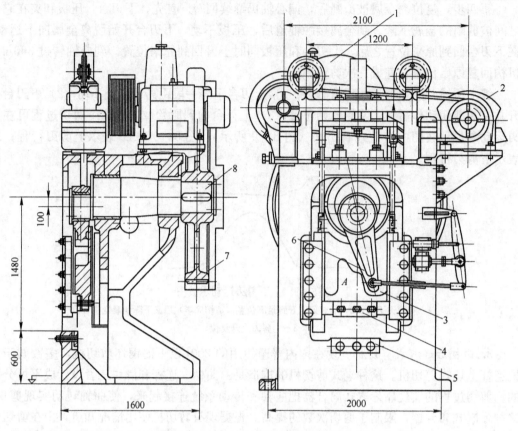

图 8-10　200t 曲柄活连杆式热剪机

1—减速器；2—电动机；3—凹槽；4—上剪刃；5—下剪刃；6—活连杆；7—大齿轮；8—曲柄轴

剪切过程（见图 8-11）如下：剪切前，操纵气缸 1 使上刃台快速升到原始位置。因为电动机长期转动，这时连杆在上刃台的凹槽中空程摆动（见图 8-11a）。当剪切钢坯时，操纵气缸 1 使上刃台快速下降压住钢坯（见图 8-11b）。然后操纵小气缸 9 把连杆推到上刃台上面的平台 A 处。上刃台在曲轴-连杆的作用下，向下移动剪切钢坯（见图 8-11c）。剪切完毕，小气缸 9 把连杆拉到上刃台侧方的凹槽中，并操纵气缸 1 使上刃台快速上升到原始位置（见图 8-11a），以备下次剪切。

该剪切机取消了牙嵌式离合器和制动器，而连杆与上刃台的离合靠专用的气缸-杠杆机构来完成，所以结构较简单。理论剪切次数高（达 30～40 次/分）。这种剪切机的开口度决定于上刃台升降气缸的行程。所以在相同开口度的情况下，这种剪切机的曲轴偏心距可以取小些。因此，所需功率比较小，设备重量轻。

由于剪切机是闭式结构，所以不易观察剪切情况，不易维护。活连杆与上刃台上表面经常接触和冲击，磨损较快，由于采用了耐磨材料进行堆焊，使耐磨性能得到提高，使用周期得到延长。操作技术要求熟练，上刃台的升降及连杆的离合，二者要配合得当，方能发挥这种剪切机的优越性。

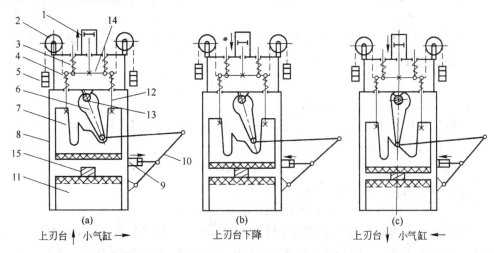

图 8 - 11　200t 曲轴活连杆式剪机结构及其剪切过程

1—气缸；2—链轮；3、4—弹簧；5—平衡重；6—活连杆；7—上刃台；8—机架；9—小气缸；10—杆；

11—下刃台；12—吊杆；13—偏心轴；14—横梁；15—轧件

三、平刃剪的主要参数

平刃剪的基本参数包括：剪切力、剪刃行程、剪刃长度和剪切次数等。

1. **剪刃行程**　剪刃行程主要根据被剪切轧件的最大厚度 h 来确定。应能保证轧件顺利通过刃口并切断为原则。对曲轴剪切机来说，行程过大，必将导致偏心距增加，从而使扭矩和功率增大，其结构尺寸亦随之增大。反之，剪刃行程过小，轧件稍有翘头就造成通过困难，耽搁时间，降低剪切次数，这也是要防止的。

根据实践经验，剪刃行程可按下式确定（图 8 - 12 所示）：

$$H = H_1 + \delta + \varepsilon + \gamma$$

式中　H_1——辊道上表面至压板下表面间的距离，一般 $H_1 = h +$（50～75）mm（h 为被剪切轧件最大厚度、50～75mm 为裕量）；

δ——上、下剪刃的重叠量，其值为 5～25mm；

ε——压板低于上剪刃的量，为保证上剪刃不被轧件所撞击，一般取 5～25mm；

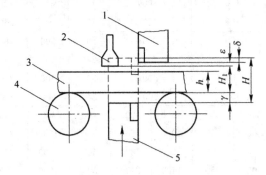

图 8 - 12　剪刃行程示意图（下切式）

1—上刃台；2—压料板；3—钢坯；4—辊道；5—下刃台

γ——辊道上表面高出下剪刃的量，以保证下剪刃不被轧件所撞击和磨损，一般取 5~20mm。

2. **剪刃长度** 剪刃长度主要根据被剪切轧件横截面的最大宽度来确定。对小型型钢剪切机，剪刃长度 L 取：

$$L=(3\sim4)B \quad \text{mm}$$

式中 B——被剪切轧件的最大宽度。

在这种剪切机上所以取较大的 L 值，是考虑同时剪切数根轧件。对初轧和大中型型钢剪切机，剪刃长度取较小值：

$$L=(2\sim2.5)B \quad \text{mm}$$

对板坯剪切机，剪刃长度 L 取：

$$L=B+(100\sim300) \quad \text{mm}$$

3. **剪切次数** 剪切次数是表示剪切机生产能力的一个重要参数。剪切次数 n_0 有理论和实际剪切次数 n 之分。理论剪切次数 n_0 是指每分钟内，剪刃所能够不间断地上下运动的周期次数。实际剪切次数 n 是指每分钟内，剪切机实际完成剪切轧件的次数。实际剪切次数总是小于理论剪切次数的。如在型钢车间剪切机的实际剪切次数约比理论剪切次数小一倍。

在选用剪切机时，其实际剪切次数应能保证在轧制周期内，剪完工艺规程所规定的全部定尺和切头切尾。

4. **剪切力** 剪切力是剪切机的一个重要力能参数，它表示一台剪切机的最大剪切能力。在选择剪切机时，应根据被剪切轧件的材质、温度以及最大横截面面积，计算出最大抗剪力。这个最大抗剪力要小于剪切机的允许剪切力，即名义剪切力。

剪切机的基本参数是代表剪切机的各项工作性能的。在选择确定剪切机时，必需结合具体情况，充分研究剪切机的基本参数，全面考虑确定。热剪机的基本参数，可参阅一机部制定的"热剪机基本参数系列"（草案）见表 8 - 1。

表 8 - 1　热剪切机基本参数系列（草案）

序号	分类	公称吨位（最大剪切力）吨	刀片行程 H mm		刀片长度 L mm		坯料最大宽度 mm		刀片断面尺寸 mm		刀片行程次数 n_0
			方坯	板坯	方坯	板坯	方坯	板坯	高度	厚度	次/分
1	小　型	100	160		400		120	—	120	40	18~25
2	剪切机	160	200		450		150	—	150	50	16~20
3	中　型	250	250		600		190	300	180	60	14~18
4		400	320		700		240	400	180	70	12~16
5	剪切机	630	400		800		300	500	210	70	10~14
6		800	450		900		340	600	240	80	8~12
7		1000	500	350	1000	1200	400	900	240	80	6~12
8	大　型	(1250)	600	400	1000	1500	500	1200	270	90	6~10
9		1600	600	400	1200	1800	500	1500	270	90	6~10
10	剪切机	(2000)	600	450	1400	2100	500	1600	300	100	6~10
11		2500	600	450	—	2100	—	1600	300	100	3~6

注：（ ）号中的吨位、建议尽量不采用。

四、剪切力的计算

剪切力是剪切机的结构设计和型式选择的主要依据。影响剪切力数值的因素很多，如：材质、断面尺寸、温度和剪刃状况等等，因此难于精确确定。这里首先讨论剪切力的变化规律，然后介绍几个实验曲线和有使用价值的公式。

1. **剪切力随切入深度的变化规律**　剪切过程由两个阶段组成：压入变形阶段和剪切滑移阶段，如图 8 - 13 所示。在剪切过程中，轧件受三个力作用：剪切力 P、侧推力 T 和压板力 Q。在这三个力作用下轧件处于平衡状态。

剪切力 P 是随切入深度 z 的变化而变化的。当剪刃刚接触并逐渐压入轧件时，剪切力由零逐渐增大。在整个压入阶段，剪切力 P 在剪切断面上产生的剪切力小于轧件本身的抗剪应力。因此，轧件只产生局部压缩塑性变形。这时轧件进行偏转产生了 γ 角。随着剪刃的逐渐压入，剪切力继续增加，当剪应力等于轧件的抗剪应力时，压入阶段结束，转角 γ 不再增加。当剪切力稍大于此值时，在剪切断面上的剪应力便超过了轧件的抗剪应力，这时轧件便沿整个剪切断面上产生了相对滑移。这就是所谓剪切滑移阶段。在滑移阶段，剪切断面逐渐变小，剪切力也随着不断减小，直至剪断轧件剪切力为零。

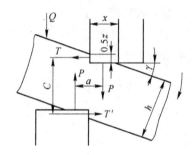

图 8 - 13　平刃剪切时钢坯所受的力

图 8 - 13 所示，当剪刃压入金属后，剪刃对金属表面压力的合力 P，组成一力矩 Pa。力矩力图使金属沿箭头方向转动一个角度 γ。此时剪刃的侧面产生一个侧推力 T。此 T 力也组成一个力矩 TC，此力矩力图阻止轧件的转动。若忽略轧件的重量，在开始滑移时，两个力偶矩彼此应相等，即处于平衡状态。由此得：

$$Pa = TC \qquad\qquad (8-1)$$

式中　a——P 力的力偶臂；

$\qquad$ C——T 力的力偶臂。

这时金属由水平位置转至倾斜平衡位置之转角为 γ，压入金属的深度为 $0.5z$（两剪刃共压入深度为 z）。x 为剪刃与金属接触面积的宽度，力 P 及 T 均作用在接触面积宽度的中间位置上。

假定压入阶段剪刃与金属接触的下表面和侧面上的单位压力均匀分布并相等，即：

$$\frac{P}{x} = \frac{T}{0.5z}$$

$$T = P\frac{0.5z}{x} = P\mathrm{tg}\gamma \qquad\qquad (8-2)$$

将　$a = x = \dfrac{0.5z}{\text{tg}\gamma}$ 及 $C = \dfrac{h}{\cos\gamma} - 0.5z$ 代入方程式（8-1）得：

$$P\frac{0.5z}{\text{tg}\gamma} = P\text{tg}\gamma\left(\frac{h}{\cos\gamma} - 0.5z\right) \tag{8-3}$$

由此可得，当金属被剪刀压入达到开始滑移时，轧件转角 γ 与剪刀压入金属深度之关系为：

$$\frac{z}{h} = 2\text{tg}\gamma \cdot \sin\gamma \approx 2\text{tg}^2\gamma \tag{8-4}$$

由式（8-4）可知，在金属被压入阶段，压入深度愈大，则转角 γ 愈大。γ 角增大将影响剪切质量。同时推力 T 也随之增大，则必然增大剪刀间隙，给剪切造成困难。所以 γ 角增大是不利的。为减少 γ 角，达到减小侧推力和改善剪切质量的目的，经常采用压板。

侧推力 T 的数值，荐用下式确定：

无压板时，　　$\gamma = 10° \sim 20°$，　　$T = (0.18 \sim 0.35)P$；

有压板时，　　$\gamma = 5° \sim 10°$，　　$T = (0.10 \sim 0.18)P$。

关于压板力 Q，有的资料荐用下式估算：

$$Q \geqslant 0.1P \text{（实用中常取为 } 20\% \sim 40\%\text{）}$$

在压入变形阶段，轧件作用于剪刀之力为：

$$P = p \cdot b \cdot x = p \cdot b \cdot \frac{0.5z}{\text{tg}\gamma}$$

式中　　p ——单位压力；

　　　　b ——轧件宽度。

依式（8-4）得：$\text{tg}\gamma = \sqrt{\dfrac{z}{2h}}$，故

$$P = p \cdot b \sqrt{0.5zh} \tag{8-5}$$

令　　$\varepsilon = \dfrac{z}{h}$，称 ε 为相对剪切深度，则式（8-5）可改写为：

$$P = p \cdot b \cdot h \sqrt{0.5\varepsilon} \tag{8-6}$$

由式（8-5）、式（8-6）可看出，若剪刀压入金属阶段的单位压力 p 为常数，则总压力 P 随 z 的增加将按图 8-14 所示抛物线 A 增大。一直到轧件开始沿整个剪切断面产生滑移为止，这时 P 达最大值。

滑移阶段剪切力 P 按下式计算：

$$P = \tau b\left(\frac{h}{\cos\gamma} - z\right) \tag{8-7}$$

式中　　τ ——轧件的剪切抗力。

假定 τ 为常数，式（8-7）中的 P 将按图 8-14 中直线 B 变化。但实际上，晶面上的相对滑移，必将破坏滑移面上的晶格组织，使其抗剪能力逐渐减小。所以 P 力减小的更快，将按图中曲线 C 进行。当减小到某一值时，突然降为零，这时轧件已经被剪断。

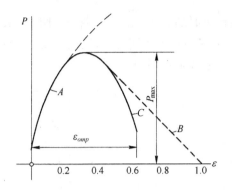

图 8 - 14　剪切力与相对切入深度的关系

轧件切断时的相对切入深度用 ε_d 表示。ε_d 的大小同轧件材质及剪切温度有关。轧件的强度愈高，ε_d 愈小；剪切温度愈高，ε_d 愈大。综合许多实验数据得到：

热剪钢坯　　　　　　　　　　　$\varepsilon_d = 0.45 \sim 0.75$；

冷剪有色金属及软钢　　　　　　$\varepsilon_d = 0.4 \sim 0.6$；

冷剪高强度合金及钢　　　　　　$\varepsilon_d = 0.15 \sim 0.3$。

切断时的相对切入深度 ε_d 与材料的延伸率 δ 有关：

$$\varepsilon_d = (1.2 \sim 1.6)\, \delta \qquad\qquad (8 - 8)$$

式中 1.2 用于冷剪；1.6 用于热剪。

必须指出，图 8 - 14 中的 $P = f(\varepsilon)$ 曲线，只是定性地说明 P 随 ε 的变化规律。较为精确的剪切抗力曲线，目前还只有通过实验测定的方法进行绘制。实际应用的剪切抗力曲线绘制成另外一种型式，即 $\tau = f(\varepsilon)$ 曲线。它不但能清楚地反映剪切抗力的变化规律，而且能清楚地反映材质的强度和温度对剪切抗力的影响。从图 8 - 15 剪切抗力曲线中看出：强度越大，τ_{max} 出现越早，ε_d 就越小。从图 8 - 16 中看出：温度对剪切抗力的影响很大，温度越高，τ_{max} 就越小，τ_{max} 出现就越迟，ε_d 就越大。ε_d 随温度的升高而趋近于 1。

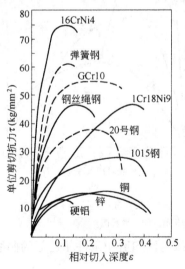

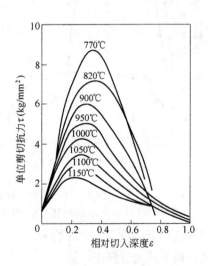

图 8 - 15　冷剪各种金属时的
单位抗力曲线

图 8 - 16　在不同温度下热剪低碳钢（0.13% ~
0.2%C）的单位抗力（板坯剪切机）

图 8 - 17 为热剪某些钢种时的 $\tau = f\,(\varepsilon \cdot t)$ 曲线。图 8 - 15～图 8 - 17 中钢的化学成分参见表 8 - 2。图 8 - 18 为在 800t 热钢坯剪切机上测得的 $\tau = f\,(\varepsilon)$ 曲线。从这些图中看出，其曲线与图 8 - 16 的曲线是相同的。

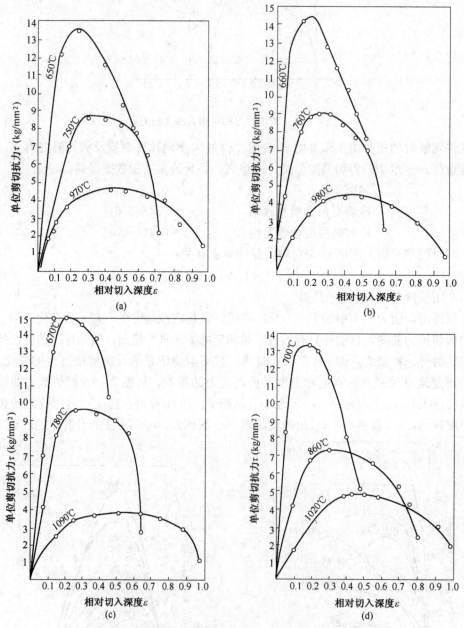

图 8 - 17　热剪各种钢材的剪切抗力 $\tau = f\,(\varepsilon)$ 曲线

(a) 20 号钢；(b) 钢丝绳钢；(c) GCr10 钢；(d) 弹簧钢

当所剪切金属没有实验曲线 $\tau = f\,(\varepsilon)$ 时，则可按与已知剪切条件相近似的曲线来确定，然后按下式进行修正，即

$$\tau = \tau' \frac{\sigma_{\mathrm{b}}}{\sigma_{\mathrm{b}}'}$$

(8 - 9)

$$z = \varepsilon' \frac{\delta}{\delta'} h \qquad (8 - 10)$$

式中 τ'、σ_b'、ε'、δ'——已知曲线的单位剪切抗力、强度极限、相对切入深度和延伸率；

τ、σ_b、ε、δ——待定金属的单位剪切抗力、强度极限、相对切入深度和延伸率。

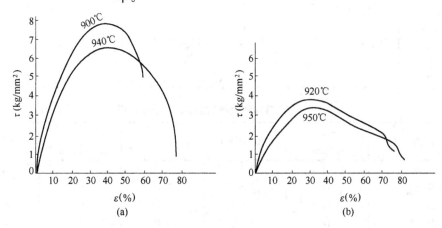

图 8 - 18 实测 $\tau = f(\varepsilon)$ 曲线
(a) T07；(b) 18CrNiWA

2. 剪切力的计算 应用剪切抗力曲线 $\tau = f(\varepsilon)$，能够很方便地求出各个不同切入深度的剪切力。剪切力为：

$$P = \tau \cdot F \qquad (8 - 11)$$

式中 F——剪切面积。

表 8 - 2 图 8 - 15～图 8 - 17 中钢的化学成分及其力学性能

| 钢牌号 | 化 学 成 分 % | | | | | | | 力 学 性 能 | | | |
	C	Si	Mn	P	S	Cr	Ni	σ_s kg/mm²	σ_b kg/mm²	δ %	φ %
16CrNi4	0.16	0.23	0.34	0.018	0.006	1.42	4.31	—	115.0	9.0	45
弹簧钢	0.75	0.31	0.63	0.028	0.020	0.15	—	58.5	100.8	10.8	30
GCr10	0.40	0.33	0.55	0.024	0.027	1.10	0.13	44.8	83.8	16.6	63
1Cr18Ni9	0.14	0.70	0.50	0.020	0.020	1.30	8.5	—	60.0	45.0	60
钢丝绳钢	0.47	0.23	0.58	0.027	0.030	0.05	—	35.4	67.3	19.7	44
钢 20	0.20	0.24	0.52	0.026	0.030	0.04	—	42.6	53.7	21.7	69
钢 1015	0.15	0.20	0.40	0.040	0.040	0.20	0.30	18.0	38.0	32.0	55

实际计算中，只需要计算出最大剪切力 P_{max} 即可。P_{max} 可用下式计算：

$$P_{max} = K_1 \cdot \tau_{max} \cdot F \qquad (8 - 12)$$

式中 K_1 为考虑剪刃变钝和剪刃间隙增大使剪切力增大的系数，其值与剪机能力有关，可按下面经验数据选取：

小型（$P \leqslant 160t$） $K_1 = 1.3$

中型（$P = 250 \sim 900t$） $K_1 = 1.2$

$$大型（P{\geqslant}1000t） \qquad K_1=1.1$$

τ_{max} 的值可按表 8 - 3～表 8 - 5 及图 8 - 18 $\tau=f(\varepsilon)$ 曲线来确定。

表 8 - 3 不同钢种在不同温度下的强度极限 σ_b（kg/mm²）

σ_b / $t℃$ / 钢种	1000	950	900	850	800	750	700
合 金 钢	8.5	10	12	13.5	16	20	23
高 碳 钢	8	9	11	12	15	17	22
低 碳 钢	7	8	9	10	10.5	12	15

表 8 - 4 冷剪各种金属时的 a，ε_d 及 τ_{max} 值

金属类别	τ_{max} kg/mm²	$K_2=\dfrac{\tau_{max}}{\sigma_b}$	ε_d	a kg·mm/mm³	τ_P/τ_{max}
16CrNi4	75	0.65	0.16	9.7	0.81
弹簧钢	61	0.61	0.16	7.4	0.76
GCr10	54	0.64	0.33	15.0	0.84
1Cr18Ni9	47	0.79	0.40	12.4	0.66
钢丝绳钢	46	0.69	0.23	8.5	0.80
钢 20	38	0.70	0.35	10.4	0.78
钢 1015	28	0.74	0.41	9.7	0.84
铜	16	0.80	0.42	5.7	0.85
锌	15	0.91	0.41	5.2	0.84
硬 铝·	13	—	0.13	1.3	0.77

表 8 - 5 热剪各种金属时的 a，ε_d 和 τ_{max} 值

钢 种	温度 t ℃	τ_{max} kg/mm²	ε_d	a kg·mm/mm³	τ_P/τ_{max}
钢 20	655	13.7	0.65	6.6	0.74
	760	8.8	0.72	4.7	0.74
	970	4.8	1.0	3.2	0.67
钢丝绳钢	660	14.5	0.55	5.6	0.70
	760	9.1	0.65	4.4	0.74
	980	4.5	1.0	3.2	0.71
GCr10	670	15.0	0.45	5.4	0.80
	780	9.6	0.65	4.9	0.79
	990	3.8	1.0	3.0	0.79
弹簧钢	700	13.3	0.5	4.7	0.70
	860	7.4	0.8	4.4	0.75
	1020	4.8	1.0	3.5	0.73

假如表中没有被剪切材料的 τ_{max} 时，可用材料的强度极限 σ_b 换算成 τ_{max}，即 $\tau_{max}=K_2\sigma_b$。K_2 可按下列经验数据选取：

有色金属 $\qquad\qquad\qquad K_2=0.8～0.9$

钢 $\qquad\qquad\qquad\qquad K_2=0.7～0.8$

一般强度高的金属 K_2 值应取小些。

这时剪切力的公式可写成：

$$P_{\max} = K_1 \cdot K_2 \cdot \sigma_b \cdot F \tag{8-13}$$

式中　F——被剪切轧件的断面积。

五、平行刃剪切机剪切功的计算

平行刃剪切机的剪切功可按下式计算：

$$A = \int dA = \int F\tau dz = \int F\tau h d\varepsilon = Fh \int \tau d\varepsilon \tag{8-14}$$

$$a = \int \tau d\varepsilon \tag{8-15}$$

a 为单位剪切功，它等于曲线 $\tau = f(\varepsilon)$ 所包围的面积，也就是剪切高度为 1mm 时，断面积为 1mm^2 的试样的剪切功。图 8-15～图 8-17 中的 a 值表示在表 8-4、8-5 和图 8-19 中。图 8-19 为含碳 0.13%～0.20% 的低碳钢板坯的单位剪切功与温度的关系。

若所剪切金属没有 a 的数据时，可用下式近似求得：

$$a = \tau_P \cdot \varepsilon_d \tag{8-16}$$

式中　τ_P——平均剪切抗力，一般等于 0.75～0.85$\tau_{\max}$，见表 8-4、表 8-5。

这些数值往往通过强度极限 σ_b 和相对延伸率 δ_5 表示出来，即：

$$\tau_P = K_1 \cdot \sigma_b \tag{8-17}$$

$$\varepsilon_d = K_2 \cdot \delta_5 \tag{8-18}$$

所以：

$$a = K_1 \cdot K_2 \cdot \sigma_b \cdot \delta_5 \tag{8-19}$$

取系数的平均值 $K_1 = 0.6$ 和 $\varepsilon_d = (1.2～1.6)\delta_5$，则得：

$$a = (0.72～0.96)\sigma_b \cdot \delta_5 \tag{8-20}$$

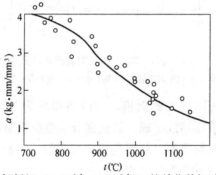

图 8-19　低碳钢板坯（0.13%～0.20%C）的单位剪切功和温度的关系

第二节　斜　刃　剪

斜刃剪切机的两个剪刃互成一角度，一般为 1°～12° 之间，常用的 <6°。通常上剪刃是倾斜的，下剪刃是水平的，见图 8-20。由于剪刃倾斜，剪切时剪刃只接触轧件的一部分，因此，剪切力比剪刃平放时为小。但剪刃的行程加大了，同时产生了侧向推力。斜刃剪常用来冷剪宽厚比比较大的板材，如：钢板、带钢、薄板坯、焊管坯等。通常用被剪切轧件的断面尺寸——厚度×宽度来命名，如 Q11-20×2000 型剪板机等。

由于机架结构不同，斜刃剪可分为开式及闭式两种。闭式斜刃剪有两个支架，剪刃放在两个支架中间；开式则只在一侧有支架，另一侧为悬臂式的。闭式机架的刚性好，而开式机架能清楚地看见操作情况，并便于维护检修和事故处理。

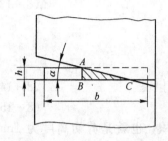

图 8-20　斜刃剪切示意图

开式斜刃剪一般为上切式，而闭式斜刃剪又有上切式和下切式之分。目前已较广泛地使用下剪刃倾斜的下切式斜刃剪。这种剪切机在剪切时，板材能正常地压在上刃台上。因此，能够保证剪切面对板材中心线及表面的垂直度。但由于把压板系统放在辊道下面，导致了结构的复杂化。

Q11-20×2000 型上切式剪板机，可冷剪厚度为 20mm，宽度为 2000mm 的钢板。最大剪切力 100t，上剪刃的倾斜角为 4°15′，行程次数为 18 次/分，喉口深度为 588mm。该剪切机的传动机构如图 8-21 所示。其电动机传动大小皮带轮，又通过摩擦离合器传动长轴，再经过齿轮对传动曲轴，带动连杆和上剪架，使上剪架作上下直线运动，实现剪切动作。架体采用钢板焊接结构。

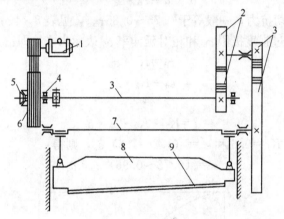

图 8-21　Q11-20×2000 型剪机传动系统简图

1—电动机；2、3—减速齿轮；4—滚动轴承；5—离合器；6—皮带轮；7—曲轴；8—上刃台；9—剪刃

Q12Y-32×4000 型液压摆式剪板机，可冷剪厚度为 32mm，宽度为 4000mm 的钢板。它主要由机械部分和液压系统组成。机械部分主要由机架和上下剪架组成。液压系统的动力通过主工作油缸传送给剪架，从而完成剪切动作。主缸的最大推力为 140×2t，上剪刃的倾斜角为 3°，剪切次数为 5～10 次/分。

一、工作原理

1. **液压驱动原理**　剪板机的液压驱动用下列方法表示：

$$\boxed{电机} \rightarrow \boxed{动力机构} \rightarrow \boxed{控制机构} \rightarrow \boxed{执行机构}$$

其工作原理可由图 8-22 表示。

2. **机械部分工作原理**　剪刃的安放及运动如图 8-23 所示。上剪刃 $\overset{\frown}{AB}$ 如同缠绕在圆柱体表面与圆柱体母线成 α 角的螺旋线，下剪刃 CD 平行于圆柱体母线，但不随圆柱体转动。

当圆柱体绕轴线 $O-O$ 摆转时，两剪刃相遇，实现剪切。上剪刃 $\overset{\frown}{AB}$ 上任一点在圆柱体径向方向都与下剪刃 CD 上对应点保持等距离。这样就保证了剪切过程中剪刃间隙的均一，从而保证了剪切质量。

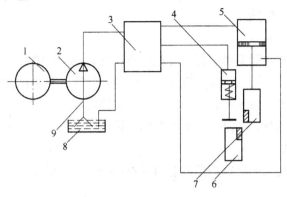

图 8 - 22　液压剪工作原理简图

1—电动机；2—油泵；3—控制机构；4—压料油缸；5—主工作油缸；6—下刃台；7—上刃台；

8—油箱；9—吸油管路

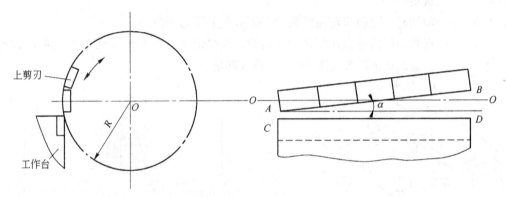

图 8 - 23　剪刃安放及运动示意图

二、剪切机的主要结构

剪切机的床身是整体焊接结构，重量较轻。上剪架为摆动运动，并有作为液压驱动的液压系统。此外，尚有压料器和剪刃间隙调整机构等。

剪架及剪刃间隙调整装置如图 8 - 24 所示，剪架由油缸带动绕固定轴摆动，实现剪切。

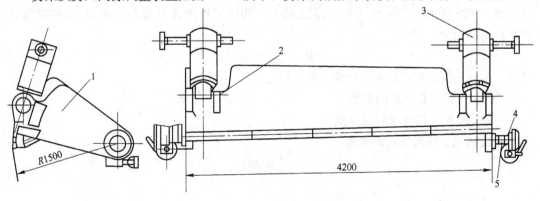

图 8 - 24　剪架结构及剪刃间隙调整机构

1—剪架；2—销轴；3—油缸；4—间隙调整机构；5—偏心轴

剪架与油缸用销轴铰接，剪架两端的固定轴为一偏心轴，通过手轮转动蜗杆、蜗轮使偏心轴转动，借以调整剪刃间隙。

三、液压剪板机的特点

液压驱动的剪板机与同类型机械剪板机比较，具有工作平稳、安全可靠、重量轻、结构简单和工作行程可调等优点。但也存在一些问题，如液压剪板机的剪切次数较低。近年来随着液压技术的发展，液压剪板机获得某种程度的发展。

关于斜刃剪切机的型式和基本参数可参阅机标 JB1826—76。

四、剪切力的计算

由于斜刃剪切机用来剪切宽而薄的金属材料，故一个剪刃要有一定倾斜角，使剪切行程增加，剪切力降低。

根据研究得知，总剪切力由三部分组成，即

$$P = P_1 + P_2 + P_3$$

式中　P_1——纯剪切力；

$\quad\quad$ P_2——剪切时，上剪刃弯曲已被切下部分的金属的弯曲力；

$\quad\quad$ P_3——弯曲切口附近金属所需的弯曲力。在剪切时，由于剪刃的压力，使切口附近的金属沿 EF 弧（图 8 - 25）形成凹坑。

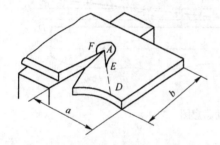

图 8 - 25　斜刃剪切钢板示意图

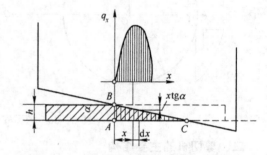

图 8 - 26　金属作用在刀片上的剪切抗力

在斜刃剪上剪切时，稳定剪切过程的任一时刻，都不是在整个剪切面上进行剪切，而是在图 8 - 26 所示的三角形 ABC 面积上进行。由图知作用在三角形内宽为 dx 的微分面积上的剪切力为：

$$\mathrm{d}P_x = q_x \mathrm{d}x = \tau h \mathrm{d}x \tag{8 - 21}$$

式中　q_x——作用在剪刃单位长度上的剪切力；

$\quad\quad$ h——被剪切金属的厚度；

$\quad\quad$ τ——被剪切金属的剪切抗力。

在此情况下相对切入深度为：

$$\varepsilon = \frac{x \mathrm{tg}\alpha}{h} \tag{8 - 22}$$

因此得：

$$\mathrm{d}x = \frac{h}{\mathrm{tg}\alpha} \mathrm{d}\varepsilon \tag{8 - 23}$$

式中　α——上剪刃倾斜角。

132

根据公式（8-22）看出，相对切入深度 ε 和 x 成正比，故可以认为沿金属与剪刃接触线上的剪切力曲线 $q_x=f(x)$，有如平行剪刃剪切机剪切力曲线 $\tau=f(\varepsilon)$ 相同的变化规律。两者的区别仅是横坐标的单位不同。

将方程式（8-21）积分并代入 dx 之值，则得纯剪切力为：

$$P_1=\frac{h^2}{\text{tg}\alpha}\int \tau d\varepsilon \tag{8-24}$$

$$P_1=\frac{h^2}{\text{tg}\alpha}a \tag{8-25}$$

从公式（8-25）看出，斜刃剪的剪切力与金属板厚度的平方及单位剪切功成正比。因之，剪切力既与金属的强度有关，也与金属的塑性有关。即 ε_d 之值愈大，则剪切力愈高，此为采利柯夫公式的特点。a 值可按平刃剪切机剪切时单位剪切抗力的经验曲线来选取，见表8-4、表8-5。

根据诺萨里的实验资料，用斜刃剪冷剪金属时，a 值可用下式求得，取 $K_1=0.6$，$K_2=1$。即

$$a=K_1\sigma_b K_2\delta_5=0.6\sigma_b\delta_5 \tag{8-26}$$

诺萨里导出的总剪切力公式为：

$$P=P_1\left[1+\beta\frac{\text{tg}\alpha}{0.6\delta_5}+\frac{1}{1+\frac{10\delta_5}{\sigma_b y^2 x}}\right] \tag{8-27}$$

此方程式中第二项为分力 P_2，其系数 β 可根据无因次数值 $\lambda=\frac{a\text{tg}\alpha}{\delta_5 h}$ 由图8-27的曲线求出。式中 a 为钢板被剪下部分的宽度。当宽度 a 比较大，且 $\lambda\geqslant15$ 时，系数 β 将接近于极限值 $\beta=0.95$。方程式中的第三项为分力 P_3，此项中的 $y=S/h$ 为剪刃侧向间隙的相对值。S 为剪刃的侧向间隙（图8-28）。当 $h=5\text{mm}$ 时，取近于 $0.07h$；当 $h\leqslant10\sim20\text{mm}$ 时，取近于 0.5mm 数值 $x=C/h$ 考虑到压板的作用，式中 C 为剪切平面到压板中心线的距离，在初步计算时可取 $x=10$。

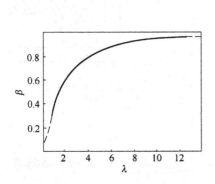

图8-27 系数 β 与 $\lambda=\dfrac{a\text{tg}\alpha}{\delta_5 h}$ 的变化关系

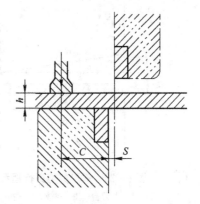

图8-28 压板和剪切平面间的距离

考虑到剪刃变钝后，实际剪切力将增加，建议将计算出的剪切力增加 $15\%\sim20\%$。

为了不致严重地损坏剪切面，剪刃变钝后，剪刃的圆角半径应在下列数值内选取，即 $r \leqslant (0.25 \sim 0.30) \varepsilon_d h$。

五、斜刃剪的基本参数

斜刃剪的基本参数包括：剪切力、剪刃行程、剪刃长度、剪切次数、剪刃倾斜角、剪刃侧向间隙和剪切倾角等。

1. **剪切力** 剪切力是剪切机的一个重要参数，它表示该剪切机的最大剪切能力。在选择剪切机时，剪切机的最大剪切能力应满足生产需要，即通过计算或测定得到的剪切力应当小于剪机能力。

2. **剪刃行程** 斜刃剪剪刃行程的确定，除考虑平刃剪剪切时的各种因素外，还需考虑由于剪刃的倾斜所引起的行程增加，即 H_1 值（如图 8 - 29 所示）。

$$H = H_p + H_1 = H_p + b\mathrm{tg}\alpha \qquad (8 - 28)$$

式中 H_p——相当于平刃剪上下剪刃的开口度；

$\quad\ H_1$——剪刃倾斜引起的行程增加。

3. **剪刃长度 L** 确定剪刃长度时主要考虑被剪切板料的最大宽度，另外给些附加量。一般按下式确定：

$$L = b + （200 \sim 300） \mathrm{mm} \qquad (8 - 29)$$

式中 b ——被剪切板料的最大宽度。

4. **剪刃倾斜角 α** 剪刃倾斜角 α 对板材剪切质量很有影响，α 角增大会造成板材的弯曲和变形增大，使剪切质量降低。α 角过大，在剪切时产生的侧向推力，有可能使剪切过程不稳。但剪切时剪切力减小，设备重量减轻。反之 α 角减小，剪切力增大，设备重量加大，造价高。小的 α 角，使变形和尺寸不准确性减小，有利于改善剪切质量。因此，目前斜刃剪剪刃的倾斜角 α，趋向于采用较小值，一般取 $\alpha = 1° \sim 3°$。薄板剪切机采用 $\alpha = 1°$ 左右，已有的剪切机 $\alpha = 1° \sim 6°$。

为了保证剪切质量，在有的钢板剪切机上，根据剪切板材的厚度，将倾斜角 α 做成可调节的。

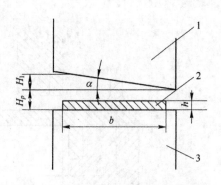

图 8 - 29　斜刃剪剪刃行程示意图

1—上刃台；2—钢板；3—下刃台

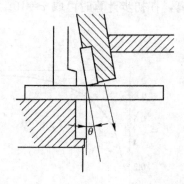

图 8 - 30　剪切倾角示意图

5. **剪切次数 n** 斜刃剪剪切次数的确定，可参照平刃剪进行。各种类型斜刃剪的剪切次数可参阅斜刃剪的参数系列。

6. **剪刃侧向间隙 S** 剪刃的侧向间隙 S 是影响板材剪切质量的重要因素，同时也关系到剪切力的大小及剪刃寿命。S太小会使剪切力增加，同时增加了刃口同板边的摩擦，加速了刃口的磨损。S太大，会使塑性材质的板材产生毛刺，脆性材质的板材断口粗糙。

S的取值同板材的机械性质及板材的厚度有关。根据工厂的实际使用情况，推荐：

$$S=（0.05\sim0.07）h$$

式中 h——板材厚度。

合理的设计方法，是将斜刃剪的侧向间隙做成可调节的。

7. 剪切倾角 θ 剪切倾角 θ 如图8-30所示，它能影响剪切断面的平整性和垂直性。合适的倾角 θ 可以得到与钢板平面相垂直的切面。有的资料推荐：

$$\theta=2°\sim4°$$

剪切倾角 θ 可设计成可调的，或者采用摆结构。

第三节 圆 盘 剪

圆盘式剪切机通常用于纵向剪切板材和带材，有时将板、带材剪成比较窄的带材，或者将它们的边缘剪齐。当用它来切边时，通常还装有碎边机，将边切成小段，便于回收。

一、圆盘式剪切机的结构

圆盘式剪切机的结构可分为：每个圆盘剪刃都固定在单独轴上的两对圆盘式剪切机和所有的圆盘剪刃都固定在两根公用轴上的多对圆盘式剪切机。多对圆盘式剪切机常用来将钢板或带钢冷剪成更窄的板条。

具有两对圆盘剪刃的剪切机，用于剪切钢板或带钢的两个边。每对圆盘剪刃都有自己单独的机架。移动这些机架，就可调整两对圆盘之间的距离，借以调整剪切钢板的宽度。

图8-31、8-32为带有碎边机的两对圆盘式剪切机。它可冷剪厚度4～25mm，宽度1000～2000mm钢板的侧边。剪切速度0.31～1.0m/s，剪切温度：常温～300℃。圆盘剪刃直径为1000mm，由250kW直流电动机经减速机、齿轮箱、万向接轴传动。另由6.5kW电机经蜗杆蜗轮及减速器传动丝杠，移动机架，改变其间距离以适应剪切不同宽

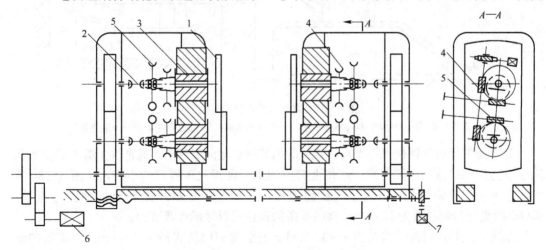

图8-31 圆盘式剪切机结构示意图

1—刀片；2—万向接轴；3—偏心套筒；4—调整刀片距离机构；
5—刀片侧向间隙调整机构；6—主传动电机；7—移动机座电机

度钢板的需要。由 1.1kW 电机经两对蜗杆蜗轮减速后传动偏心套筒,使上下两个套筒向相反的方向转动,从而使两圆盘剪刃的轴间距离增大或减小,以调整剪刃的重叠量。圆盘剪刃侧向间隙的调整,是靠手轮传动蜗杆蜗轮。而蜗轮沿轴线方向不能移动,因此,与蜗轮用螺纹衔接的偏心套就在蜗轮带动下,做轴向移动。而圆盘剪刃的轴与偏心套是轴向固定的,因此,圆盘剪刃也随着作轴向移动,从而实现了圆盘剪刃的侧向间隙的调整。为了减少金属与圆盘剪刃间的摩擦,每对圆盘剪刃与钢板的中心线成一角度 α,$\alpha = 0°22'$ 如图 8 - 33 所示。

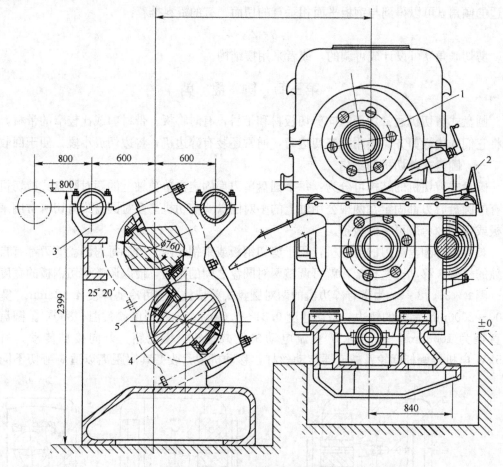

图 8 - 32　圆盘式剪切机侧视图

1—圆盘刀片;2—刀片侧向间隙调整手轮;3—碎边机机座;4—碎边剪滚筒;5—碎边剪剪刃

　　为了使剪切后的钢板保持平直,切下的边部剧烈地向下弯曲,通常将上剪刃的轴线相对于下剪刃轴线移动一段距离,或将上剪刃的直径做得比下剪刃的小些,如图 8 - 34 所示。上下剪刃的偏移量,其大小与圆盘直径、重叠量、板材厚度和板材弹性等有关。$\phi 1000$ 圆盘剪的偏移量为 150mm。有的设备的偏移量设计成可调节的。

　　双滚筒式碎边机的结构如图 8 - 32 所示。它的剪刃回转直径为 760mm,双滚筒的倾斜角为 25°20′,可剪切板边厚度为 4~25mm。两个固定有剪刃的滚筒反向转动,其线速度应保持与板边的线速度相同或略大些。在滚筒转动时,板边进入其间,两剪刃相遇便实现剪切。

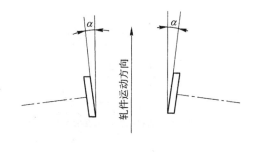

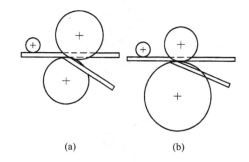

图 8-33 圆盘剪刀盘轴线倾斜示意图　　　　图 8-34 弯曲带钢切边的方法

（a）刀盘轴错开；（b）采用不同直径的刀盘

第四节　飞　剪　机

横向剪切运行中的轧件的剪切机叫做飞剪机，简称飞剪。在连轧钢坯车间或小型型钢车间里，它安放在轧制线的后部，将轧件切成定尺或仅切头切尾。在冷、热带钢车间的横剪机组、重剪机组、镀锌机组和镀锡机组里，都配置有各种不同类型的飞剪机，将带钢剪成定尺或裁成规定重量的钢卷。在这些机组中还有其他设备，如：开卷机、矫直机、送料辊和垛板机等。在某种程度上，飞剪机限制了轧制速度的提高。广泛地采用飞剪机有利于使轧钢生产迅速向高速化、连续化方向发展。因此，它是轧钢生产发展的重要环节之一。

定尺飞剪应该保证良好的剪切质量——定尺精确、切面整齐和较宽的定尺调节范围。同时还要有一定的剪切速度。为了满足上述要求，飞剪的结构和性能，在剪切过程中必需满足下述要求：

（1）剪刃的水平速度应该等于或稍大于带材运行速度；

（2）两个剪刃应具有最佳的剪刃间隙；

（3）剪切过程中，剪刃最好作平面平移运动，即剪刃垂直于带材的表面；

（4）飞剪要按一定工作制度工作，以保证定尺长度；

（5）飞剪的运动构件，其加速度和质量应力求最小，以减小惯性力和动负荷。

飞剪的类型很多，下面仅就目前应用较普遍和具有代表性的进行叙述。

一、圆盘式飞剪

圆盘式飞剪用在小型钢材的预先剪切上，即在轧制过程中剪切轧件的头部或在上冷床之前将轧件切成几段。飞剪由两个圆盘形剪刃组成。圆盘的轴线与钢材运动方向成 60°，如图 8-35 所示。

剪切前，钢材沿入口导管在飞剪的左方前进，当钢材作用到旗形开关或光电管上时，入口导管带着钢材向右偏转，钢材进入两圆盘中间进行剪切。剪切以后下剪刃下降，导管带着钢材返回原始的左方位置，下剪刃又重新上升，恢复原位。

此类飞剪的缺点是切口为斜的。但作为小型钢材上冷床之前的预先剪切来说，这个缺点并不算严重。

此类飞剪应用广泛，工作可靠，允许较高的工作速度，可达 12m/s 左右。

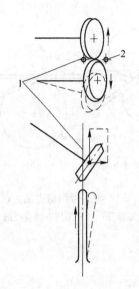

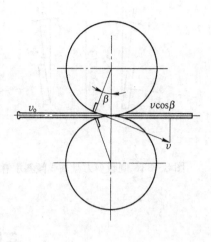

图 8 - 35　圆盘式飞剪机简图
1—剪切前钢材位置；2—剪切后钢材位置

图 8 - 36　双滚筒式飞剪机剪切示意图

二、双滚筒式飞剪

双滚筒式飞剪的结构型式多种多样，应用广泛。通常安装在连轧机生产线上或独立的生产线上。用于剪切厚度小于 12mm 的带材及小型钢材。冷轧薄板的定尺剪切，多适用

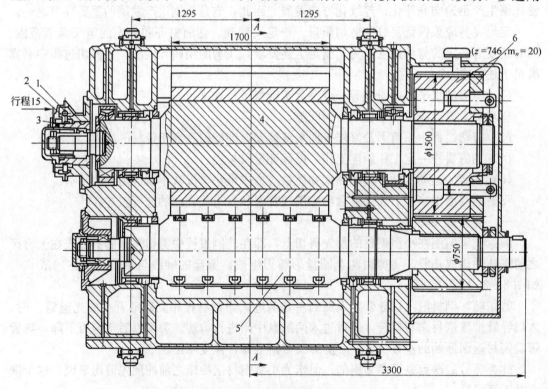

图 8 - 37a　$\phi750/1500$ 滚筒式飞剪机
1—蜗杆；2—蜗轮；3—螺纹套筒；4—上滚筒；5—下滚筒；6—斜齿轮

于高速度剪切的滚筒式飞剪机。这种飞剪可以采用启动工作制，也可以采用有空切或无空切的连续工作制。

双滚筒式飞剪机是净剪刃分别固定在两个作等速旋转的滚筒体上。两剪刃随着滚筒作圆周运动，当两剪刃相遇时进行剪切，如图 8-36 所示。由于飞剪的结构简单，旋转部分质量分布均匀，因此，可以用来剪切 15m/s 或更大速度的轧件。双滚筒式飞剪机的缺点是：在剪切过程中，剪刃的倾斜角随其转动而有相应的改变。因而在剪切宽带钢时，就不能保证剪刃所必需的重叠量，从而就不能得到为降低剪切力所必需的剪刃倾斜度。当剪切板材厚度较大时，在剪切面上明显的不平齐。

图 8-37a 为双滚筒飞剪机总图，图 8-37b 为剖面图。此飞剪用于冷剪厚度为 0.6～2mm，宽度为 700～1500mm 的带钢。定尺长度为 1～6m，带钢速度为 1.5～6m/s，上滚筒直径为 ϕ1500mm，下滚筒直径为 ϕ750mm，剪刃长度为 1700mm。

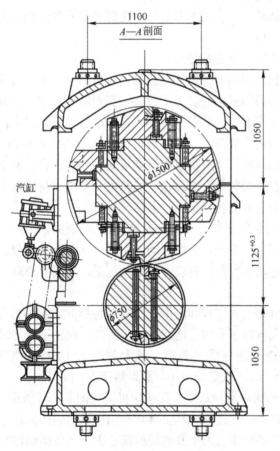

图 8-37b ϕ750/1500 滚筒式飞剪机

其机架中安装一对滚筒，下滚筒是主动的，它通过一对斜齿轮传动上滚筒。为了消除齿轮在啮合时产生的间隙，借助上滚筒斜齿轮的辅助齿轮及弹簧靠紧在下滚筒斜齿轮的齿上。因此，减少了剪切时的冲击。下滚筒的圆断面开有两个槽，可装两把刀。上滚筒借助特殊的刀架可装四把刀，刀架的作用是便于调节剪刃的侧向间隙。

剪刃侧向间隙的调节如图 8-37a 所示，小电机传动蜗杆 1、蜗轮 2 带动带螺纹的轴套 3 转动，迫使轴套带动上滚筒 4 作轴向移动。因为下滚筒 5 不动，当上滚筒带着斜齿轮 6 做轴向移动时，必须作相应的转动，从而调节了剪刃的侧向间隙。

当上下滚筒各装一把刀时，剪切长度为 3～6m。上滚筒装两把刀，下滚筒装一把刀时，剪切长度为 1.5～3m。下滚筒装两把刀，上滚筒装四把刀时，剪切长度为 0.75～1.5m（本机不剪切小于 1m 的定尺）。

近年来在国外有些双滚筒式飞剪机采用了以下几项新技术：

（1）为了降低剪切力和扭矩，剪刃以一倾斜角 φ 固定在滚筒体上，即剪刃与滚筒体母线成 φ 角，恰似滚筒上一螺旋线。当滚筒转动时，两剪刃各点逐渐接触进行剪切。为了保证剪切线垂直于带材的轴线，滚筒转动轴线的法线与带材的轴线，布置成同一角度 φ。

（2）在某些新的滚筒式飞剪机上，开始采用椭圆齿轮系作为同步机构。这时产生的动负荷，同样通过椭圆齿轮系平衡装置来消除。

（3）为了提高剪切精度和剪切的可靠性，飞剪机装有易于调节剪刃间隙和其它间隙的机构，使间隙达到最佳值。

三、曲柄连杆式飞剪（斯米特曼式）

由于滚筒式飞剪机剪刃运动的轨迹是圆的，所以剪刃是在一定的角度下和带材接触，因而剪切面不平直，剪切质量不好。为了使剪切面能够更平直（尤其是剪切较厚板材时），在剪切过程中剪刃彼此接近时，应保持相互平行并与运动的带材表面垂直。这时，两个剪刃可以倾斜放置，成为斜刃剪型式。这样既可以保证必要的重叠量，提高剪切断面质量，又可降低剪切力。曲柄连杆式飞剪机就能够满足这些要求。它的两个剪刃能够完成复杂的椭圆形运动轨迹。而在剪切区内，剪刃运动的轨迹几乎与带材的水平运动相一致。这里剪刃作平面平移运动，沿垂直面相互接近，实现剪切。

1. 飞剪机的应用　曲柄连杆式飞剪机有装在连续式热轧带钢精轧机组前面的切头飞剪机，这种飞剪机只有剪切机构，采用启动工作制；又有装在板带材横剪机组里的定尺飞剪机，这种飞剪机为连续工作制，有较大的定尺范围，所以要求降了剪切机构外，还有空切机构和匀速机构。

曲柄连杆式飞剪机是较为完善和应用较广的一种型式，在冷剪厚度小于 6mm 带材时应用最为广泛。这种飞剪由于采用了均速机构，所以，保证了剪切时剪刃速度与带材速度相一致。我国某厂的曲柄连杆式飞剪机，最大剪切力 100t，剪切带材规格：厚度 2～8mm，宽度 600～1500mm，长度 2～8m，剪刃斜度 1：140。

2. 飞剪机的剪切机构和剪切原理　其剪切机构如图 8 - 38 所示，剪刃 2 装在刀片架 1 上，刀片架 1 做成连杆状。连杆的一端铰接在作相遇运动的曲柄轴上，另一端，接在自由摆动的拉杆 3 上，拉杆的长度稍大于曲柄轴的偏心距。当曲柄轴作相遇运动时，刀片 1 相遇进行剪切。剪切长度为 2～4m。当剪切定尺长度为 4～8m 时，剪机采取有空切的工作制，这时剪刃每转两周剪切一次。固定有摆动拉杆 3 的升降杆 4，由曲折杆 5 带动作周期性的升降运动。此曲折杆和特殊的曲柄连杆机构彼此铰接在一起，曲柄的转数是飞剪转数的一半。当曲柄转动时，带动曲折杆弯曲和挺直，使升降杆上升或下降。升降杆下降，两剪刃不相遇，实现空切（见图 8 - 39）。无空切时的剪刃运动轨迹如图 8 - 40 所示。

剪刃间隙的调节是通过手轮传动蜗杆蜗轮，改变空切机构的曲折杆最下面的偏心轴 6 的位置实现的。偏心轴 6 的偏心距为 10mm（见图 8 - 38）。

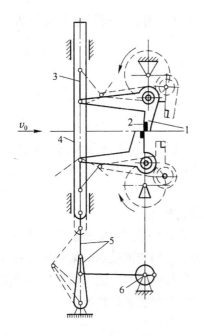

图 8 - 38　曲柄连杆式飞剪机（斯米特曼式）简图　　　　图 8 - 39　飞剪机处于空切状态
1—刀片架；2—剪刃；3—摆动拉杆；4—升降杆；5—曲折杆；6—偏心轴

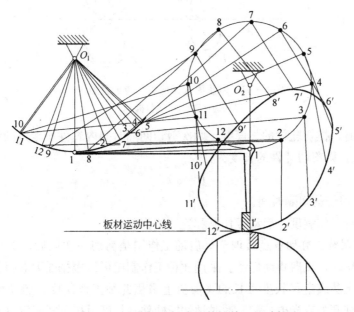

图 8 - 40　曲柄连杆式飞剪的剪刃运动轨迹

该飞剪机采用了双曲柄均速机构，双曲柄和飞剪机的连接应是：双曲柄与主动摇杆从动摇杆均位于同一平面内，且从动摇杆的角速度有最大值（ω_{max}）时，上、下剪刃应正好处于剪切状态。

3. 剪切长度的调节　当双曲柄均速机构的偏心距 $e=0$ 时，从动摇杆的角速度为恒定，此时转数为基本转数 n_j，剪切长度为基本剪切长度 L_j，$L_j=L_{min}$。在飞剪机转数 n 小于基本转数 n_j 的情况下，即 $n<n_j$ 时，所得剪切长度 L 大于基本剪切长度，即 $L>L_j$，

这时的偏心距 $e>0$。当带材的运行速度保持不变，剪切定尺长度与飞剪的平均转数成反比，即：

$$\frac{L_1}{L_{min}}=\frac{n_{max}}{n_1} \tag{8-30}$$

式中　n_{max}——剪切长度为 L_{min} 时，主动摇杆的转数；

　　　n_1——剪切长度为 L_1 时，与之对应的主动摇杆的转数。

4. 飞剪机存在的问题　由于旋转质量的不平衡性和上下剪架的不均速转动，由此而引起了较大的动力矩和偏心力，从而限制了剪切速度的上限不应超出 $1.8\sim2.0\mathrm{m/s}$。同时该飞剪机的结构复杂，造价昂贵。

四、飞剪机的工作制度和剪切定尺长度的调节

一般在飞剪机前部都装有特备的送料辊，将轧件送到飞剪机上进行剪切。或者利用连轧机最后一架轧机的轧辊完成轧件的送入任务。送料辊或最后一架轧机都有专门的电气控制系统或机械联系系统，使其与飞剪保持一定的转数关系，使飞剪机剪刃速度适应于轧件运行速度，保证剪切质量，图 8-41 为双滚筒式飞剪机运转情况。

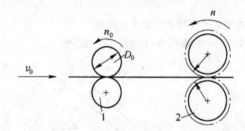

图 8-41　双滚筒式飞剪机运转示意图
1—送料辊；2—飞剪机

在剪切定尺时，被切轧件的长度等于两次剪切间隔时间内轧件所走过的距离。如轧件的速度 v_0 为常数，则剪切轧件的长度为：

$$L=v_0t \tag{8-31}$$

式中　t——两次剪切的间隔时间。

飞剪机有两种工作制度：启动工作制和连续工作制。

1. **启动工作制时，剪切长度的调节**　启动工作制是剪切一次以后，剪刃停止在某一位置上，下次剪切时，飞剪重新启动。采用此种工作制度可以根据需要获得任意长度的定尺。一般在切头飞剪或定尺长度很长的飞剪机上采用此种工作制度。启动可以由人工操作，也可以由机械开关或光电控制。此时被切断轧件的长度可按下式确定（见图 8-42）：

$$L=L_\phi+v_0t_P \tag{8-32}$$

式中　L_ϕ——从光电管到飞剪的距离；

　　　t_P——飞剪由启动到剪切的时间。

通常调节剪切长度时，不采用改变 L_ϕ 的方法，即移动光电管位置的方法，而采用特殊的时间继电器来改变时间 t_P。

当剪切轧件前端较短时，即 $L<v_0t_P$ 时，此时，光电管必需放在剪切机前面。

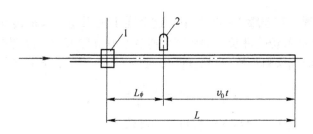

图 8 - 42　飞剪机和光电管位置图

1—飞剪机；2—光电管

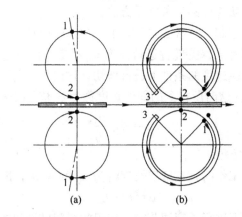

图 8 - 43　启动工作制工作的滚筒式飞剪剪刃运动路线图

（a）简单的；（b）复杂的

对轻型飞剪机，可采用图 8 - 43a 所示剪刃运动路线图。在两次剪切间隔时间内，来得及使剪机加速以及剪后的停止。相反，对重型或高速飞剪机，通常来不及使剪机加速以及剪后制动，在这种情况下，采用图 8 - 43b 所示剪刃运动路线图。飞剪启动之后，剪刃由原来位置 1，加速转到剪切位置 2 时达到轧件的速度进行剪切。由位置 2 到位置 3 进行制动，制动后飞剪再回到原来位置 1 准备下一次剪切。

2. 连续工作制度下剪切长度的调节　剪机的连续工作制应用在轧件运动速度较高，以及剪切长度较短的情况下。在此种工作制度下，剪切长度的基本公式（公式 8 - 31）为：

$$L = v_0 t$$

当剪刃不是每转相遇都进行剪切，并将 t 用剪刃转数 n 来表示时，则剪切长度公式可写成下式：

$$L = v_0 \frac{60}{n} K \qquad (8 - 33)$$

式中　n——剪刃每分钟转数；

K——在相邻两次剪切时间内，剪刃所转的周数。剪刃每转一周剪切一次时，$K = 1$，每转两周剪切一次时，$K = 2$，依此类推。

通常用特殊的空切机构来保证要求的 K 值。这套机构可以周期性地使剪刃"离开"，即剪刃不在每转相遇时都进行剪切。

从公式（8 - 33）看出，为了保证剪切长度的精确性，必需使 v_0/n 之比值在工作中保持为常数。因此要用电器的或机械的联系系统，使送料辊或最后一架轧机的轧辊与剪机之间工作的同步来实现。在连续工作制度下，这个同步关系是飞剪机传动的一个基本条件。一般 v_0 为常数，则被剪切轧件长度的调节可通过改变 n 和 K 值的方法来实现。

如果在剪机前面用送料辊来送进轧件时，则式（8-33）可写成下式：

$$L = \pi D_0 \frac{n_0}{n} K \tag{8-34}$$

式中 D_0、n_0——送料辊直径与送料辊每分钟转数。

综上所述，在保持 v_0 不变的条件下，为获得各种不同的剪切长度 L，可通过改变 n 与 K 的方法来实现。至于如何调节，应取决于各种飞剪机的结构特点。下面分别介绍在连续工作制度下，调节剪切长度的三种常用方法。

（1）最简单的飞剪工作制 这种工作制其特点为剪刃圆周速度 v 与轧件运行速度 v_0 仅在剪刃一定转数下才相等。保持轧件运行速度 v_0 不变，在一定范围内改变剪刃转数 n，使剪刃线速度稍大于带材线速度的条件下进行剪切，这时可以得到不同的剪切长度。

当 $K=1$ 及 $v_0=v$ 时，这时所得到的剪切长度称为基本剪切长度，可用下式表示：

$$L_j = \pi D_0 \frac{n_0}{n_j} \tag{8-35}$$

式中 n_j——剪刃的基本转数。

当剪机在空切制度下工作时，其剪切长度将为 L_j 的 K 倍，即：

$$L = K \cdot L_j \tag{8-36}$$

在最简单的工作制度下进行长度调节时，剪刃的极限转数可在下列范围内变化：

$$n = (1 \sim 2) n_j$$

相应的剪切定尺长度在下列范围内变化：

$$L = (1 \sim 0.5) L_j K \tag{8-37}$$

该定尺长度调节的最大范围如果与 L_j 相比较作成图（图8-44），可用图中 $0A$ 与 $0C$ 射线之间的线段来表示在一定的 K 值下剪切长度的调节范围。图8-44中第一条线 $0A$ 相当于 $n=n_j$；第二条线 $0C$，相当于 $n=2n_j$。

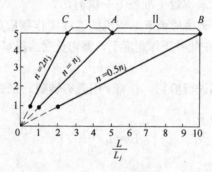

图8-44 轧件长度调整范围
Ⅰ—按1，3种方法剪切；Ⅱ—按第2种方法剪切

采用第一种方法时，尽量不采用 $n < n_j$ 的工作制度。因为这时轧件越前于剪刃，剪切时轧件会产生弯曲。同时有可能被剪刃顶住缠在滚筒上。由于轧件中产生的拉应力会增加飞剪的冲击负荷，而且也可能会损坏冷轧钢板的表面。因此不希望使剪刃的速度比轧件运行速度高很多。这种剪切方法仅用于热剪切薄板及小型钢材时的情况。

（2）具有均匀速度机构的飞剪工作制　这种工作制同样是利用变化 n 的方法来调节轧件长度的。前述方法尽量不采用 $n < n_j$ 的工作制度。为了补救这种方法的缺陷，在采用 $n < n_j$ 同时，应用了均匀速度机构。它的作用就是在保持平均转数 n 不变的情况下，改变飞剪剪刃的瞬时速度，即在一周内剪刃的瞬时速度随时改变，在最大速度时进行剪切。剪切时保持剪刃速度 v 与轧件速度 v_0 相适应。因此，平均转数较低，可获得 $n < n_j$ 的条件。

这类机构之一是双曲柄机构，如图 8 - 45 所示。它由电机经减速器等传动装置来传动，此机构的主动摇杆 3 作等速旋转，而从动摇杆 4 与飞剪机相连，带动飞剪机转动。双曲柄轴的回转轴心与摇杆轴心之间的偏心距 e 是可调节的。当 $e = 0$ 时，剪刃等角速度旋转，这时被称为基本转数 $n = n_j$（图 8 - 47 直线）。剪切的轧件长度最短，并称为基本剪切长度 L_j。如果要增加剪切长度，则应相应的减低主动摇杆的转数，并选择适当的偏心距 e，以使剪切时剪刃的瞬时速度与轧件的运行速度相等或略大些（图 8 - 46 中的曲线 2、3）。

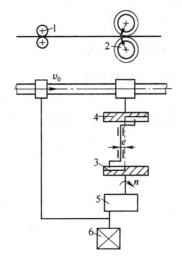
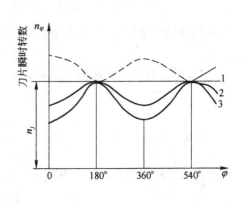

图 8 - 45　带双曲柄均速机构的飞剪机布置简图
1、2—送料辊、飞剪；3、4—主、从动摇杆；
5、6—减速器、电动机

图 8 - 46　刀片速度与双曲柄主动摇杆转角的关系
1—$e = 0$ 时，$n = n_j$；2、3—$e > 0$ 时，$n < n_j$

实际上主动摇杆的转数是在下列范围内变化的：

$$n = (1.0 \sim 0.5) n_j \tag{8 - 38}$$

与此相应的剪切长度的范围：

$$L = (1 \sim 2) L_j \tag{8 - 39}$$

这样，在一定的 K 值下，定尺的长度可由基本值变到两倍于基本值，即图 8 - 44 所示的两条射线 $0A$ 与 $0B$ 之间的部分。

剪机通常不剪切小于基本长度的轧件，因为此时，剪机必需具有高于基本转数的转数，即 $n > n_j$。为此，双曲柄的偏心 e 应放在摇杆轴线的另一侧，使剪切在最小的瞬时速度下进行，如图 8 - 46 中虚线所示。为此，每剪切一次后要马上加速。剪切前又要减速，因为一般剪切过程基本上是靠飞轮惯量的能量来实现的，所以这样做是不适宜的。

这种机构的缺点在于：由于速度的经常变化，产生了很大的动负荷，因而需要提高电机功率和飞轮惯量。而且利用这种剪切机切头也有困难，因为此时要求剪机具有较高的加速度和减速度。

(3) 具有径向均匀速度机构的工作制 这种工作制免除了上述均匀速度方法的较大的惯性动力矩。这种方法是基于使剪刃的轨迹半径允许在 R_{max} 与 R_{min} 之间来调节的（图 8 - 47 所示）。当按照公式（8 - 33）改变转数 n 调节剪切长度时，改变剪刃轨迹半径能保持剪刃具有与轧件相同的速度。例如，为了减小剪切长度，使 n 值增大，相应的使 R 值减小。

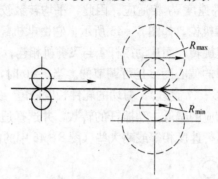

图 8 - 47 在径向均匀速度时，具有最大和最小半径的剪刃轨迹

保持轧件运动速度 v_0 与剪刃速度 v 相等，即 $v_0 = v$，得剪切长度为：

$$L = 2\pi R \qquad (8 - 40)$$

$R = R_{max}$ 时的剪切长度和剪刃转数，称为基本剪切长度 L_j 和基本转数 n_j。其值分别为：

$$n_j = \frac{60 v_0}{2\pi R_{max}} \qquad (8 - 41)$$

$$L_j = 2\pi R_{max} \qquad (8 - 42)$$

此时剪刃的转数及其半径在下列范围内变化：

$$n = (1 \sim 2) n_j$$

$$R = (1.0 \sim 0.5) R_{max}$$

剪切长度则在下列范围内变化：

$$L = (1.0 \sim 0.5) L_j K \qquad (8 - 43)$$

这个剪切长度的变化范围与飞剪在简单工作制度下工作的变化范围一样，用图 8 - 44 的两条射线 $0A$ 与 $0C$ 之间的线段来表示。所不同者由于前者 v_0 与 v 之间的差值太大，使剪机产生较大的冲击负荷，所以第一种方式应用在老式轧机上，剪切热带钢及小型、线材等较为合适。

第九章 热锯机

热锯机广泛用在高温下锯切非矩形断面的大、中型钢材。它常安置在型钢车间以锯切钢轨、工字钢、槽钢、管坯和其它异型断面钢材。锯切后的钢材断面仍能保持平直而没有像剪切时产生的压扁和断面不规整等缺陷。故此，锯切比剪切的断面质量高。

第一节 热锯机的结构型式

热锯机的结构型式较多，按照其构造和锯片的送进方式，主要分为：杠杆式锯、滑座式锯和四连杆式锯。

一、杠杆式锯机

杠杆式热锯机如图 9-1 所示。锯盘 2 由电动机 4 通过皮带传动，它们均固定在摆动架上，此摆动架绕摆动轴 3 转动，以达到锯片送进运动进行锯切钢材的目的。

该锯机结构简单、操作方便，但因其生产率较低，故多用于锯切较小断面钢材的试样。

二、滑座式锯机

因轧钢车间产量的日益提高及轧制产品断面的不断加大，一种工作行程较长且生产率较高的滑座式热锯机得到了广泛应用。

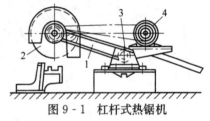

图 9-1 杠杆式热锯机
1—摆动框架；2—锯盘；
3—框架的摆动轴；4—电动机

滑座式热锯机按锯片的送进方式，分为滑板式和滚轮式两种：滑板式送进方式是滑座的送进沿着滑板前进，由于滑板磨损快，需经常更换滑道衬板，维修不便，并且当滑板磨损后，滑座不能保持平直地向前滑行，同时还增加了热锯机锯切时的振动幅度，因此，近年来多采用滚轮式的送进方式以代替滑板式。

我国设计制造的滚轮送进式的滑座式热锯机如图 9-2 所示[3]。其主要技术性能如下：

锯片直径	$D=1500\sim1350mm$
锯片厚度	$S=8mm$
锯片圆周速度	$V=116.2\sim104.5m/s$
锯片最大行程	$L=1100mm$
锯片送进速度	$u=273\sim30mm/s$
退锯速度	$u'=300mm/s$
锯机横移速度	$v'=54mm/s$
横移轨道轨距	$l=3000mm$
锯片电动机	型号 JS—116—4TH
	$N=155kW$　$n=1480r/min$
送进电动机	型号 ZZ-42-TH
	$N=16/32kW$　$n=700/1400r/min$

横移电动机   型号 J02 - 32 - 6TH

$N=2.2\text{kW}$ $n=940\text{r/min}$

设备总重量 $G=32.36\text{T}$

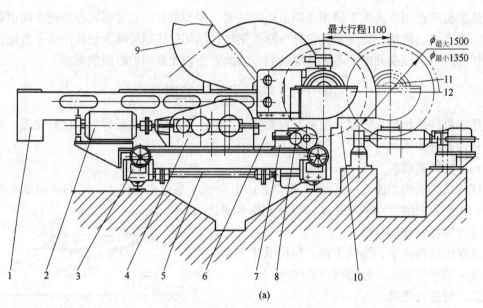

(a)

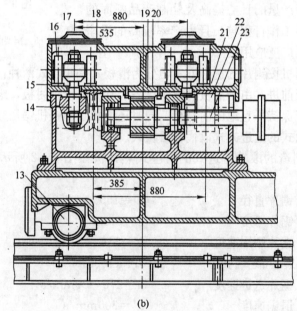

(b)

图 9 - 2 $\phi1500$ 滑座式热锯机

(a) 外形图;(b) 送进机构剖视图

1—上滑台;2—送进电动机;3—夹锯器;4—送进减速机;5—行走轮轴;6—下滑座;7—横移减速机;

8—横移电动机;9—锯片罩;10—锯片;11—水箱;12—锯片电动机;13—被动行走轮;

14—压辊轴;15—上滑板;16—上压辊;17—V形支承辊;18—V形滑板;19—送进齿轮;

20—送进齿条;21—平滑板;22—平支承辊;23—支辊轴

该锯机锯片 9 是由电动机 12 来传动的。其送进运动是通过送进电动机 2 经减速机 4、送进齿轮 19 和送进齿条 20 实现的。为了使上滑台 1 在下滑座 6 上滚动运行，在下滑座下面装有三对支承辊 17 和 22，同时在上滑台的底面装有滑板 18 和 21，通过它们使整个上滑台被支承在下滑座的六个滚轮上。靠近锯片一侧的三个滚轮及其滑板 18 均作成 120° 的"V"形，用以防止上滑台在送进时产生侧向移动。而另一侧的三个滚轮则作成一般的圆柱形，以便于制造、安装与调整。为使送进时上滑台运行平稳，故在上滑台内装有四对上压辊（滚轮）16，它通过上滑板 15，压在上滑台内侧，上压辊不能将上滑台压得太紧。

当被锯切钢材的定尺长度改变时，锯机需要作横向移动。该锯机采用了车轮式横移机构。电动机 8 经齿轮、蜗轮减速机 7、圆锥齿轮传动轮轴 5，在轮轴 5 的两端装有两个主动车轮与另一侧的被动轮 13，共同使热锯机横移。为使锯机横移时行走平稳，前面的两个车轮（主动轮和被动轮各一个）具有凸缘，后面的两个车轮为平轮。为了防止热锯机在锯切时因行走轮移动而改变钢材的定尺长度，尚装设有将热锯机夹紧在轨道上的夹轨器，该锯机采用手动式夹轨器（见图 9 - 2 之 3），它的结构较简单，但操作不便，近来多采用液压传动夹轨器。

三、四连杆式热锯机

四连杆式热锯机的结构如图 9 - 3 所示[4]。锯片 1 由电动机 2 传动，它们固定在锯架 3 的端部，其送进机构由电动机 4 经减速机 5 带动曲柄 6 推动锯架 3 作送进运动。沿轨道的横移是由电动机 7，经二级蜗轮减速机 8 带动行走轮 9 在轨道上滚动来实现的。

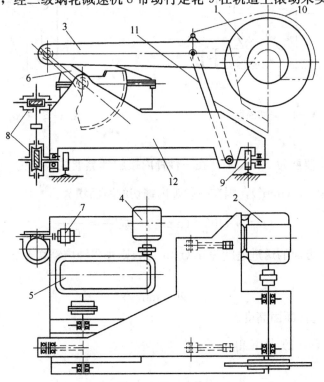

图 9 - 3 四连杆式热锯机简图

1—锯片；2—锯片电机；3—锯架；4—送进电机；5—送进减速机；6—曲柄；7—横移电机；

8—二级蜗轮减速机；9—行走轮；10—防护罩；11—摇杆；12—锯座

四连杆式热锯机锯片的送进方式是采用四连杆式送进机构。由于送进机构的特点，能够保证锯片基本在水平方向送进，因而它具有行程大、摩擦小、工作平稳可靠等优点，而且它的设备重量也比滑座式热锯机轻，故此，近年来该锯机被广泛应用。

第二节　锯切力和锯切功率计算

锯切时作用在锯片上的圆周力可表示为：

$$T = pms \frac{l}{t} \tag{9-1}$$

式中　p——锯片面积为 $1mm^2$ 的锯屑所需要的压力（kg）；

　　　m——每个锯齿所锯切的锯屑厚度（mm）；

　　　s——锯口宽度（锯片的厚度）（mm）；

　　　l——锯片和锯切金属的接触弧长（mm）；

　　　t——锯片齿距（mm）。

锯切断面与切口如图 9-4、9-5 所示[6]。

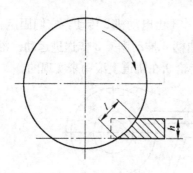

图 9-4　锯切断面

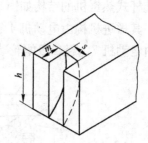

图 9-5　被锯切金属切口

设锯片的圆周速度为 v（m/s），在一秒钟内接触到金属的齿数为 $\frac{1000v}{t}$，而每个锯齿所锯切的断面积为 ml（mm^2），则在一秒钟内锯切的断面积为：

$$f = \frac{mvl}{t} 1000 \ (mm^2/s) \quad 或 \frac{ml}{t} = \frac{f}{1000v}$$

如锯机在水平方向的送进速度为 u（mm/s），则每秒钟内锯切金属的断面面积还可表示为：

$$f = uh \ (mm^2/s)$$

式中　h——锯切轧件断面高度。

将 $\frac{ml}{t}$ 值代入（9-1）式，得：

$$T = ps \frac{f}{1000v} \ (kg) \tag{9-2}$$

或

$$T = ps \frac{uh}{1000v} \ (kg) \tag{9-3}$$

从（9-3）式看出：作用在锯片上的圆周力与送进速度成正比，与锯片圆周速度成反比。

转动锯片所需功率可由下式求得：

$$N=\frac{Tv}{75}=\frac{psf}{75000} \quad (\text{hp})$$

或

$$N=\frac{psuh}{75000} \quad (\text{hp})$$

从上式看出：锯切 $1mm^2$ 锯屑所需锯切力的大小，在数值上等于锯切 $1mm^3$ 金属所消耗的功，即单位锯切功。它可用下式表示：

$$a=p=\frac{75000N}{sf} \quad (\text{kg} \cdot \text{mm/mm}^3) \tag{9-4}$$

式中　a——单位锯切功（$\text{kg} \cdot \text{mm/mm}^3$）。

该数值主要决定于被锯金属的化学成分、力学性能以及锯切时金属的温度。此外，它尚受锯齿齿形及状况、锯机轴的震动和锯切速度等因素的影响。因此，只有根据实验资料才能正确的确定该值。

图 9-6 为单位锯切功与锯切温度的关系曲线[6]，这些曲线是在实际生产条件下得到的，而图中细点划线为实验室锯机上得到的曲线，从中看出：实验室所得结果为实际生产条件下所得结果的 1/2～2/3。

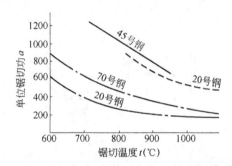

图 9-6　在生产条件下，锯切 20 号及 45 号钢时单位锯切功与锯切温度的关系（细点划线为实验室研究结果）

某中型轧钢厂对热锯机的功率进行了测试，该锯机为固定式，锯片由电动机经三角皮带传动。实测时该锯机的主要参数如下[3]：

锯片直径 D	1428、1430、1697　mm
锯片厚度 s	7.5、7.7　mm
电动机	102—92—6　$N=75$kW　$n=970$r/min
皮带传动的传动比 i	1.0
锯轴高度（锯片中心至辊道辊子上表面的距离）	280、380、430mm
夹盘直径 D_1	540mm

实测时锯切的钢材：11kg 轻轨、16 号槽钢、75×75 方钢、$\phi80$ 圆钢。其中 75×75 方钢与 $\phi80$ 圆钢在不同参数下的实测结果如图 9-7a、b、c 所示。图中表示了在不同参数下 75×75 方钢与 $\phi80$ 圆钢实测的锯切功率与锯切生产率的关系曲线。

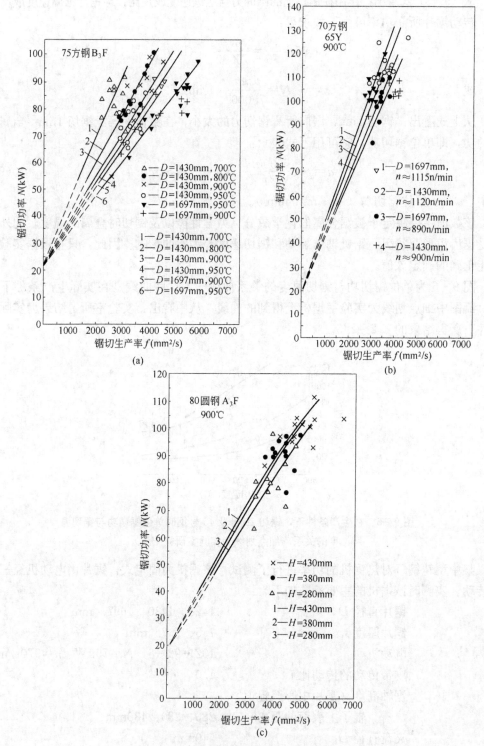

图 9 - 7　锯切功率与锯切生产率的关系

（a）B₃F75 方钢，不同锯片直径、不同温度、锯轴高度 $H=380mm$、夹盘直径 $D_1=540mm$；（b）65Y75 方钢，
不同锯片直径、不同转速、锯轴高度 $H=380mm$、夹盘直径 $D_1=540mm$、锯切温度 900℃；（c）A₃Fϕ80 圆钢，
不同锯轴高度，锯片尺寸 $\phi1428\times7.5mm$，夹盘直径 $D_1=540mm$，锯切温度 900℃

根据实测结果可总结出如下几点规律：

（1）锯切功率 N 和锯切生产率 f 的关系，在一般情况下，N 与 f 成正比。当 $f=0$ 时，$N=20$kW，这实际上是锯机的空载功率。

（2）锯切功率 N 与锯切温度 t 的关系为当其它条件相同时 N 随 t 增加而下降。这是由于金属在高温下变形阻力降低的结果。

（3）锯切功率 N 与锯片直径 D 之间的关系，当锯切软钢如 B_3F 时，在同样生产率情况下，增加 D 可以降低锯切功率。但是，当锯切硬钢为 65Y 时，则增加 D 反而增加了锯切功率。由此看出：从节能观点来说并非在所有情况下大直径锯片都能带来有益的效果。

（4）锯切功率 N 与锯片转数 n 的关系，在实验时曾将皮带传动的传动比进行变换，实验结果表明：高速锯切时消耗的锯切功率较大。

（5）从图 9-7c 中看出：锯轴高度 H 对锯切功率的影响不大。

值得指出：目前用理论计算方法算出的锯切力及锯切功率，往往和生产实际的差距较大，因此，通过实测取得在生产条件下的锯切力能参数是进行热锯机设计和选择参数的主要依据。

第三节　热锯机的基本参数

热锯机的基本参数可分为两类：一类为结构参数，如锯片直径 D、锯片厚度 s、锯齿形状、锯轴高度 H、锯片夹盘直径 D_1 和锯片最大行程 L 等。另一类为工艺参数，如锯片圆周速度 v、进锯速度 u 和每秒时间内锯切的钢材断面积 f（即热锯机生产率）等，其中主要参数是锯片直径 D，对一些重要参数的选择原则说明如下：

一、锯片直径

锯片直径 D 决定于被锯切钢材最大断面尺寸 (b, h)。通常在 $800\sim2300$mm 范围内。此外，还要考虑到锯切时锯轴、上滑台和夹盘能在钢材上面自由通过，如图 9-8 所示。锯片下缘应比辊道上表面最少低 $40\sim80$mm，新锯片可达 $100\sim150$mm。

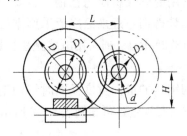

图 9-8　锯片主要尺寸与辊子位置

夹盘直径 D_1 可按下式确定：

$$D_1 = (0.35\sim0.5)D$$

式中　D——锯片直径。

锯片经重磨后可继续使用，按直径计算，重磨率为 $5\%\sim10\%$。

二、锯片厚度

如锯片厚度 s 过大，会增加锯切功率消耗，但如 s 过小，又降低了锯片强度及增加了锯片的变形，从而降低锯片寿命。一般按下列经验公式选取 s，即：

$$s = (0.18\sim0.20)\sqrt{D} \quad (\text{mm})$$

三、锯齿形状

合理的锯齿形状，应是在保证锯齿强度条件下，可降低锯切时的能量消耗，并增加锯齿寿命。锯齿形状多采用向一侧偏斜的狼牙齿形，如图 9 - 9a 所示，也有使用图 9 - 9b 或 c 所示的鼠牙形或三角齿形。锯齿最好作成从齿根向齿顶方向逐渐增大的齿形，这样，可避免夹锯现象，以改善锯切条件。为了减少应力集中防止产生裂纹，锯齿根部做成圆弧形。

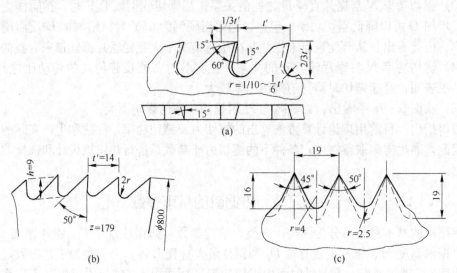

图 9 - 9 热锯机的锯齿形状
(a) 狼牙形；(b) 鼠牙形；(c) 三角形

因锯片工作时有震动负荷，故要求锯片材料不仅强度高而且韧性好。锯片材料通常用 $\sigma_b = 80 \sim 95 \text{kg/mm}^2$（$784 \sim 931 \text{MPa}$）及 $\delta = 12\% \sim 13\%$ 的钢材。随着延伸率的增加，在 σ_b 相同时锯片寿命也会增加。常用的锯片材质为锰钢（含 $0.3 \sim 1.25 \text{Mn}$）如 65Mn 及镍钢（$1.5\% \sim 2\% \text{Ni}$）。为了提高锯齿寿命，近来已广泛采用锯齿淬火处理，其强度限可提高到 $120 \sim 140 \text{kg/mm}^2$（$1176 \sim 1372 \text{MPa}$）（通常用电接触法加热）。

四、锯片行程

锯片行程 L 主要根据锯切钢材的最大宽度及同时锯切钢材的根数来确定，目前我国制造的热锯机锯片的最大行程已有规定，可参阅表 9 - 2 所示数据。

五、锯片圆周速度

提高锯片圆周速度 v 可以在相同送进速度条件下减少每个锯齿所锯切的切屑厚度，从而减小了每个齿的受力。换言之，如果每齿所能承受的载荷一定，则提高 v 可给提高进锯速度 u 提供条件，即可提高生产率。然而，随着 v 的增加，由于离心力而引起的径向拉应力也将增加，从而降低了锯齿所能承载的锯切能力。实际上采用的锯片圆周速度 v 大多在 $100 \sim 120 \text{m/s}$ 之间。

六、进锯速度

进锯速度 u 要和 v 相适应，因为如果 v 过低而 u 过高，切屑厚度增加，锯切力将增加。反之，如果 v 过高而 u 过低，切屑厚度太薄，锯屑容易崩碎成为粉末，将使齿尖部分迅速磨损，这两种情况都不利于提高锯齿寿命。

进锯速度 u 根据被锯切钢材的断面高度 h 及锯机的生产率 f 来确定，即：

$$u = f/h$$

在生产实际中采用的热锯机生产率如表 9-1 所示[4]。因被锯切钢材断面的高度是变化的，故热锯机的进锯速度应能自动调节。一般进锯速度在 10～300mm/s 范围内。

表 9-1　直径为 1350～1800mm 热锯机的生产率

被锯切金属	锯切温度（℃）	生产率 f（mm²/s）
钢（0.1%～0.2%C）	750～900	2000～3000
同　　上	900～1000	3000～4000
同　　上	1000～1100	4000～6000
硬铝（Д-16）	300	8000～12000

七、每秒锯切断面面积（锯机生产率）

每秒锯切断面面积 f 是计算热锯机锯切力和锯切功率的主要参数，一般采用的 f 值见表 9-1 所示。

一机部颁发 JB2094—77 热锯机的一些基本参数如表 9-2 所示。

表 9-2　热锯机的某些基本参数

锯片直径 D（mm）		锯片厚度 S（mm）	锯片最大行程 L（mm）	锯轴高度 H（mm）	最大夹盘直径 D（mm）	被切金属		锯片圆周速度（mm/s）	进锯速度（mm/s）	退锯速度（mm/s）
公称直径	重磨后最小直径					高度 h（mm）	宽度 b（mm）			
900	820	6	600	380	500	120	350			
1200	1080	6～8	800	520	570	160	560	90	20	
1500	1350	6～8	1000	625	750	200	600	～	～	300
1800	1620	8～10	1400	760	900	260	730	120	300	
2000	1800	8～10	1500	850	900	350	730			

注：1. 被切金属的高度 h、宽度 b 是指在锯片最小直径时，可锯切的最大空间断面。

　　2. 锯片圆周速度是按锯片公称直径计算的。

　　3. ϕ1800mm 和 ϕ2000mm 热锯机的夹盘直径 D_1 允许减小到 ϕ750mm。

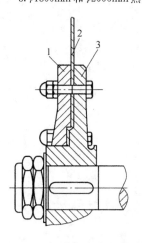

图 9-10　锯片与夹盘的装配
1—外夹盘；2—锯片；3—内夹盘

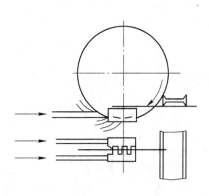

图 9-11　用于冷却锯片的高压水冲洗简图

由于锯片在高速下旋转，为了消除锯片在运动中的摆动现象，在安装之前对锯片要进行正确矫正，并且在安装时要对准锯片的中心，当夹盘和锯片在轴上安装好之后，还要进行动平衡试验，以达到严格的平衡。锯片的安装如图 9 - 10 所示[4]。锯片 2 用内夹盘 3 和外夹盘 1 装于轴的悬臂端。夹盘的作用是使锯片对准中心，以保证锯片平直和消除锯片的轴向振动现象，并且使锯片与轴牢固地连接起来。

为了防止锯齿在工作中过热，以提高其使用寿命，必须用冷却水进行充分的冷却并冲掉粘结在锯齿上的齿屑，其冷却装置简图如图 9 - 11 所示。冷却水要有一定的压力，在小型热锯机上可用 6～10 个大气压的冷却水，在大型热锯机上可用 20～35 个大气压的冷却水。冷却良好的锯片可以锯切 5000～10000 次，相当于锯切 50～100m² 断面积的钢材。当出现从边部向中心发展的径向裂纹后，则锯片应停止使用。

第十章 矫 直 机

在轧制生产中由于轧件温度不均、变形不均及轧后的冷却不均和其它因素的影响，致使轧制出来的产品常常出现弯曲等缺陷。例如：钢板常出现瓢曲和波浪弯，所谓瓢曲就是指板材纵横方向上同时出现浪弯，它呈瓢形凸起或凹下，如图 10‑1a 所示。所谓波浪弯是指在板材纵向上出现的单边或双边浪弯，如图 10‑1b、c、d 所示。因异型断面型材（如钢轨、槽钢、角钢等）的横断面是不对称的，如钢轨头部金属占的比重较大，故虽然刚轧出时是平直的，但冷却后因各部分的收缩量不同而呈现弯曲形状，如图 10‑2 所示。另外，轧后的钢材在输送过程中也常造成弯曲缺陷。为此，轧后钢材必须经过矫正，以达到国家规定的质量标准，而矫正钢材所需的矫直设备就称为矫直机。

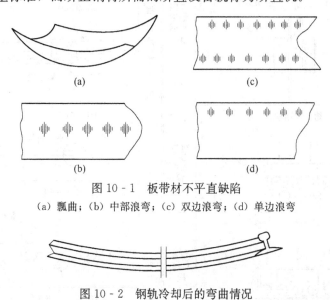

图 10‑1 板带材不平直缺陷

（a）瓢曲；（b）中部浪弯；（c）双边浪弯；（d）单边浪弯

图 10‑2 钢轨冷却后的弯曲情况

第一节 矫直机类型

所谓矫直简要地说就是使钢材的弯曲部位承受相当大的反向弯曲或拉伸，使该部位产生一定的弹塑性变形，当外力去除后，钢材经过弹性回复，然后达到平直。由于施加钢材反向弯曲或拉伸的方式不同以及结构上的不同而有不同类型的矫直机。主要分：压力矫直机、辊式矫直机、管棒材矫直机、张力矫直机（拉伸矫直机）和拉伸弯曲矫直机等类型，图 10‑3 列出了各种类型矫直机示意图。

一、压力矫直机

压力矫直机分立式（图 10‑3a）和卧式（图 10‑3b）两种，钢材位于活动压头和两个固定支点之间，利用一次反弯的方法进行矫直。该矫直机主要缺点是操作复杂且生产率低，故较少应用。一般来说，该矫直机设在大型轨梁车间置于辊式矫直机之后，对大型钢材或钢轨作补充矫正。

名称	工作简图	用途	名称	工作简图	用途
压力矫直机	(a) 立式 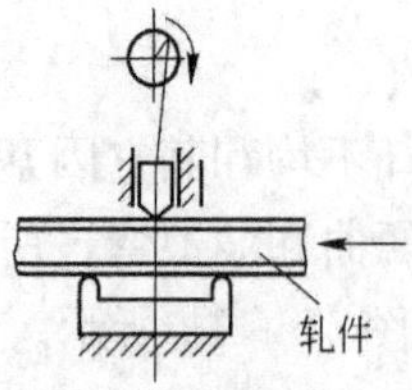 轧件	矫正大型钢梁和钢管	辊式矫直机	(g) 一般斜辊式	矫直管和棒材
	(b) 卧式 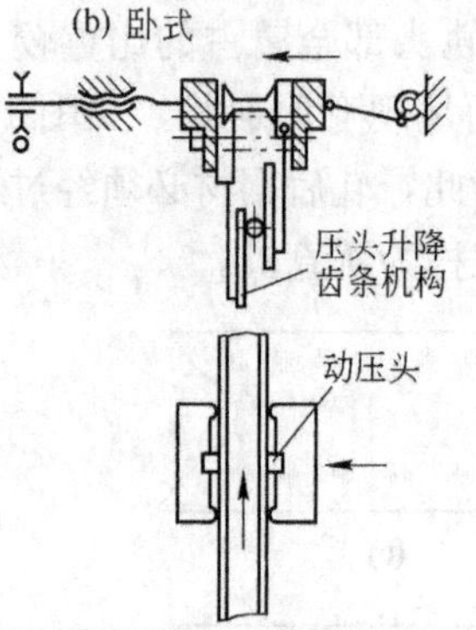 压头升降齿条机构 动压头	矫直大型钢梁和钢管	管材棒材用矫直机	(h) <313> 型	矫直管材
辊式矫直机	(c) 上辊单独调整 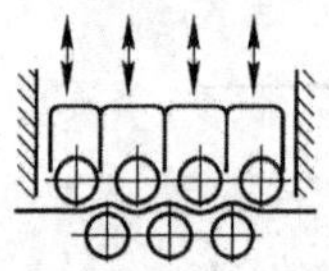	矫直型钢和钢管		(i) 偏心轴式 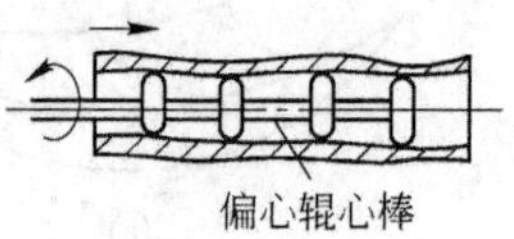 偏心辊心棒	矫薄壁管
	(d) 上辊整体平行调整 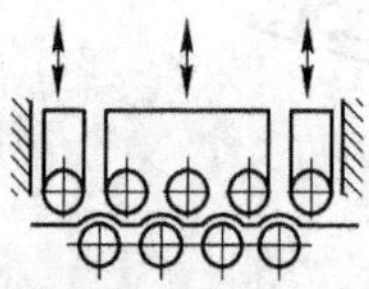	矫直中厚板		(j) 夹钳式 夹持机构	矫直薄板
	(e) 上辊整体倾斜调整 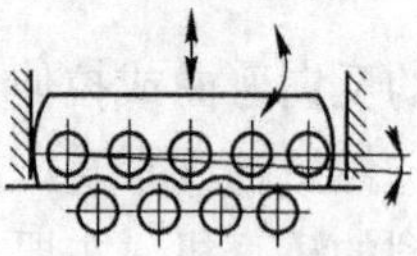	矫直薄中板	张力矫直机（或机组）	(k) 张力平组 平整机 张力辊	粗矫成卷薄板
				(l) 连续拉伸机组 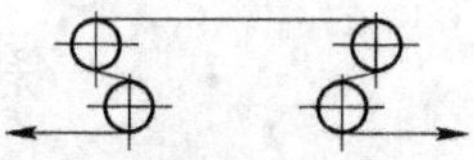	矫直有色金属带材
	(f) 上辊局部倾斜调整	矫直薄板		(m) 联合机组 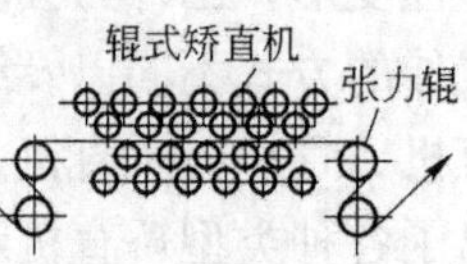 辊式矫直机 张力辊	矫直成卷带材
联合机组			拉伸弯曲矫直机组	(n) 拉伸弯曲矫直机组 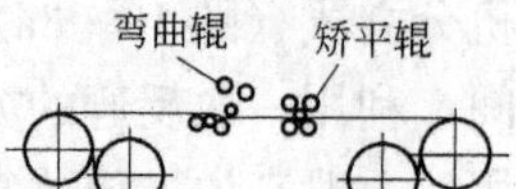 弯曲辊 矫平辊	在联合机组中矫直带材

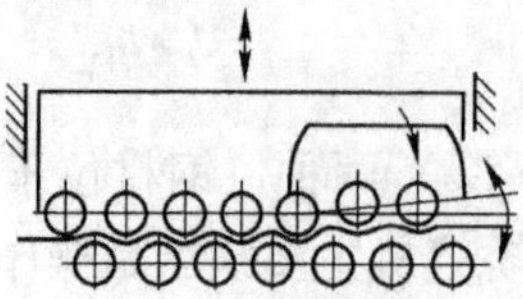

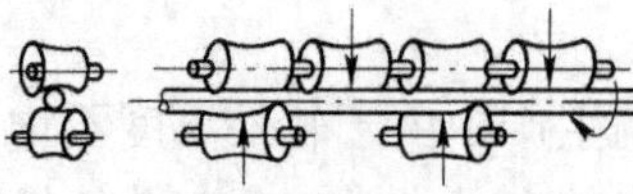

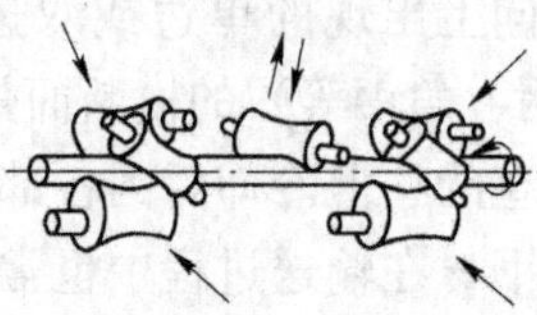

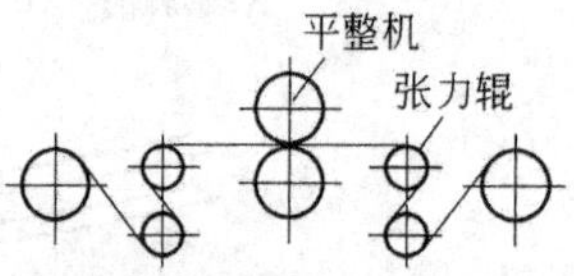

图 10 - 3　各种类型矫直机示意图

二、辊式矫直机

辊式矫直机是由上、下两排相互交错排列的矫正辊、机架和传动装置等部件所组成，如图 10 - 3c 所示。被矫钢材通过上述排列的辊子，利用多次反复弯曲而得到矫正。辊式矫直机主要用于矫正板带材和型钢等。该种矫直机生产率高且易于实现机械化，得到了广泛应用。

辊式矫直机的结构型式较多，图 10 - 3c 所示为上排每个工作辊可单独调整的矫直机，这种调整方式比较灵活，多见于辊数较少且辊距较大的矫直机。图 10 - 3d 所示为整排上工作辊平行调整的矫直机，它在前后设置有单独调整的上工作辊（也称导向辊），以利于被矫钢材的导入和导出，这种矫直机多用于矫正厚度为 4～12mm 以上的钢板。图 10 - 3e 所示为整排上工作辊可倾斜调整的矫直机，这种调整方式可以使被矫钢材的反弯曲率从大到小，这符合矫正金属的变形规律。该矫直机多用于矫正厚度为 4mm 以下的板带材。图 10 - 3f 所示为上排工作辊局部倾斜调整的矫直机，这种调整方式可增加钢材大变形弯曲的次数，多用于矫正薄板。

三、管棒材矫直机

管棒材矫直机也是利用多次反复弯曲而使被矫钢材获得平直。图 10 - 3g 为矫正管棒材的斜辊式矫直机，它的上、下两排工作辊轴线互相交叉，管棒材在矫正过程中边旋转边前进，从而获得对轴线对称的形状。图 10 - 3h 为 "313" 型斜辊式矫直机，该矫直机的设备重量较轻，便于调整和维修，矫正管棒材的质量较高。图 10 - 3i 为偏心轴式矫直机，用于矫正薄壁管。

四、拉伸矫直机

当较薄板材在辊式矫直机上难以矫正时，常采用拉伸矫直机进行矫正。这种矫直机也称张力矫直机，如图 10 - 3j 所示。矫正时是由两个钳口将被矫金属两端沿宽度方向上紧紧夹住，一个钳口固定不动，另一个钳口是可动的，通过移动钳口对金属施加超过材料屈服限的拉力，使之产生塑性延伸，从而将板材矫直。这种方式因系单张矫正，生产率低。此外，端部会造成较大的废料头，故金属损耗较大。

图 10 - 3k 所示为张力平整机组，用于对成卷带材进行粗矫。

图 10 - 3l 所示为连续拉伸矫直机，它由两个张力辊组组成。拉伸所需的张力由张力辊对带材的摩擦力产生。它主要用于矫正有色金属。

图 10 - 3m 所示为带有张力辊的辊式矫直机，它用于矫正高强度薄带材。

上述这些以拉伸方式进行矫正的矫直机由于均需给被矫金属以较大的拉力，故而它们的能耗较大。

五、拉伸弯曲矫直机

拉伸弯曲矫直机又称连续式拉弯矫直机，如图 10 - 3n 所示。它是在连续式拉伸矫直机和辊式矫直机的基础上发展起来的，它综合了两者的特点而形成了一种新型的矫直机。它主要由两组张力辊及位于中间的弯曲辊和矫平辊等部件组成。当被矫金属通过矫直机时由张力辊形成的张力与由弯曲辊形成的弯曲应力所叠加的合成应力，使带材产生一定的塑性延伸以及经过矫平辊来矫平，从而消除带材的不平直度缺陷。这种型式的矫直机比拉伸矫直机所消耗的能量要少，并且矫正质量较高。该矫直机组一般用在连续作业线上，可以矫正包括高强度极薄带材在内的各种金属带材。它也可设置在酸洗机组上进行破鳞，以提高酸洗速度和除鳞效果。故此，它是一种有发展前途的矫直机。

第二节　辊式矫直机

一、压力矫直机矫正原理

为了阐明辊式矫直机的矫正原理，首先对较简单的压力矫直机的矫正原理进行分析。

压力矫直机的矫正过程是使位于两固定支点上的钢材承受压头施加的外力，产生反向弯曲变形并经弹性恢复后而获得平直。应该指出：施加的反弯变形的大小要适当，其值应该在外力去除经弹性回复后，被矫钢材刚好变直，即反弯曲率要等于金属的弹复曲率。在此情况下，金属横断面上弯曲应力分布情况如图 10-4 所示，在与中性层距离为 z_0 范围内的纤维处于弹性变形，而位于 z_0 以远的纤维处于塑性变形。

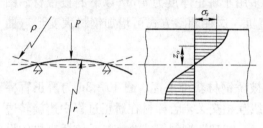

图 10-4　弹塑性变形时应力分布　　　图 10-5　简化后的弹塑性弯曲应力分布图

下面分析金属在弯曲过程中的应力应变情况并确定弯曲时所需的外加力矩。在矫正时，设对金属施加的外力矩等于其内力矩。为了简化计算，设钢材弯曲前后的横截面仍保持为一平面并且在横截面内的变形大小与到中性层的距离成正比。此外，不考虑加工硬化，即把金属视为理想弹塑性体，在塑性变形区内的应力值为金属屈服限 σ_s。金属在弯曲矫正时其横截面上简化后的弹塑性应力分布如图 10-5 所示。设金属断面为矩形，其高度为 h，宽度为 b，弯曲时中性层的下部纤维受到压缩，上部纤维受到拉伸，从中性层至 z_0

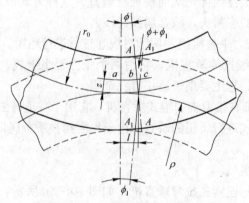

图 10-6　金属被矫正前后变形图

部分的纤维处于弹性变形，从 z_0 至 $h/2$ 的纤维为塑性变形。据此，弯曲金属所需外加力矩为：

$$M = 2\int_0^{z_0} z\sigma_z \mathrm{d}F + 2\int_{z_0}^{h/2} z\sigma_s \mathrm{d}F$$

以屈服限 σ_s 表示 σ_z，则：

160

$$M = \sigma_s \left(\frac{2}{z_0} \int_0^{z_0} z^2 \mathrm{d}F + 2\int_{z_0}^{h/2} z\mathrm{d}F \right)$$

上式右边括号中的第一项为弹性变形区的抗弯截面系数 W，第二项为塑性变形区的塑性截面系数 S（S 为金属半截面面积矩的两倍）。

故可写成：
$$M = \sigma_s \ (W+S)$$

$$M = \sigma_s \left[\frac{2}{3} bz_0^2 + b\left(\frac{h^2}{4} - z_0^2 \right) \right]$$

$$M = \sigma_s b\left(\frac{h^2}{4} - \frac{z_0^2}{3} \right) \tag{10-1}$$

求解弯曲力矩 M 必须确定 z_0 的数值。为此，需要对金属的弯曲变形过程进行分析。设金属的原始弯曲曲率为 $\frac{1}{r_0}$，受外力时其反弯曲率为 $\frac{1}{\rho}$，按照矫后金属平直的原则，反弯曲曲率应等于其弹复曲率。根据上述，金属在矫正前后的变形情况如图 10-6 所示。在被矫金属中任意取一截面 AA，从图可见：在反弯过程中 AA 截面转移到 A_1A_1 位置，则 AA 与 A_1A_1 之间的水平线段为金属纤维的变形量。在距中性层为 z 处的相对变形量为：

$$\varepsilon = \frac{bc}{ab}$$

或
$$\varepsilon = \frac{z \ (\phi + \phi_1)}{(r_0 - z) \ \phi} \tag{10-2}$$

式中　ϕ——矫正前 AA 截面与垂直于中性轴的截面间夹角；

　　ϕ_1——反弯后 A_1A_1 截面与垂直于中性轴的截面间夹角。

因 $l = r_0\phi = \rho\phi_1$，故 $\phi_1 = \frac{r_0}{\rho}\phi$，代入（10-2）式，得：

$$\varepsilon = \frac{z\left(\phi + \frac{r_0}{\rho}\phi \right)}{(r_0 - z) \ \phi} = z\frac{1 + \frac{r_0}{\rho}}{r_0 - z}$$

因 z 与 r_0 相比很小，可略去不计。则：

$$\varepsilon = z\left(\frac{1}{r_0} + \frac{1}{\rho} \right) \tag{10-3}$$

式中　r_0——被矫金属原始曲率半径；

　　ρ——反弯曲率半径。

当 $z = z_0$ 时，$\varepsilon = \varepsilon_s$，而 $\varepsilon_s = \frac{\sigma_s}{E}$，代入（10-3）式，得：

$$z_0 = \frac{\sigma_s r_0 \rho}{E \ (r_0 + \rho)} \tag{10-4}$$

式中 σ_s、E 和 r_0 对一定材料时为确定值。为了确定反弯曲率半径 ρ 的数值，尚需要对金属矫正前后的变形和应力分布情况作进一步分析。AA 截面在弯曲前后的变形和应力分布如图 10-7 所示[1]。从图可见，金属在弯曲过程中 AA 截面旋转到 A_1A_1 位置，故中性层上部的变形量 AA_1C 为弹塑性变形量，而 AA_2B 为塑性变形量，BA_2A_1C 为弹性变形量。因弹性变形与应力成正比，故此，BA_2A_1C 既为弹性变形图示也是弹性应力分布图示。上面谈到，反弯曲率 $1/\rho$ 应与其弹复曲率相等，这样，当外力去除后截面由 A_1A_1 位置弹复到垂直于中性层的 A_3A_3 位置，而使钢材得以平直。但在金属中将留有以 CBD 图示所表示的拉伸残余应力和以 DA_3A_2 图示表示的压缩残余应力。根据平衡条件，这两部分的残余应力对 C 点的力矩应该相等，即：

$$M_{CBD} = M_{DA_3A_2}$$

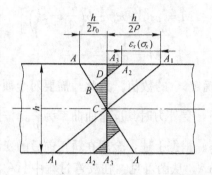

图 10 - 7　AA 截面弯曲前后变形及应力分布图

图中 CBA_2A_1 表示的应力对 C 点的力矩为 $M_{CBA_2A_1}$，而实际上截面由 A_1A_1 位置靠内力的作用弹复到 A_3A_3 位置，这就是说，力矩 $M_{CBA_2A_1}$ 应等于 $M_{A_1A_3C}$，即：

$$M_{CBA_2A_1} = M_{A_1A_3C}$$

力矩 $M_{A_1A_3C}$ 与反弯曲率 $1/\rho$ 的关系，从力学中可知：

$$M = \frac{EJ}{\rho} \tag{10 - 5}$$

式中　E、J——金属的弹性模数和截面的惯性矩。

将 ρ 的数值代入（10 - 4）式及（10 - 1）式，就可解出弯曲力矩 M 值。由于用公式求解 M 比较复杂，故常采用简化的方法求 M 值。

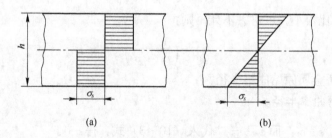

图 10 - 8　弯曲力矩图

（a）塑性弯曲；（b）弹性弯曲

当矫正弯曲度较大的金属时，认为整个截面几乎都呈塑性变形，z_0 与高度 $h/2$ 相比很小，其值可忽略不计，如图 10 - 8a 所示。此时弯曲力矩最大。设金属为矩形断面，其值为：

$$M_{max} = 2 \int_0^{h/2} b\sigma_s z \, \mathrm{d}z$$

$$M_{\max} = b\sigma_s \frac{h^2}{4}$$

$$M_{\max} = \sigma_s S \qquad (10-6)$$

当矫正弯曲度较小金属时，认为整个截面几乎都呈弹性变形，z_0 的数值近乎等于 $h/2$，如图 $10-8b$ 所示。此时，弯曲力矩最小（对于表层纤维尚未达到屈服限的情况除外）。设金属为矩形断面，其值为：

$$M_{\min} = 2\int_0^{h/2} b\sigma z \, \mathrm{d}z$$

因 $\sigma = \dfrac{2\sigma_s z}{h}$，将此值代入上式，得：

$$M_{\min} = 4\sigma_s \frac{b}{h}\int_0^{h/2} z^2 \, \mathrm{d}z$$

$$M_{\min} = \frac{1}{6}\sigma_s b h^2$$

$$M_{\min} = \sigma_s W \qquad (10-7)$$

对于弯曲度介于上述两者之间的金属，矫正弯曲力矩将在 $M_{\max}$ 与 $M_{\min}$ 之间变化。对于矩形断面 $S : W = 1.5$，对于其它截面形状的金属，其 S 与 W 的比值如表 $10-1$ 所示[3]：

表 10 - 1　各种断面形状金属的 $S : W$ 值

断面形状	矩形	圆钢	正方形	槽钢		工字钢		角钢		钢轨	钢管
矫正时断面的放置	—	—	沿对角线放置 ◇	水平放置 ⊟	垂直放置 [	水平放置 ⊢	垂直放置 I	水平放置 ∨	垂直放置 ⌐	—	—
比值 $e = \dfrac{S}{W}$	1.5	1.7	2.0	1.6	1.2	1.8	1.2	1.5	1.4～1.6	1.5～1.7	1.3～1.6

二、辊式矫直机的矫正原理

金属原始弯曲曲率的大小及方向是不同的，辊式矫直机使金属经多次反复弯曲以消除曲率的不均匀性，从而使曲率从大变小而使其平直。

在辊式矫直机中，根据每个辊子使金属产生的变形量（压下量）的不同，而分有两种设想矫正方案：小变形量矫正方案和大变形量矫正方案。

1. 小变形量矫正方案　所谓小变形量矫正方案就是假设矫直机上排工作辊每个辊子均可单独进行调整，且每个辊子压下量的调整原则为：进入该辊的金属经过反弯和弹复之后，其最大原始曲率应该完全消除，即该部位得以平直。在矫正过程中金属曲率的变化如图 $10-9$ 所示，为了简化，设被矫金属的厚度 $h/2 = 1$，这样，其表层的变形为：

$$\varepsilon = \frac{1}{r_0} + \frac{1}{\rho}$$

又设其原始曲率在 $0 \sim \pm\dfrac{1}{r_0}$ 之间变化，具有 $-\dfrac{1}{r_0}$ 曲率的部位在 2 号辊上经第一次弯曲（呈凸形为负曲率），其反弯曲率为 $1/\rho_0$，此时，截面 CO 旋转到 $1C$ 位置，当出 2 号辊后，$1C$ 截面经弹性回复，最终回复到 $2C$ 的垂直位置，该部位得以平直。这就是说，经 2 号辊子后，最大原始曲率 $-\dfrac{1}{r_0}$ 得到完全消除。

具有最大原始曲率为 $+1/r_0$ 的部位，经 2 号辊时其曲率不变，当其进入 3 号辊时，经反弯曲率 $1/\rho_0$ 和出 3 号辊，经过弹复后，该部位变直。即最大原始曲率 $+1/r_0$ 得以完全消除。而原来平直的部分即曲率为零的部位，经 3 号辊时，同样经受反弯曲率 $1/\rho_0$ 并经弹复后，截面从 $2C$ 弹复到 $2'C$ 的位置，即该部位出 3 号辊后留有残余曲率 $-1/r_1$。

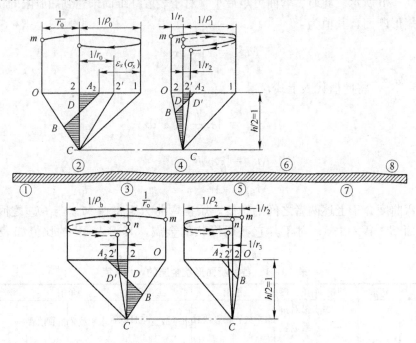

图 10 - 9　用小变形方案矫正时在各个辊子上金属断面的变形与应力图

金属经 4 号辊时，最大残余曲率 $-1/r_1$ 经过反弯和弹复后得以消除，而原来平直的部位经 4 号辊后却留有残余曲率 $+1/r_2$。同理，经 5 号辊时，将最大残余曲率 $+1/r_2$ 消除，而留有残余曲率 $-1/r_3$。以后如此重复下去，金属的残余曲率由大变小，最后趋于平直。

关于弹复曲率的分析

上面谈到，当反弯曲力去除后金属要产生弹性回复，弹性回复的曲率称为弹复曲率 $1/\rho'$。弹复曲率与金属最大原始曲率 $1/r_0$ 和反弯曲率 $1/\rho$ 的关系，从式（10 - 1）和式（10 - 4）可知，弯曲力矩：

$$M=\sigma_s b\left[\frac{h^2}{4}-\frac{1}{3}\left(\frac{\sigma_s}{E\left(\frac{1}{r_0}+\frac{1}{\rho}\right)}\right)^2\right] \tag{10 - 8}$$

令弯曲总曲率 $\dfrac{1}{r_c}=\dfrac{1}{r_0}+\dfrac{1}{\rho}$，从（10 - 8）式看出：当金属形状、尺寸、机械性能一定时，弯曲力矩 M 与弯曲总曲率 $1/r_c$ 成函数变化，其变化描述如图 10 - 10 所示[3]。图中 a 点对应的为弹性弯曲力矩 M_w，当弯曲力矩继续加大时，则金属截面上逐渐接近塑性弯曲力矩 M_s，对矩形截面其值分别为：

$$M_w=\sigma_s W=\frac{bh^2}{6}\sigma_s$$

$$M_s = \sigma_s S = \frac{bh^2}{4}\sigma_s$$

由于弯曲力矩 M 与弹复曲率 $1/\rho'$ 的关系，在数值上为：

$$\frac{1}{\rho'} = \frac{M}{Ef} \qquad\qquad (10\text{-}9)$$

式中　E、J——材料的弹性模量和惯性矩。

故此，当金属形状、尺寸和机械性能一定时，按照如下公式也可作出与 $M=f(1/r_c)$ 相似的关系曲线。

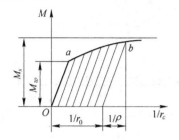

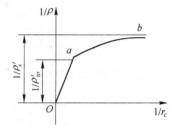

图 10-10　弯曲力矩 M 与弯曲总曲率 $1/r_c$ 的关系　　　图 10-11　弹复曲率 $1/\rho'$ 与总曲率 $1/r_c$ 的关系

$$\frac{1}{\rho'} = \frac{\sigma_s b}{EJ}\left[\frac{h^2}{4} - \frac{1}{3}\left(\frac{\sigma_s}{E\left(\frac{1}{r_0}+\frac{1}{\rho}\right)}\right)^2\right]$$

图 10-11 表示弹复曲率 $1/\rho'$ 与弯曲总曲率 $1/r_c$ 的关系，在 a 点弹复曲率为最小，其值为：

$$\frac{1}{\rho'_w} = \frac{M_w}{EJ} = \frac{2\sigma_s}{Eh}$$

在 b 点，得最大弹复曲率 $1/\rho'_s$，其值为：

$$\frac{1}{\rho'_s} = \frac{M_s}{EJ} = \frac{S}{w} \cdot \frac{1}{\rho'_w}$$

或：

$$\frac{1}{\rho'_s} = \frac{3\sigma_s}{Eh} \qquad\qquad (10\text{-}10)$$

从图 10-11 看出：弹复曲率 $1/\rho'$ 随着弯曲总曲率 $1/r_c$ 的增加而逐渐增大，且弹复曲率的增量随 $1/r_c$ 的增加而逐渐变小。

2. 大变形量矫正方案　从上面所述弹复曲率 $1/\rho'$ 与弯曲总曲率 $1/r_c$ 的变化规律中可明显看出：矫正原始曲率不均匀（包括凸度大小及其方向）的金属时，施加的弯曲总曲率愈大，其弹复曲率的差值将愈小，这意味着弹复后残余曲率的变化范围 $\Delta\frac{1}{r_i}$ 将愈小，这样，矫正效率便可提高。据此原理，在矫正时，设想在前几个辊子上采用较大的压下量，使金属各部位的反弯曲率均达到较大数值，为此，使残余曲率的不均匀性迅速减小。从第四个辊子以后的各个辊子，其压下量逐渐减小，使金属较快地获得平直。

采用大变形量矫正时，金属断面的变形与应力分布情况如图 10-12 所示[1]。从图可见：不同的原始曲率经过 2、3 号辊子时，它们承受剧烈的反弯变形并弹复后，其残余曲率的差值 2‐2′迅速变小。这样，便可采用较少数的辊子而获得较好的矫正效果，从而提高了矫正效率。虽然这种矫正方法使能耗有所增加，但是，由于被矫金属原始曲率的变化以及难以精确确定，故此在生产中往往采用大变形量矫正方案。

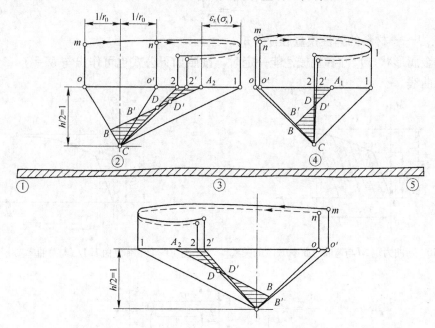

图 10‐12　大变形量矫正时金属断面的变形与应力分布图

三、辊式矫直机力能参数计算

为了确定辊式矫直机主要部件尺寸和选择电动机，必须求得矫正辊所承受的压力及转动辊子所需的功率。

1. 矫正辊的压力　矫正时作用在矫正辊上的压力可利用被矫金属所需的弯曲力矩来计算，将金属看作为受有许多集中载荷的连续梁（这些集中载荷就是辊子对钢材的压力或称矫正力）。计算时为了简化，设在第 2、3、4 个辊子上施加给金属的弯矩为最大弯矩，即：$M_2=M_3=M_4=M_s=\sigma_s s$，而倒数第 2、3、4 个辊子上施加给金属的弯矩为最小弯矩 M_w（在第一个辊子和最后一个辊子上金属受的弯矩为零）。在其余各辊子施加于金属的弯矩为 M_s 和 M_w 的平均值[16]，即：

$$M_5=M_6=\cdots\cdots M_{n-4}=\frac{M_s+M_w}{2}$$

按照图 10‐13 所示，在 2‐2 截面上所受弯矩为：

$$M_2=P_1\frac{t}{2}$$

$$P_1=\frac{2M_2}{t}$$

$$P_1=\frac{2M_s}{t}$$

式中　P_1——作用在第一个辊子上的压力；

　　　　t——辊子间距。

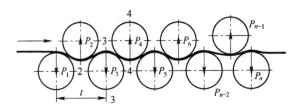

图 10 - 13 矫正辊受力图

在 3 - 3 截面上所受弯矩为：

$$-M_3=P_1t-P_2\frac{t}{2}$$

$$P_2=\frac{2(2M_2+M_3)}{t}$$

$$P_2=\frac{6M_s}{t}$$

在 4 - 4 截面上所受弯矩为：

$$M_4=P_1\frac{3}{2}t-P_2t+P_3\frac{t}{2}$$

$$P_3=\frac{2(M_2+2M_3+M_4)}{t}$$

$$P_3=\frac{8M_s}{t}$$

同理得：

$$P_n=\frac{2M_w}{t};\ P_{n-1}=\frac{6M_w}{t};\ P_{n-2}=\frac{8M_w}{t}$$

作用在其余辊子上的压力取 P_3 和 P_{n-2} 的平均值[1]。

当矫正辊数目大于 6 时，作用在所有辊上的压力总和为 $\Sigma P=\frac{4}{t}(M_s+M_w)(n-2)$

式中，n 为辊子数目。

由上看出：第 3 个辊子承受的压力最大。

2. 辊式矫直机的传动功率　在矫正过程中电动机需要克服的静力矩为：

$$M_c=M_1+M_2+M_3$$

式中　M_1——使金属产生塑性变形的矫正力矩；

　　　　M_2——辊子沿钢材的滚动摩擦力矩；

　　　　M_3——辊子轴承的摩擦力矩。

矫正力矩 M_1 根据被矫金属所需的矫正功率来计算。被矫金属所需矫正功率为：

$$N=\sum M_i w=\sum M_i\frac{v}{r_i}$$

式中　M_i——金属在 i 辊下矫正时承受的弯矩；

　　　　$1/r_i$——金属在 i 辊下的残余曲率；

v——矫正速度。

金属所需的矫正功率是通过被传动的矫正辊来提供的，矫正辊提供的矫正功率为：

$$N' = M_1 w = M_1 \frac{2v}{D}$$

式中　D——矫正辊直径。

忽略矫正中的能量损失，则 $N=N'$ 故：

$$M_1 = \frac{D}{2} \sum M_i \frac{1}{r_i}$$

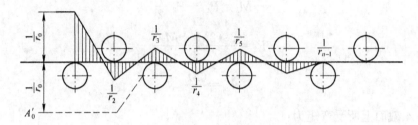

图 10 - 14　金属在各矫正辊的残余曲率

具有原始曲率为 $\pm\frac{1}{r_0}$ 的金属，经各矫正辊后其残余曲率的情况如图 10 - 14 所示。实际上由于矫正辊压下量的不同调整，则 M_i 和 $\frac{1}{r_i}$ 值难于准确确定。为计算简单起见，认为在所有情况下弯矩 M_i 均等于最大弯矩 M_s，这样，在矫正原始曲率为 $-\frac{1}{r_0}$ 的金属时，其矫正力矩为：

$$M_1 = \frac{D}{2} M_s \left(\frac{1}{r_0} + 2\frac{1}{r_2} + 2\frac{1}{r_3} + \cdots + 2\frac{1}{r_{n-2}} \right)$$

或写为：

$$M_1 = \frac{D}{2} M_s \left(\frac{1}{r_0} + 2\sum_2^{n-2} \frac{1}{r_i} \right) \tag{10-11}$$

式中两倍的残余曲率是因在每个辊子前曲率从零至 $\frac{1}{r_i}$，过辊子后又从 $\frac{1}{r_i}$ 减小为零。

经每个辊子时金属的残余曲率是不同的，但为了计算简便，设各辊下的残余曲率均等于最大残余曲率。最大残余曲率是按照小变形矫正方案的原则求得的，如采用反弯曲率

$$\frac{1}{\rho} = \frac{1}{\rho_s}$$

来矫正原始曲率 $1/r_0$ 很大的金属，则金属上原来平直即曲率为零的部位，经过同样的反弯后所产生的残余曲率为最大残余曲率，其值为[3]：

$$\left(\frac{1}{r_i} \right)_{\max} = 0.15 \frac{1}{\rho_s'} = \frac{0.45\sigma_s}{Eh} \tag{10-12}$$

式中 $\dfrac{1}{\rho_s}$——金属的最大弹复曲率；

h、E、σ_s——金属的厚度、弹性模量及屈服限。

（10-12）式是从公式（10-8）、（10-9）、（10-10）导出的。

对于原始曲率为 $+\dfrac{1}{r_0}$ 的金属，为了简化，其矫正力矩 M_1 仍按（10-11）式计算。

金属原始曲率 $1/r_0$ 值因产品的不同而异，大致可归为两类：

（1）单向曲率——通常为非对称断面产品，如钢轨、槽钢等，它们由于断面冷却不均而形成单向弯曲。

（2）双向曲率——通常为对称断面产品，如板、带、圆钢等长度较大时所出现的双向弯曲且呈波浪形。

原始曲率 r_0 值，根据[1]介绍：对型钢 $r_0 =$（$10 \sim 200$）h；对钢板 $r_0 =$（$10 \sim 30$）h 或更大些（h——钢板厚度）。

辊子沿金属的滚动摩擦力矩为：

$$M_2 = \sum P_i m$$

式中 P_i——每个辊子所受压力；

m——辊子与金属的滚动摩擦力臂（或称滚动摩擦系数）。

在矫正钢板时，m 取 0.8mm；

在矫正型钢时，m 取 $0.8 \sim 1.2$mm。

矫正辊轴承的摩擦力矩为：

$$M_3 = \sum_{i=1}^{n} P_i f \, \dfrac{d}{2}$$

式中 f——矫正辊轴承的摩擦系数；

对于滚动轴承 $f = 0.003$；

对于滚针轴承 $f = 0.008$；

对于滚子轴承 $f = 0.006$；

对于滑动轴承 $f = 0.08 \sim 0.1$。

d——矫正辊辊颈直径。

矫正金属所需传动功率为：

$$N = (M_1 + M_2 + M_3) \, \dfrac{2v}{D} \cdot \dfrac{1}{75\eta}$$

式中 D——矫正辊直径；

v——矫正速度；

η——传动效率。

例题： 已知 $9+1$ 辊型钢矫直机的辊距 $t = 550$mm，最后一个辊距 $t' = 750$mm，矫正材质 $\sigma_b = 78.4$kg/mm^2（800MPa），$\sigma_s = 65$kg/mm^2（637MPa），矫正钢材为 8 号～12 号工字钢、5 号～12 号槽钢，5 号～10 号角钢和 $\phi 40 \sim 65$ 圆钢等[6]。

1. 计算矫正辊压力

矫正钢材断面系数 W 及 $\dfrac{S}{W}$ 值

矫正最大规格	W（cm³）	$e=\dfrac{S}{W}$
12 号工字钢	12	1.4
12 号槽钢	10.24	1.2
10 号角钢	25.63	1.4
$\phi65$ 圆钢	27	1.7

比较上列各值可知：$\phi65$ 圆钢的 W 最大，e 值也最大，即塑性断面系数 S 最大。计算时取 $W=30\text{cm}^3$。

第三辊承受的压力最大，其值为：

$$P_3=\frac{8M_s}{t}=\frac{8}{t}e\sigma_s W=\frac{8}{5.5}\times1.7\times6500\times30$$

$$P_3=48.2\text{t}\ (472.36\text{kN})$$

所有矫正辊的总压力按下式计算：

$$\sum P=\frac{4}{t}(M_s+M_w)(n-2)$$

为了简化计算，取 $t'=t=550\text{mm}$，将 $n=10$ 代入上式，得：

$$\sum P=\frac{4}{55}(30\times1.7+30)6500\times8$$

$$P=306\text{t}(2998.8\text{kN})$$

2. 已知辊径 $D=380\sim550\text{mm}$（计算时取 $D=460\text{mm}$），$\phi65$ 圆钢原始曲率 $\dfrac{1}{r_0}$ 取 $\dfrac{1}{25d}$，求矫正力矩 M_1。

矫正 $\phi65$ 圆钢时：

$$\frac{1}{r_0}=\frac{1}{25d}=\frac{1}{25\times0.065}=\frac{1}{1.625}\text{m}^{-1}$$

$$M_s=\sigma_s eW=6500\times1.7\times30$$

$$M_s=3315\text{kg}-\text{m}\ (32.49\text{kN}-\text{m})$$

$$\frac{1}{\rho'_s}=\frac{M_s}{EJ}=\frac{\sigma_s 2e}{Ed}$$

$$\frac{1}{\rho'_s}=\frac{2\times65\times1.7}{2.1\times10^4\times6.5}=0.16\text{m}^{-1}$$

$$\left(\frac{1}{r_i}\right)_{\max}=0.15\frac{1}{\rho'_s}=0.15\times0.16=0.024\text{m}^{-1}$$

根据公式（10-11），得：

$$M_1=\frac{0.46}{2}\times3315\left(\frac{1}{1.625}+2\times7\times0.024\right)$$

$$M_1=725\text{kg}-\text{m}\ (7.105\text{kN}-\text{m})$$

3. 已知该矫直机的矫正速度 $v=0.8\sim1.6\text{m/s}$，机架结构为悬臂式，辊子的受力情况如图 10‐15 所示。采用滚动轴承，其轴颈直径 $d_Q=300\text{mm}$ 及 $d_R=210\text{mm}$，取辊子与钢材间的滚动摩擦系数 $m=0.0008\text{m}$，$l=1000\text{mm}$，$a=360\text{mm}$，取轴承摩擦系数 $f=0.005$，求矫直机的电动机功率。

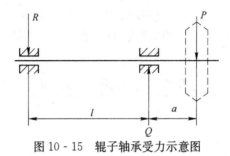

图 10‐15 辊子轴承受力示意图

已知总压力 $P=306\text{t}$（2998.8kN），辊子与钢材的滚动摩擦力矩：
$$M_2=Pm=306000\times0.0008=244.8\text{kg}\text{-}\text{m}（2.399\text{kN}\text{-}\text{m}）$$

全部辊子轴承受力：
$$Q=P\left(1+\frac{a}{l}\right)=306\left(1+\frac{360}{1000}\right)=416\text{t}（4076.8\text{kN}）$$
$$R=Q-P=416-306=110\text{t}（1078\text{kN}）$$

全部轴承摩擦力矩：
$$M_3=Qf\frac{d_Q}{2}+Rf\frac{d_R}{2}=416000\times0.005\times\frac{0.3}{2}+110000\times0.005\times\frac{0.21}{2}$$
$$M_3=369.8\text{kg}\text{-}\text{m}（3.624\text{kN}\text{-}\text{m}）$$

矫正力矩总和为：
$$M=M_1+M_2+M_3=725+244.8+369.8=1339.6\text{kg}\text{-}\text{m}（13.128\text{kN}\text{-}\text{m}）$$

电动机传动功率：
$$N=(M_1+M_2+M_3)\frac{2v}{D}\times\frac{1}{75\eta}$$
$$N=1339.6\frac{2(0.8\sim1.6)}{0.46}\times\frac{1}{75\times0.9}=69\sim138\text{ 马力}（\eta=0.9）$$
$$N=51\sim101.5\text{ 千瓦}$$

考虑到矫正大断面钢材时应采用低的矫正速度，故此，矫正 $\phi65$ 圆钢时若取矫正速度 $=1.0\text{m/s}$，则电动机功率为：
$$N=1339.6\times\frac{2\times1}{0.46}\times\frac{1}{75\times0.9}$$
$$N=86\text{ 马力 或 }N=63\text{ 千瓦}$$

四、辊式矫直机的基本参数

辊式矫直机的基本参数包括：辊距 t、辊径 D、辊数 n、辊身长度 L 和矫正速度 v，其中最主要的参数是 D 与 t。正确的选择矫直机的基本参数关系到矫正质量、设备结构及力能消耗等。

1. 辊距 t 辊距 t 的选择对矫正质量有重要影响。金属之所以能被矫直，首要条件必须在矫正过程中它要受到相当大的反弯变形，例如：对矫正板带材来说，前面几个辊子的反弯曲率必须满足如下条件：

$$反弯曲率\frac{1}{\rho} > \frac{1}{\rho_w} = \frac{2\sigma_s}{Eh}$$

从上式可见：当材质一定时，σ_s 和 E 为定值，而 h 愈小，反弯曲率半径 ρ 也应愈小，相应的辊径 D 和辊距 t 也应愈小。通常辊径 D 与辊距 t 有一定的比例关系，如表 10 - 2 所示。

表 10 - 2　各种矫直机 D/t 值

矫直机类型	D/t
薄板矫直机	0.9～0.95
中板矫直机	0.85～0.9
厚板矫直机	0.7～0.85
型钢矫直机	0.75～0.9

确定辊距 t 时既要考虑钢材的矫正质量，也要考虑辊子的强度条件。最小允许辊距 t 受强度条件的限制，最大允许辊距 t 则受矫正质量的限制。

关于最小允许辊距 t 的确定：在辊径 D 一定时，辊距 t 愈小，矫正质量愈高，但从辊受压力计算中看出：辊距 t 愈小，矫正压力 P 愈大，即辊面与金属间的接触应力愈大，从而加快了辊子的磨损和损伤金属表面。故此，最小允许辊距 t 受到辊身表面接触应力和矫正辊扭转强度的限制。

辊子表面接触应力近似的用圆柱体与平板接触的应力公式计算，其最大接触应力：

$$\sigma_{\max} = 0.418\sqrt{\frac{PE}{bR}}$$

式中　　$\sigma_{\max}$——最大接触应力；

$\quad\quad P$——金属作用于辊子的最大压力，其值按第三辊子计算：$P = \frac{2\sigma_s bh^2}{t}$；

$\quad\quad E$——辊子弹性模数；

$\quad\quad R$——矫正辊半径；

$\quad\quad b$——被矫金属与辊子的接触宽度。

为了防止辊面掉皮，一般认为最大接触应力约等于被矫金属屈服限的两倍，即：

$$\sigma_{\max} = 0.418\sqrt{\frac{PE}{bR}} = 2\sigma$$

近似地取 $R = 0.475t_{\min}$。

将上述 P_3 和 R 代入上式，则求得最小允许辊距 t 值：

$$t_{\min} = 0.43h\sqrt{\frac{E}{\sigma_s}}$$

关于最大允许辊距 t 的确定：最大允许辊距 t 按照被矫金属在矫正时所需的变形程度来定。具体说应该满足金属断面高度的 2/3 达到塑性变形的条件[1]。设金属在矫正时，其横断面上的变形分布如图 10 - 16 所示。如取 $R=0.475t$，金属弯曲半径为 $R+0.5h$，在距中性层为 $h/6$ 处的变形量不应小于 $\varepsilon_s=\dfrac{\sigma_s}{E}$，根据（10 - 3）式，得：

$$\varepsilon=Z_0\frac{1}{R+0.5h}=\frac{h}{6\ (0.475t+0.5h)}\geqslant\frac{\sigma_s}{E}$$

经简化后，得：$t_{max}\approx0.33\dfrac{hE}{\sigma_s}$。设：$\sigma_s=30\text{kg/mm}^2$（300MPa），$E=2.2\times10^4\text{kg/mm}^2$（$22\times10^4$MPa），代入 t_{max} 和 t_{min} 式，得：

$$12h<t<240h$$

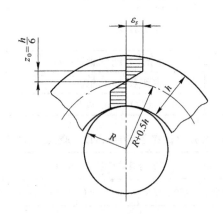

图 10 - 16　金属的变形分布图

上述辊距 t 的范围是根据理论分析得出的，实际设计时还要参考现有类似矫直机的有关数据及矫直机参数系列中的数据来确定。

2. 辊径 D　辊径 D 通常根据已确定的辊距按照表 10 - 2 来选定，其值还应符合矫直机参数系列中的数据。

3. 辊数 n　增加辊子数目意味着增加金属的反弯次数，故此，辊数的增加有利于提高矫正质量，但同时也增加了金属的加工硬化程度和矫正功率，因此，确定辊数的原则应该在保证矫正质量的前提下尽量使辊子数目减少。对于板材辊式矫直机来说，辊数随着板材的宽、厚比（即 b/h）加大而增多，因 b/h 较大时，浪形弯较显著，需要多次弯曲才能达到矫正要求。辊式矫直机常用的辊数如表 10 - 3 所示。

表 10 - 3　各种辊式矫直机的辊数

类　型	板材矫直机			型钢矫直机[①]							
板厚或辊距	板材厚度 h（mm）			辊距 t（mm）							
	0.25～1.5	1.5～6	＞6	200	300	400	500	600	800	1000	1200
辊数 n	19～29	11～17	7～9	11	9			7			

① 型钢矫直机辊数 n 不包括出口处的一个"拉辊"。

4. 辊身长度 L　对于板材矫直机，辊身长度 L 一般比板材最大宽度 B_{max} 大 100～300mm，即：

$$L=B_{max}+（100\sim300）\text{ mm}$$

对于型钢矫直机，辊身长度 L 要考虑在辊身上安排孔型的个数来确定。

5. 矫正速度 v 矫正速度主要根据生产率确定，同时还要考虑到被矫产品的种类、温度等因素。一般的说，矫正小规格产品时，矫正速度可大些；热矫较冷矫的矫正速度大；位于连续作业线上的矫直机，其矫正速度应与机组的速度相适应。矫正速度一般是可调节的。各种矫直机的矫正速度如表 10-5 所示[3]。

表 10-4 各种辊式矫直机的矫正速度

矫直机类型	产品规格	矫正速度 v（m/s）
板材矫直机	厚度 $h=0.5\sim4.0$mm	$0.1\sim0.6$，最高达 0.7
	厚度 $h=4.0\sim30$mm	冷矫时 $0.1\sim0.2$ 热矫时 $0.3\sim0.6$
型钢矫直机	大型（70kg/m 钢轨）	$0.25\sim2.0$
	中型（50kg/m 钢轨）	$1.0\sim3.0$，最高达 $8.0\sim10.0$
	小型（100mm² 以下）	5.0 左右，最高达 10.0

表 10-5 冷矫钢板宽度 1000mm 以上辊式矫直机基本参数

组别	辊数 n	辊距 t（mm）	辊径 D（mm）	钢板最小厚度（$\sigma_s<$40kg/mm² 时）h_{min}（mm）	辊身有效长度 L（mm）								最大矫正速度 v（m/s）	主电机最大功率 N（kW）	最大负荷特性 W_x kg—m（kN—m）
					1200	1450	1700	2000	2300	2800	3500	4200			
					钢板宽度 b（mm）										
					1000	1250	1500	1800	2000	2500	3200	4000			
					钢板最大厚度 h_{max}（mm）										
1	23	25	23	0.2	0.6								1	13	14.4（0.144）
2	23	32	30	0.3	1.2	1	0.9						1	30	48.6（0.486）
3	23	40	38	0.4	2	1.6	1.5	1.4					1	55	141（1.41）
4	21	50	48	0.5	2.8	2.5	2.2	2	2				1	80	320（3.20）
5	17（21）	63	60	0.8	4	3.8	3.5	3.2	3				1	95（110）	720（7.20）
6	17	80	75	1	5.5	5	4.5	4	4				1	130	1280（12.80）
7	13	100	95	1.5	8	7	7	6	6				1	155	2880（28.80）
8	13	125	120	2		10	9	8	8				0.5	130	5120（51.20）
9	11	160	150	3		15	14	13	12				0.5	130	11520（115.20）
10	11	200	180	4			19	18	17	16			0.3	245	25600（256）
11	9	250	220	5				25	22	20			0.3	180	51200（512）
12	9	300	260	6				32	28	25			0.3	210	80000（800）
13	7	400	340	10					40	36	32		0.2	180	164000（1640）
14	7	500	420	16					50	45	40		0.1	110	256000（2560）

各种辊式矫直机的基本参数已系列化。表 10 - 5、表 10 - 6 和表 10 - 7 为一机部颁发 JB 1465—75 冷矫钢板宽度 1000mm 以上的辊式矫直机基本参数系列、冷矫带钢宽度 600mm 以下的辊式矫直机基本参数系列和冷矫有色金属板材辊式矫直机基本参数系列。

表 10 - 6　冷矫带钢宽度 600mm 以下的辊式矫直机的基本参数

组别	辊数 n	辊距 t (mm)	辊径 D (mm)	带钢最小厚度 ($\sigma_s<40$ kg/mm²) h_{min} (mm)	辊身有效长度 L (mm) 500 — 带钢宽度 b (mm) 400 — 带钢最大厚度 h_{max} (mm)	800 — 600	最大矫正速度 v (m/s)	主电机功率 N (kW)	最大负荷特性 W_x kg—m (N—m)
1	17	25	23	0.2	1	0.8	1	7.5	15.36 (153.6)
2	17	32	30	0.3	1.5	1.2	1	17	34.6 (346)
3	13	50	48	0.5	2.5	2.0	1	22	96 (960)
4	11	80	75	1	5	4	1	30	384 (3840)
5	9	125	120	2	10	8	0.5	22	1540 (15400)

表 10 - 7　冷矫有色金属板材辊式矫直机的基本参数

组别	辊数 n	辊距 t (mm)	辊径 D (mm)	有色板材最小厚度 ($\sigma_s\leqslant$ 30kg/mm²) h_{min} (mm)	辊身有效长度 L (mm) 1200 — 有色板材宽度 b (mm) 1000 — 有色板材最大厚度 h_{max} (mm)	1450 — 1250	1700 — 1500	2300 — 2000	2800 — 2500	最大矫正速度 v (m/s)	主电机最大功率 N (kW)	最大负荷特性 W_x kg—m (N—m)
1	23	25	23	0.3	0.7					1	13	14.7 (147)
2	23	32	30	0.4	1.2	1	1			1	30	45 (450)
3	23	40	38	0.5	2	1.8	1.5			1	55	101 (1010)
4	21	50	48	0.6	3	2.5	2.5	2		1	80	270 (2700)
5	21	63	60	1	4.5	4	3.5	3		3	110	675 (6750)
6	17	80	75	1.5	6.0	5.5	5	4.5	4	1	130	1200 (12000)
7	17	100	95	2		8	8	6.5	6	1	180	2700 (27000)
8	13	125	120	3			11	10	9	0.5	130	4800 (48000)
9	11	160	150	4			17	16	13	12	0.5	130	10800 (108000)
10	11	200	180	5				23	20	18	0.5	245	24300 (243000)

注：1. 板带材辊式矫直机规格名称按以下方法标注：辊数—辊径/辊距×辊身有效长度。例：21—48/50×1200

2. 表中打括号者尽量少用。

3. 表中最大负荷特性 W_x 是产品规格性能的综合参数，即 $W_x=\sigma_s b_{max} h_{max}^2$ （kg—m）

式中 σ_x—材料的屈服限；

　　 b_{max}—板带材最大宽度；

　　 h_{max}—板带材最大厚度。

4. 表 10 - 7 中冷矫有色板材以冷矫铝板为主，如矫正其它有色板材，其 $\sigma_s\approx 40$kg/mm² 的可按表 10 - 6 选择。

5. 表 10 - 5～7 中的参数主要用在单独设置的板、带材辊式矫直机上。

表 10 - 8 为一机部颁发 JB2095—77 型钢辊式矫直机的基本参数系列。

表 10 - 8　型钢辊式矫直机的基本参数

组别	辊距 t (mm)	辊数 n	被矫正型钢的最大高度 (mm)	最大塑性弯曲力矩 M_s kg—m (kN—m)	可以矫正型钢的最大规格						最大矫正速度 v (m/s)	备注
					圆钢 (mm)	方钢 (mm)	钢轨 (kg/m)	角钢 (№)	槽钢 (№)	工字钢 (№)		
1	200	11	60	240 (2.4)	35	30		5	6.5		2	
2	300	11	70	680 (6.8)	50	45	5	8	10	10	2	
3	400	10	90	1450 (14.5)	60	50	8	10	12	16	2	
4	500	10	110	3350 (33.5)	85	80	18	12	18	18	2	被矫正型钢的屈服限 $\sigma_s \leqslant$ 32kg/mm²
5	600	10	140	5440 (54.4)	100	90	24	16	22	22	2	
6	800	8	200	10600 (106)	120	115	38	22	36	36	1.72	
7	1000	8	250	17900 (179)	140	130	43	25	40	50	1.2	
8	1200	8	280	22300 (223)	160	150	65	—	—	63	1	

注：1. 型钢辊式矫直机规格按以下方法标注：辊数×辊距。

　　2. 最大塑性弯曲力矩按下式计算：$M_s = \sigma_s e W$

　　式中　σ_s—型材的屈服限；

　　　　　e—型材系数（查表）；

　　　　　W—抗弯断面系数。

五、辊式矫直机的结构

辊式矫直机按照用途和结构的不同，可分为：板材辊式矫直机、型钢辊式矫直机和管棒材斜辊式矫直机。辊式矫直机主要是由电动机、减速机、齿轮座、连接轴和矫正辊工作机座等部件组成的。上述各类矫直机的差别主要表现在工作机座的结构上。

1. 板材矫直机　板材辊式矫直机按照矫正辊的排列方式及其调节方法，大致有如下几种型式：平行辊列矫直机、可调节矫正辊挠度矫直机、倾斜辊列矫直机等。

（1）平行辊列矫直机　平行辊列矫直机的上下两排矫正辊是平行排列的，下排辊子固定不动，而上排辊子可单独进行调整，如图 10 - 17a 所示。调整单个辊子的结构比较复杂。此外，还有上排辊子集体调整且前后安装导向辊的平行辊列矫直机，如图 10 - 17b 所示。前、后导向辊可单独进行调整。前导向辊的作用是使板材端部顺利地进入矫直机，后导向辊的作用是使板材出矫直机后向平直方向运动。

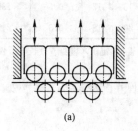 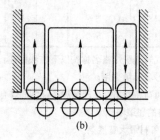

(a)　　　　　　　　　　(b)

图 10 - 17　平行辊列矫直机示意图

（a）每个上辊单独调整；（b）上排辊子集体调整

为了防止矫正辊在矫正过程中产生挠曲变形，而在矫正辊上设有支承辊，如图 10 - 18 所示。通常下工作辊和下支承辊固定不动，上工作辊和上支承辊可集体地在高度方向上调节。

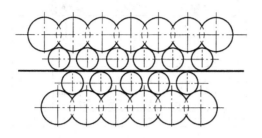

图 10 - 18　具有支承辊的平行辊列矫直机示意图

因这种平行辊列矫直机在矫正时，前后都具有相同的反弯曲率，故板材从矫直机出来后具有较大的残余曲率，而矫正质量不高。所以，这种型式的矫直机多用于矫正厚度为 4～40mm 的中厚板。矫正辊的数目决定于被矫板材的规格，它通常为 5～13 个辊子，其中 5～7 个辊子的矫直机多用于矫正厚板，有时也用来粗矫中板。

（2）倾斜辊列矫直机　该矫直机的下排辊子固定不动，上排辊子安装在可调整的上机架内，上排辊子可调整成与下排辊子成一倾斜度，如图 10 - 19 所示。这样，矫正辊从入口端至出口端逐渐加大上、下辊间的距离，从而使被矫板材在矫正过程中的残余曲率逐渐减小，最后板材得以平直。

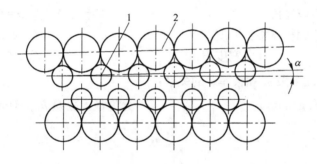

图 10 - 19　倾斜辊列矫直机示意图
1— 工作辊；2—支承辊

由于倾斜排列着的辊子可使板材在前几个辊子上经受较大的弯曲变形，变形程度由大逐渐变小，这符合辊式矫直机的矫正原理，故这种型式矫直机的矫正质量较好，它广泛用于矫正厚度小于 4mm 的薄板，近来也用于矫正中板。

该矫直机为了使板材易于咬入，在入口端设有一对送入辊，同时在出口端还设有一对送出辊。矫正辊的数目一般采用 7～17 个辊子。

（3）可调矫正辊挠度矫直机　该矫直机的支承辊作成分段式的，例如在工作辊上面配置有三列支承辊，如图 10 - 20 所示。

矫正时根据板材的浪弯或瓢曲的部位不同，通过调整某列支承辊，使工作辊的相应部位预先产生挠度，从而有针对性地矫正板材的中部或边部缺陷，以提高其矫正效果。

该矫直机的辊子数目一般为 13～21 个，有的多达 29 个，它常用于矫正厚度为 2mm 以下的难以矫正的薄板。

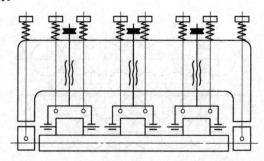

图 10 - 20　可调矫正辊挠度矫直机示意图

图 10 - 21 为一台 11 - 260/300×2300 钢板矫直机结构图[3]，其技术性能如下：

工作辊尺寸 $D×L$	$\phi260×2350mm$
辊距 t	300mm
支承辊 $D×L$	$\phi295×800mm$
支承辊列数	1
矫正速度 v	0.45～1.35m/s
主电机 N	130 千瓦 $n=300～900$
减速机减速比 i	8.82
压下电动机	$N=11$ 千瓦，$n=685$
热矫钢板规格：厚度 h	4～25mm
宽度 B	$<2000mm$

钢板热状态下屈服限 σ_s 和板厚 h 的关系：

σ_s（kg/mm²）	允许最大板厚 h_{max}（mm）
48	10
19	18
10	25

该矫直机的上排辊子是集体平行调整的，上台架 4 由一台双出轴的电动机分别通过两级蜗轮减速机同时转动四个立柱上的压下螺母。压下装置中的四个立柱同时是压下螺丝，它们由螺母 10 固定在下台架 8 上。在调整压下时，立柱不动，而是压下螺母 12 和平衡螺母 14 随上台架一起移动。压下螺母同时也是蜗轮，为了消除压下螺丝与螺母之间的间隙，装设了同步弹簧装置。在托盘 15 上的平衡弹簧 16 通过拉杆平衡整个上台架及其部件的重量。压下螺母 12 与平衡螺母 14 由内齿套 13 连接。托盘 15 通过推力轴承支托在平衡螺母上。这种装置可使平衡弹簧随上台架升降。在调整压下时，平衡弹簧 16 不产生附加变形。出、入口工作辊可单独调整（用手轮）。

上支承辊由空心螺丝内的拉杆与上台架连接。每个支承辊均可由空心压下螺丝手动单独调整。同样，下支承辊也可手动单独调整。

每个工作辊内部都有轴向通孔，以便热矫钢板时通水冷却。

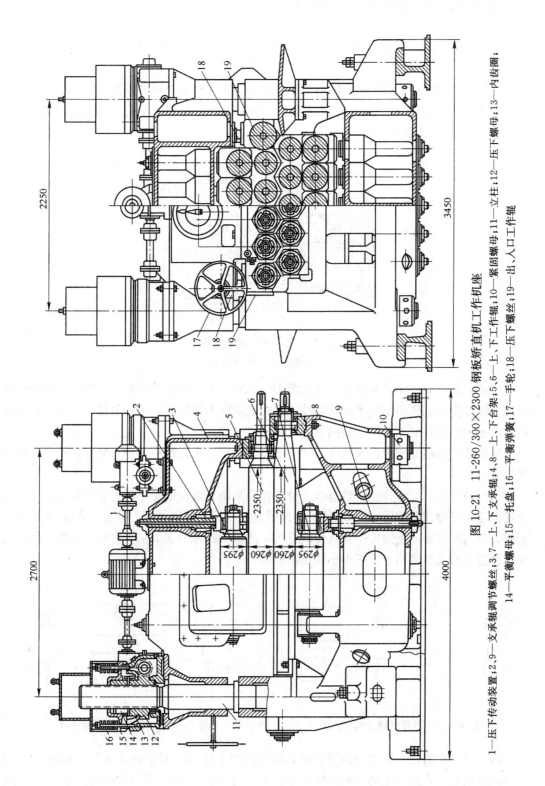

图 10-21 11-260/300×2300 钢板矫直机工作机座

1—压下传动装置;2,9—支承辊调节螺丝;3,7—上、下支承辊;4,8—上、下台架;5,6—上、下工作辊;10—紧固螺母;11—立柱;12—压下螺母;13—内齿圈;
14—平衡螺母;15—托盘;16—平衡弹簧;17—手轮;18—压下螺丝;19—出、入口工作辊

该矫直机设置在中板车间，一般是单独设置的，并且可往复矫正钢板以提高其矫正质量。

2. 型钢矫直机　生产型钢时，对工字钢、槽钢和钢轨等复杂断面钢材冷却后必须经过矫直。

为适应型材品种规格较多的特点，在型钢矫直机中矫正辊是由辊轴和带孔槽可拆的辊套组合而成的。轴套的孔型要与被矫型材的形状相适应，悬臂式型钢矫直机组合辊套的辊子结构如图 10 - 22 所示[17]。

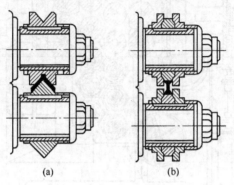

图 10 - 22　矫正辊轴套图

(a) 整体式；(b) 组合式

矫正辊轴套有整体式和组合式（见图 10 - 22a、b）。组合式是由几个辊圈和垫圈组合而成，所以用一套辊圈配上不同的垫圈，可矫正规格不同的同一品种钢材。组合式轴套多用于矫正大型钢材如工字钢、槽钢和钢轨等。

根据矫正辊辊套放置在辊轴的不同位置，型钢矫直机在结构上分为悬臂式矫直机和闭式矫直机。

(1) 悬臂式（又称开式）矫直机　悬臂式型钢矫直机就是矫正辊置于机架的一侧，辊子在辊轴上悬臂放置如图 10 - 23 所示。该矫直机的特点是在操作、调整、维修和更换轴套等方面均较方便，但因辊子是悬臂放置的，故辊轴的两个支承轴承受的力不均，所以过去这种型式矫直机多用于矫正中小型断面钢材。

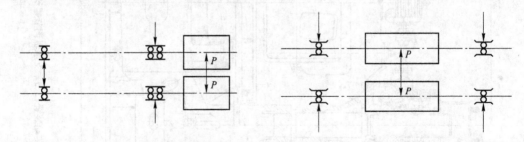

图 10 - 23　悬臂式矫直机示意图　　　　　图 10 - 24　闭式矫直机示意图

(2) 闭式矫直机　闭式型钢矫直机的矫正辊置于辊轴的两个轴承之间，如图 10 - 24 所示。该矫直机在结构上的特点为矫正辊位于中间位置，故此，两端轴承受力均匀，机座刚性较好，多用于矫正大型钢材。其缺点是在生产中操作人员看不清钢材的矫正情况，这给调整工作造成困难。此外，更换辊套时拆装不便，影响矫直机的作业率。

由于悬臂式矫直机比闭式矫直机有上述优点，故当前悬臂式矫直机有取代闭式矫直机的发展趋势，这就是说前者不仅用于矫正中小型钢材而且开始用于矫正大型断面钢材。

通常在型钢矫直机的入口和出口设有一对空转的立辊（也有带传动的）。立辊的作用是引导钢材正确地进入矫直机并可适当矫正钢材的侧弯。型钢矫直机辊子的数目比较少，一般来说矫正大型钢材的矫直机为7～9个辊子，矫正中、小型钢材的矫直机为7～11个辊子。

我国某重机厂设计制造的550悬臂式型钢矫直机如图10-25所示[4]。

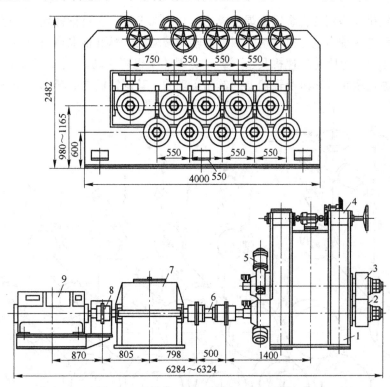

图10-25 550悬臂式辊式型钢矫直机

1—机架；2、3—矫正辊；4—上辊压下机构；5—轴向调整机构；6—连接轴；
7—减速机；8—齿形联轴器；9—主电机

它是由机架1、矫正辊2、3、上辊压下机构4、轴向调整机构5、连接轴6、减速机7、齿形联轴器8及主电机9等部件组成的。它的主要技术性能为：

辊距　　　　　　　　　　　　　　　　　　　　　t=550mm

辊数　　　　　　　　　　n=9+1（9为矫正辊；1为标准辊）

辊径　　　　　　　　　　　　　　　　　　　　D=380～550mm

矫正钢材　　　σ_b=47kg/mm² （470MPa），σ_s=24kg/mm² （240MPa）

　　　　　　截面模数 W=50cm³

钢材规格：工字钢　　　　　　　　　　　　100～160mm

　　　　　槽　钢　　　　　　　　　　　　100～160mm

　　　　　角　钢　　　　　　　　　　　　63～130mm

钢　　轨		11～18kg/m
圆　　钢		ϕ50～80mm
扁　　钢	(16～30)×(124～200)	mm×mm
方　　钢		50～75mm
矫正速度		v=0.84～2m/s
压下调整速度		v_g=2.4mm/s
主电机		ZZJ－72　N=90千瓦　n=530

该矫直机机架是用低合金钢板焊接成的，它的加工量少、重量轻且刚性好。五个下辊通过减速机和连接轴由主电机传动。四个上辊是被动的，标准辊也是被动的。上辊的升降调节是由电动机通过蜗轮减速机及压下螺丝实现的（也可手动）。上、下辊的轴向调节也是由电动机通过蜗轮减速机及辊轴上的丝扣实现的，其调整机构如图10-26所示。

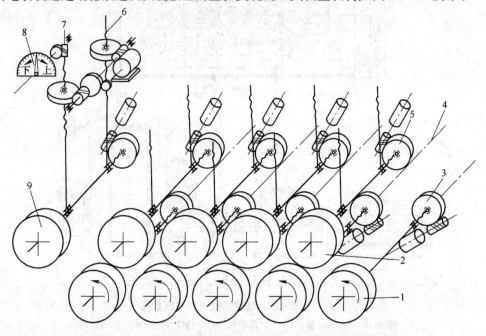

图 10 - 26　550 型钢矫直机压下及轴向调整机构示意图

1—下辊；2—上辊；3—下辊轴向调整机构；4—连接轴；5—上辊轴向调整机构；

6—压下螺丝；7—压下调整机构；8—压下指示器；9—标准辊

为了适应矫正多品种、多规格的需要以及考虑今后发展，该矫直机选用直流电动机，以便根据生产情况随时调节矫正速度。

悬臂式矫直机因靠近辊套的轴承所受负荷较大，实践表明：如采用滑动轴承，则该轴承的磨损严重，影响矫直机的正常运转。为了减少功率消耗并克服上述缺点，新设计的矫直机均采用滚动轴承。

为使上排辊子在轴向上按钢材出口方向为准进行调整，而在上排辊子的最后增设一个标准辊，以该辊为准调节各个辊子的轴向位置。9 辊矫直机有时写为 9＋1 辊矫直机，其中 1 是指标准辊。标准辊与其它辊子相比具有较大的辊距，从矫正效果来看，它对于矫直钢材的侧弯和翘头具有决定性作用[17]。

3. **管棒材矫直机**　用于矫正管棒材的辊式矫直机通常称为斜辊式矫直机。斜辊式矫直机的矫正辊倾斜放置，当管棒材进入矫直机后，它除作前进运动外，同时还作旋转运动。管棒材在矫正过程中通过若干个辊子受到反复弯曲变形而得以平直。

斜辊式矫直机按照辊子数目的多少分为：三辊、五辊、六辊和七辊等型式，如图 10 - 27 所示。在第 1、2 种型式的矫直机中，钢管在矫正时只经受一个矫正循环，即在矫正辊的压力下得到一次纵向弯曲。在第 3、4 种型式矫直机中钢管在矫正时经受两个矫正循环，即在矫正辊的压力下得到两次纵向弯曲。在第 5 种型式矫直机中，钢管经受三个矫正循环。矫正循环的次数愈多，矫正过程愈稳定，矫正质量也愈高。

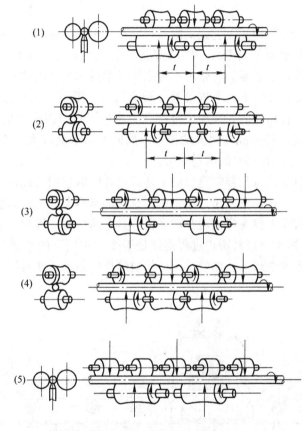

图 10 - 27　斜辊式矫直机示意图

图中画有旋转箭头的辊子为主动辊，其它为空转辊。第 1、5 两种型式矫直机的辊子系水平放置，该矫直机的结构比较简单、易于制造且调整方便，但矫正质量较差，多在小型企业中使用。第 2、3、4 种型式矫直机有四个主动辊且所有辊子都在垂直平面内放置，故不必采用导板来保持钢管的稳定位置。该种型式矫直机应用比较普遍，尤其是七辊矫直机应用较广。

矫直机电力拖动的选择需根据车间的具体情况来定。对交流电动机且配有能调速的减速机，因设备投资较少，目前得到广泛应用。但如轧机的生产能力较大，矫正任务繁重，矫直机可能成为薄弱环节时，则采用直流电动机比较合理。使用该电动机时操作人员可根据被矫产品的品种、规格和弯曲度等情况，而机动灵活地调整矫正速度。例如：对规格小、弯曲度也小的产品可用高速矫正。情况相反时，则用低速矫正。这样，就可以最大限度地发挥矫直机的矫正能力。

关于管（棒）材矫直机辊形曲线的理论和试验研究可参阅参考书目[25]。

第三节 拉伸弯曲矫直机

一、拉伸弯曲矫直机的工作特点

随着科学技术的发展，对高强度极薄带材及不锈钢带材的需要日益增加，同时对其平直度的要求也在逐渐提高，因此，进一步提高对板带材的矫正精度就成为急需解决的重要课题。

辊式矫直机因其结构和矫正工艺的局限性，它难以矫正高强度合金钢带材的三元形状缺陷（如：边缘浪形和中间瓢曲等），因为要消除三元形状缺陷必须使带材在矫正中得到足够大的塑性延伸变形，也就是说将带材中原来短纤维的部分加以拉长。为此目的，曾经出现了拉伸矫直机（如图 10-3j）和连续拉伸矫直机（如图 10-3l），然而，这些矫直机存在着如下缺点：（1）在矫正时，需要使带材产生超过材料屈服限的拉应力，这对较厚、较宽的合金钢带材来说，必须施加很大的拉力，故此能量消耗较大。（2）矫正脆性材料（即屈服限和强度限接近的材料）时容易断带。

为克服辊式矫直机及连续拉伸矫直机的上述缺点并吸取它们的优点，近年来研制出一种新型的带材矫直机——拉伸弯曲矫直机。该矫直机的基本形式是在两组张力辊之间设置有拉伸弯曲机座，在机座中设有弯曲辊和矫平辊。具有两组弯曲辊和一组矫平辊的拉伸弯曲矫直机如图 10-28 所示[3]。其矫正过程是使处于张力作用下的带材，经过弯曲辊剧烈弯曲时，产生弹塑性延伸变形，从而使三元形状缺陷得以消除，随后再经矫平辊将残余曲率矫平。

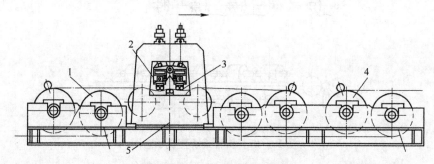

图 10-28 拉伸弯曲矫直机组图
1—前张力辊组；2—弯曲辊组；3—矫平辊组；4—后张力辊组；5—拉伸弯曲机座

拉伸弯曲矫直机的主要特点：

（1）能够消除带材的瓢曲、边缘浪形和镰刀弯等三元形状缺陷，从而提高了矫正质量。

（2）退火后的带钢经拉伸弯曲矫正后，其机械性能有所改善。

（3）弯曲辊和矫平辊均为从动辊（没有驱动装置），故此，它可与带材同步运动，不会因为打滑而擦伤带材表面。

（4）适用于带材加工作业线和矫正各种金属材料，目前，它可矫正的带材厚度达到10mm，宽度达 3000mm，矫正速度 700m/min，最高可达 1000m/min。它矫正带材的厚度范围较大，例如：从 0.3～3mm 或从 1～6mm 的带材可在同一台矫直机上矫正。

（5）可在酸洗机组中作机械破鳞装置。当带材通过矫直机时产生拉弯变形，于是附在金属表面上的氧化铁皮因经受弯曲和拉伸而爆落。通常采用 0.5%～1.5% 的延伸率，可获得良好的除鳞效果，从而降低了酸液消耗和显著提高了酸洗速度。

二、拉伸弯曲矫直机的矫正原理

带材矫正时，承受一定的张力经过弯曲辊的反复弯曲，在叠加的拉伸和弯曲应力作用下产生弹塑性延伸变形，使原来的短纤维部分得到伸长，而消除三元形状缺陷。

带材在弯曲辊上剧烈弯曲时，其上表层应力和断面上的应力分布如图 10 - 29 所示[3]。其中图 10 - 29a 是带材纯弯曲时的应力分布图；图 10 - 29b 是有拉伸应力时，弯曲与拉伸

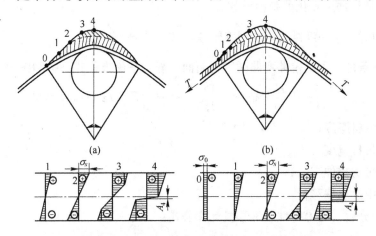

图 10 - 29　带材在弯曲辊上剧烈弯曲时的应力分布图
（a）纯弯曲时的应力分布；（b）拉伸与弯曲应力叠加时的应力分布

应力叠加的应力分布图。从图看出：带材经过弯曲辊时，它的弯曲曲率是逐渐增大的，故此，带材表层的应力与应变也在逐渐增大。在 0 - 2 段，带材处于弹性变形状态，此后表层应力超过屈服限，而进入弹塑性变形状态。在断面 4 处，带材几乎处于全塑性变形状态（断面的应力分布考虑了加工硬化）。应该指出：在拉伸弯曲变形时，由于拉伸应力与弯曲应力的叠加作用，带材弯曲变形后的中性层将不通过金属断面的质心，而是朝着带材弯曲曲率中心方向偏移。这是由带材断面的静力平衡条件决定的。若以图 10 - 29b 断面 4 的应力分布为例（该断面的应力分布情况重画于图 10 - 30 所示），则可看出：两个彼此相等的

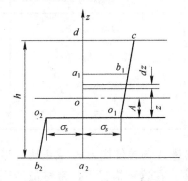

图 10 - 30　拉弯应力叠加时，带材全塑性弯曲的断面应力分布图

梯形 $oa_1b_1o_1$ 及 $oa_2b_2o_2$ 对中性层 o 产生的静力矩应与外负荷弯曲力矩相平衡，而梯形 a_1b_1cd 则与拉伸力 T 在断面上的作用相平衡。

关于中性层偏移量的计算公式推导如下：

如考虑带材的加工硬化并将塑性变形时的应力与应变看成直线关系，则材料塑性变形时的应力 σ 可用下式表示：

$$\sigma = \sigma_s + E_1 \varepsilon$$

式中　σ_s——带材屈服极限；

　　　ε——相对变形量；

　　　E_1——带材加工硬化的弹性模数。

带材弯曲时，某一纤维层的相对变形量，按公式 $\varepsilon = \dfrac{Z}{\rho}$ 求出。

根据上述条件，列出拉伸弯曲时带材断面的静力平衡方程式（参阅图 10-30）：

$$\int_0^{\frac{h}{2}+A}\left(\sigma_s + \frac{E_1}{\rho}Z\right)bdz - \int_0^{\frac{h}{2}-A}\left(\sigma_s + \frac{E_1}{\rho}Z\right)bdz - \sigma_0 bh = 0$$

式中　h——带材厚度；

　　　b——带材宽度；

　　　σ_0——带材拉伸应力；

　　　A——中性层偏移量。

上式经积分后，可得中性层偏移量计算公式：

$$A = \frac{\sigma_0 h}{2\sigma_s + \dfrac{E_1}{\rho}h}$$

或

$$A = \frac{\sigma_0 h}{2\sigma_s\left(1 + \dfrac{Kh}{\rho}\right)}$$

式中　K——系数，$K = \dfrac{E_1}{2\sigma_s}$，对不同牌号的碳钢，$K$ 的数值列于表 10-9[3]。

表 10-9　碳钢的系数 K

钢的类别	钢的牌号	系数 K
Ⅰ	10，15，A_1，A_2	5.0
Ⅱ	20，25，A_3，A_4	5.8
Ⅲ	30，35，A_5	7.0
Ⅳ	40，45，A_6	8.8

从上式看出：中性层偏移量 A 与拉伸应力 σ_0 成正比。当 σ_0 为零时，带材处于纯弯曲状态时，中性层偏移量 A 为零。在这种情况下，带材虽经反复弯曲，其外层纤维的拉伸变形与压缩变形总是相互抵消，故此，纯弯曲不会使带材产生塑性延伸，所以一般辊式矫

直机难以矫正三元形状缺陷。

　　在拉伸弯曲矫直机上，带材中性层偏移量 A 与带材厚度 h 相比其数值很小，但它对矫正带材的作用却很大。正是因为中性层的偏移，使带材在反复弯曲时，拉伸应变与压缩应变不能相互抵消，从而能够在不大的拉应力作用下（一般拉应力是材料屈服限的 1/10～1/3），带材产生塑性延伸变形而变为平直。图 10 - 31 表示出带材的一个断面在拉力作用下，通过两个弯曲辊和一个矫平辊时的应变变化过程。在通过各个辊时，带材断面产生的应变互相叠加，最终使该断面得到均匀的塑性延伸。

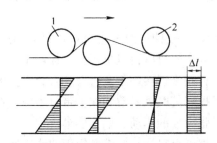

图 10 - 31　带材通过两个弯曲辊、一个矫平辊时断面的应变变化过程
1—弯曲辊；2—矫平辊

三、拉伸弯曲矫直机的结构及驱动方式

　　拉伸弯曲矫直机是由张力辊组和拉伸弯曲机座所组成的，根据不同的工艺要求和现场条件，这两个机组的布置可以有多种形式。

　　1. 拉伸弯曲机座　拉伸弯曲机座是使带材产生拉伸弯曲变形的机组。它由两个基本单元（弯曲辊单元和矫平辊单元）所组成。该机组没有驱动装置。弯曲辊单元有两个或多个小直径的弯曲辊，它是使带材在张力作用下，经过剧烈的反复弯曲变形，导致带材产生塑性延伸，以达到工艺要求的延伸率。矫平辊单元有一个或几个矫平辊，它的作用是将剧烈弯曲后的带材矫平。因弯曲辊和矫平辊的直径较小，故此，它们通常由一组支承辊加以支承，以增强其刚性。弯曲辊组的型式较多，几种弯曲辊组的型式如图 10 - 32 所示。其中 Y 形浮动辊的放大图如图 10 - 33 所示。图中 A 是工作辊，它没有轴承，是由包着它的带材支承在转向辊 C 上，它可沿带钢的运动方向做少量移动，故称浮动辊。B 是支承辊。

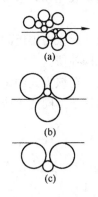

图 10 - 32　弯曲辊型式
（a）多支承辊辊系；（b）Y 形浮动辊；（c）V 形浮动辊

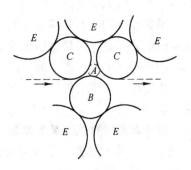

图 10 - 33　Y 形浮动辊系布置示意图

当带材较宽时，为防止 B、C 辊弯曲，而增加支承辊 E。这样，浮动辊系的工作辊直径可以做得很小（直径达 6～20mm），有可能使带材产生剧烈弯曲。故此，利用浮动辊可显著提高拉伸弯曲矫直机矫正极薄带材的能力。当矫正较厚带材时，弯曲辊常采用如图 10 - 32a 的型式。当矫正较薄带材时，则常采用如图 10 - 32b、c 的浮动辊型式。

2. 张力辊组　张力辊组的作用是使带材产生一定的张力。它是由前、后两组张力辊组成的（见图 10 - 28）。这两个张力辊组都是被驱动的。后张力辊组的线速度高于前张力辊组，带钢的张力是由线速度差产生的。张力辊的数目及布置形式决定于带材所需的最大拉伸力和现场条件。

3. 驱动方式　上面谈到，在拉伸弯曲矫直机中，只有前后张力辊组被驱动，带材在张力辊组的带动下，通过拉伸弯曲机座得以矫正。这样，不仅简化了矫直机的结构，而且可保证弯曲辊和矫平辊与带材同步运转，不致打滑。张力辊上的扭矩通过辊面与带材间的摩擦转化为带材张力。为了提高其摩擦系数和保护带材表面，在张力辊表面常敷有橡胶等涂层材料。根据工艺特点对张力辊的驱动有如下要求：

（1）为保证带材不致在辊子上打滑，要求各辊面的线速度与带材的线速度一致。当辊与辊之间带材弹性延伸或因辊径磨损造成各辊线速度不同步时，各辊的转速应能差动补偿。

（2）带材通过拉伸弯曲机座时，将产生塑性延伸，带材的延伸率也就是前、后张力辊组的相对速度差，即：

$$\lambda = \frac{v_2 - v_1}{v_1} \times 100\%$$

式中　λ——带材延伸率；

v_1——前张力辊线速度；

v_2——后张力辊线速度。

在拉伸弯曲矫直机上带材的延伸率一般为 0.5%～3%，故此，要求前、后张力辊组之间的相对速度差能在 0.5%～3% 的范围内调节。并且，当工艺上确定某一相对速度差（即带材延伸率）时，驱动机构应在整个作业时间内保持其恒定。

张力辊组的驱动方式主要有如下几种[3]：

（1）直流电机单独驱动。即每个辊子由一个直流电动机单独驱动，该种方式的机械设备较简单，但电气系统复杂。

（2）带差动机构的电动机集体驱动。该驱动方式是在前、后张力辊组间用差动机构连接，辊组间的转速差（即带材的延伸率）由电动机经差动机构补偿。

（3）液压马达单独驱动、液压回路闭环连接的驱动方式。在该方式中每个张力辊由一个液压马达驱动。在矫正带材时，前、后张力辊组液压马达处于不同的工作状态，而使带钢产生一定的张力。

四、拉伸弯曲矫直机的基本参数

1. 延伸率　带材延伸率是拉伸弯曲矫直机的主要工艺参数。根据工艺要求，带材延伸率的变化范围一般在 0.5%～3%。具体选择可参阅表 10 - 10。

在拉伸弯曲矫正时，影响带材延伸率的主要因素有：带材张力、弯曲辊直径与带材厚度的比值以及带材对弯曲辊的包角等。

表 10‑10　不同用途时的带材延伸率

拉伸弯曲矫直机的用途	带材延伸率（%）
单纯为了矫正带材	0.5～1
用于机械破鳞（去除氧化铁皮）	0.5～1.5
矫正有严重缺陷的带材	≤1.5
控制和改善带材机械性能	≥2

　　图 10‑34a 是带厚、辊径 ϕ 和包角 α 一定时，延伸率与张力的关系。从图看出，在常用的延伸率范围（3% 以下）内，张力与延伸率基本上成直线关系。故此，可以通过控制张力来调节延伸率的大小。

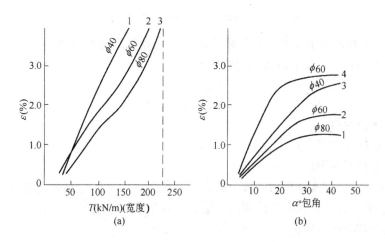

图 10‑34　带厚为 1.5mm 时，张力、包角、辊径与延伸率的关系
（a）延伸率与张力（以单位宽度上受力表示）的关系；（b）延伸率与包角的关系，其
中曲线 1、2、3 的张力为 7740kg/m，曲线 4 的张力为 14260kg/m

　　图 10‑34b 是带厚、辊径 ϕ 和张力一定时，延伸率与包角的关系。可看出，随着带材在辊上的包角增加，延伸率也增加，在该条件下，当包角超过 30° 后，包角增量对延伸率的影响变小。一般拉伸弯曲矫直机的包角调整范围在 10°～30° 之间。但对于有浮动辊的弯曲辊，其带钢包角可达 90° 以上。

　　从上述分析可知，为达到一定数值的延伸率，可采用不同的方法。例如：用大张力小包角或用小张力大包角均可得到相同的带材延伸率。这样，在一台矫直机中，可通过各种条件的组合，对较多品种、规格的带材进行矫正。

　　2. 弯曲辊直径　弯曲辊直径与带材厚度及带材的屈服限有关，采用小直径弯曲辊时，不仅矫正效果好，而且还能相应的减小带材单位张力。但辊子直径过小，将使辊子转速增加，辊子磨损加大，从而降低其使用寿命。有资料提出：如采用图 10‑32a 型式的弯曲辊时，推荐弯曲辊的最小直径为 30mm。当带材厚度增加时，辊子直径可相应的增加。辊子直径与带材厚度的关系如图 10‑35 所示[3]。图中斜线区为推荐辊径。

　　采用浮动辊型式的拉伸弯曲矫直机，多用于矫正极薄的高强度带材。因带材弯曲曲率半径与辊子半径相近，故此，减小辊子直径对矫正质量的影响较大。浮动辊式矫直机的弯曲辊直径最小可达 6～20mm。带材愈薄，材料屈服限愈高，则辊径应该愈小。

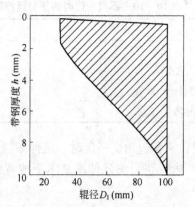

图 10 - 35　弯曲辊直径与带材厚度的关系

3. 张力辊直径及辊子数量　确定张力辊直径的原则是带材在张力辊上应保持弹性变形，参阅（10 - 3）式可知此时张力辊直径为：

$$D=\frac{hE}{\sigma_s}$$

式中　h——带材厚度；

　　　　E——带材弹性模数；

　　　　σ_s——带材屈服限。

按照上述原则及公式计算出的张力辊直径往往过大，实际上通常选定张力辊直径时，允许带材在辊子上有少量的弹塑性弯曲变形。常用的张力辊直径，按照带材厚度的不同，一般在 500～1500mm 范围内。

张力辊数量主要取决于矫正带材时所需的张力值。张力辊依靠辊面与带材的摩擦力传递张力。对于有四个张力辊的辊组，其张力分布如图 10 - 36 所示。所传递的张力值与辊面摩擦系数及带材对张力辊的包角有关。张力辊组入口端张力 T_1 与出口端张力 T_2 的关系可用欧拉公式表示[3]：

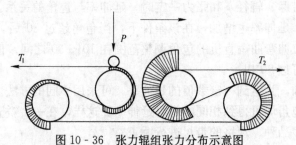

图 10 - 36　张力辊组张力分布示意图

$$T_2=T_1 e^{f\alpha}$$

式中　f——带材与辊面间的摩擦系数；

　　　　α——带材在辊子上包角的总和（弧度）；

　　　　e——自然对数的底（$e=2.718$）。

从式中看出：$e^{f\alpha}$ 是张力放大系数。

对于钢辊子，辊子与带钢的摩擦系数 f 取 0.15～0.18；对于表面包有橡胶的辊子，f 取 0.18～0.28；当表面橡胶磨光后，摩擦系数 f 应比原有数值降低 50％左右。

几种张力辊的布置形式及其理论包角数值范围如图 10 - 37 所示。在实际使用时，由于金属的弹性变形，实际包角小于理论包角，故此，理论包角应乘以 0.8～0.9 换算成实际包角。

为了简化计算，$e^{f\alpha}$ 值可根据包角 α 和摩擦系数 f 从图 10 - 38 中直接查出。

排列方式	$\alpha°$	$\widehat{\alpha}$	排列方式	$\alpha°$	$\widehat{\alpha}$
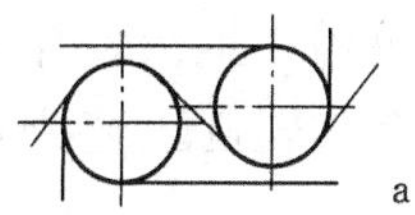 a	180～450	3.142～7.854	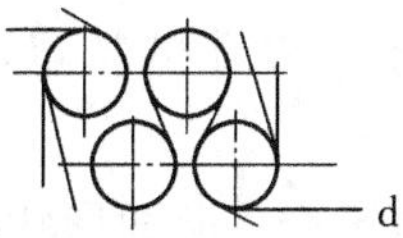 d	600～900	10.472～15.708
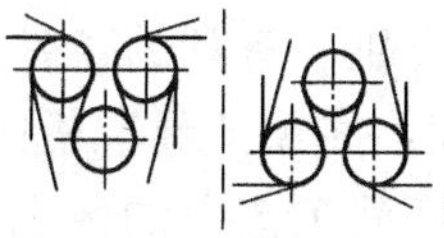 b	360～660	6.283～11.519	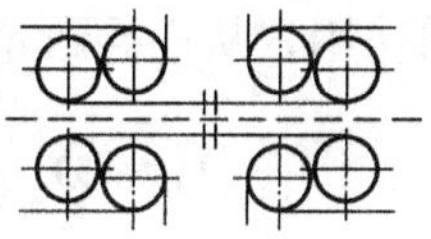 e	720～900	12.566～15.708
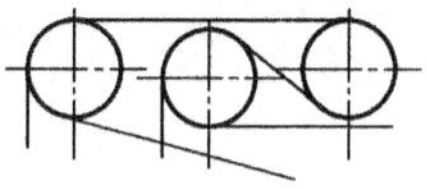 c	450～600	7.854～10.742			

图 10 - 37　张力辊的布置形式和理论包角的数值

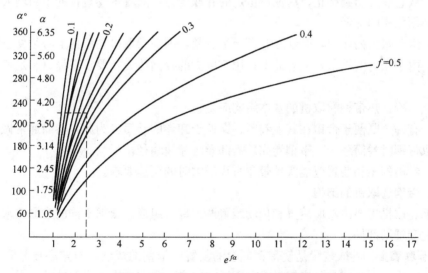

图 10 - 38　张力扩大系数 $e^{f\alpha}$ 的诺模图

第十一章 卷 取 机

卷取机是轧钢车间的主要辅助设备之一。它安置在单机座不可逆冷带轧机后；在单机座可逆冷带轧机上，则安装在轧机的前后；在热带钢连轧机、冷带钢连轧机和线材轧机上，布置在成品机座之后；此外，它也安设在连续酸洗机组、纵剪、退火、涂层等各种精整机组中，鉴于本专业的特点，这里仅介绍安装在轧制线上与轧制工艺密切相关的卷取机。

冷、热带钢、线材由于产品断面形状的特点，有可能在轧制后立即用卷取机将钢材弯曲成卷，从而为增大原料重量、提高轧制速度、减小轧件头、尾温差提供了有利的条件，由此导致了产品产量与质量的提高；此外，成卷的轧材便于运送，这是各种型式卷取机的共同特点和作用。然而由于带钢生产与线材生产、冷带生产与热带生产间工艺上的区别，卷取机尚有各自的特点和功用，从而导致了它们结构上的差异。

第一节 带钢卷取机

一、带钢生产工艺对卷取的要求

（1）为保证板型，降低轧制力矩和确保卷取质量，冷、热带钢卷取机均在一定的张力下进行卷取。

（2）从卷取开始到终止，为保持恒定的卷取张力，随着带卷直径的不断增大，卷取机的转速必须相应的降低。

（3）由于张力的作用，带钢在卷筒上被卷紧，因而卷取机在结构上必须便于卸卷。

（4）由于张力的结果，在卷筒上作用有巨大的径向压力，要求卷筒具有足够的强度与刚度。

为此，冷、热带钢卷取机的基本结构应是：

（1）有一个既便于带钢在其上卷紧、又便于卸卷的卷筒。为此，卷筒通常做成可胀缩的，卷取带钢时卷筒胀开，带钢卷完后需卸卷时卷筒缩径。

（2）卷筒的驱动装置应能实现带卷直径增大时的调速要求。

二、带钢卷取机的结构

带钢卷取机主要由卷取装置和传动装置两大部分组成，根据不同的卷取要求，尚附有必要的配套辅助部件。

1. 卷取装置　卷取装置是使带钢成卷的装置。带钢的成卷，有空心成卷和实心成卷两种方式。由于空心成卷具有钢卷卷取不紧、不齐，卷取速度不高等缺陷，因此冷、热带钢卷取机基本都采用实心成卷的卷取方式。

实心成卷的卷取装置的主要部件是卷筒。由于冷、热带钢的生产特点的不同，卷筒在结构上有所不同。

（1）热带卷取机的卷取装置　热带卷取机的卷筒的主要型式为四棱锥式。图 11 - 1 是 1700mm 热连轧带钢轧机上使用的四棱锥式卷筒。卷筒的中心是一根四棱锥心轴 9，在心轴外有空心套轴 10，它通过双电枢直流电机、双挡变速齿轮及减速器驱动，并由两个链与扇形块 12 连接以传递扭矩。卷取时，带钢即缠卷在扇形板上。

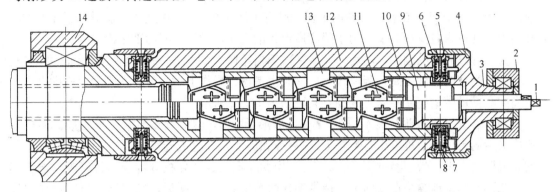

图 11 - 1 1700mm 热连轧机地下卷取机四棱锥卷筒装配图

1—润滑管；2—套筒；3—扇形块护门；4—环；5—弹簧护圈；6—弹簧盒；7—弹簧；
8—螺杆；9—轴；10—轴套；11—衬板；12—扇形块；13—柱塞；14—减速器箱体

卷筒的胀缩动作是通过给油器给油，推动旋转液压缸的活塞杆，使心轴 9 作轴向移动。此时由于心轴上的上、下、左、右十六个斜面的作用，推动十六个柱塞 13 作径向运动，从而使四块扇形板 12 沿径向胀开。卷筒的缩径是由安装在卷筒两端的弹簧缩回机构完成的。在弹簧盒 6 内装有弹簧 7，在螺杆 8、弹簧护圈 5 的作用下，弹簧处于受压缩状态，当心轴右移时，在弹簧的作用下，将扇形块收缩，弹簧护圈顶在环 4 上，环 4 固定在扇形块护门 3 上。

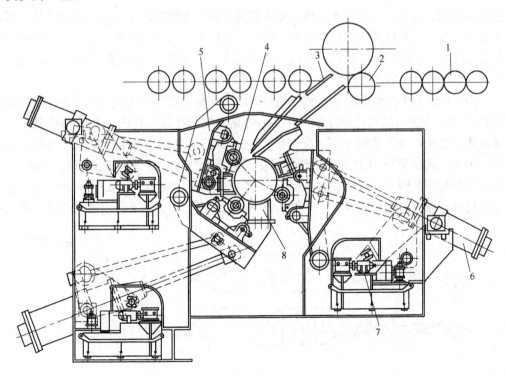

图 11 - 2 助卷装置

1—辊道；2—夹送辊；3—斜溜板；4—助卷辊；5—摆动臂；6—气缸；
7—辊缝调整装置；8—成形导板

为了提高心轴在热状态下的寿命，在柱塞滑动的心轴棱锥面上安装有用合金钢材料制成的衬板11。此外，在卷筒心轴的工作侧端有干油润滑管1，由此注入润滑油脂，通过心轴的中心孔进入各滑动面上。为了提高扇形板的寿命，卷筒尚有内部水冷措施。

为了提高卷筒的刚度，卷筒一端装在减速器箱体14中，另一端由轴承套筒2所支撑。

由于卷取时速度较高，板厚较大，同时也考虑到操作上的方便，热带卷取机的卷取装置尚配有帮助带钢缠在卷筒上的助卷装置如图11-2所示。

助卷装置主要由助卷辊4，摆动臂5，成形导板8，辊缝调整装置7等组成。通过层流冷却后的带钢经由辊道1、夹送辊2、夹板和斜溜板3进入卷筒卷取时，驱动气缸6使助卷辊压向带钢，带钢经过1号、2号、3号助卷辊及成形导板8与卷筒的缝隙，迫使其弯曲变形并紧紧地缠绕在卷筒上。待带钢在卷筒上卷3～5圈后，则带钢被卷紧而建立稳定的张力，然后夹送辊和助卷辊打开，成品机座与卷取机直接建立张力，轧机与卷取机同时升速。当带钢尾部即将离开成品机座时，夹送辊重新压下，夹送辊与卷取机建立张力。带钢即将离开夹送辊时，助卷辊重新合拢压紧带卷直至卷完为止。

四棱锥卷筒结构简单，强度、刚度大，控制方便，卷筒筒体有对称的结构，起动、制动时的动平衡效果好，为获得高的轧制速度提供了有利的条件。

热轧带钢要求在一定的温度范围内进行卷取。这是因为精轧机组成品机座轧出的带钢，其终轧温度一般在800℃左右，此时若立即卷取，则带卷形成高温缓冷，使金属晶粒粗大，机械性能下降。特别是合金元素较多的钢种，若不使温度降至相变完成温度以下时，则卷取后钢带的冷却速度随带钢在钢卷内的位置而异，导致一根带钢各段在机械性能上的不均匀。反之，卷取温度过低，则带钢的抗拉强度增加很小而加工性能变坏，将造成冷轧时轧制能耗的增加和卷取的困难。因此，卷取温度和终轧温度一样，也是决定带钢成品加工性能、机械性能、物理性能的主要因素之一。通常，卷取温度限制在临界温度 A_3 以下，约在500～700℃之间。

为了控制带钢的卷取温度，宽带钢热连轧机在精轧机组的成品机座与卷取机之间布置有长约100～200m的层流冷却区，轧出的带钢经层流冷却后再进入卷取机卷取。对于窄带钢热连轧机，由于带钢很窄，冷却区的辊道很长，因而带钢易跑偏，致使钢卷不易卷齐。为此，国外于50年代初期广泛地采用了蛇形套冷却、立式卷取的工艺。即将成品机座出口的带钢翻转90°，并振荡成蛇形套，竖立于平板运输机上，由平板运输机送至立式卷取机进行卷取。这种卷取方式不仅缩短了机组长度，而且由于带钢的一边是贴在底板上

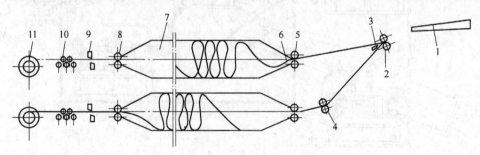

图11-3　热钢带立式卷取机设备布置图

1—扭转导板；2—1号送料辊；3—三叉导板；4—3号送料辊；5—2号送料辊；6—振荡器；
7—链式运输机；8—4号送料辊；9—油压剪；10—张力装置；11—立式卷取机

194

进行卷取的，因而卷边整齐，卷取质量好。

图 11 - 3 是立式卷取机部分设备平面布置简图。带钢由成品机座轧出后，扭转导板将带钢翻转 90°，竖立于跑槽之中，经送料辊、三叉导板送入长期工作制的振荡器，经振荡器振荡的带钢，随着平板运输机的移动，成连续式蛇形套送往卷取机。卷取机的卷筒也是四棱锥式，靠油压缸带动斜楔使扇形板作径向运动实现胀缩。根据具体的情况，卷取机可采用助卷辊助卷或在卷筒上装设钳口装置。

（2）冷带卷取机的卷取装置　冷带卷取机的卷取装置有两种型式：卷筒和助卷装置组成的卷取装置和卷筒上带有咬钢功能的钳口装置的卷取装置。前者多用于高速的冷连轧机上，以提高轧机的生产率；后者多用于单机座冷轧机上。

冷带卷取机的卷筒型式有：

1）径向柱塞缸式卷筒。图 11 - 4 为冷带轧机上的典型卷筒型式之一。卷筒由主轴 3、扇形块 4、9 三个主要零件组成。当压力油进入径向柱塞缸 10 时，压迫胀闸楔 11 使扇形块 4 与 9 打开，构成卷筒的最大直径位置（如图所示的状态），此时即可进行带材的卷取。与此同时，压力油亦进入径向柱塞缸 6 中，油压将径向柱塞缸 6 连同弹簧拉杆 8 和咬紧块 5 一同上升，把纵导向楔块 2 和挡板 1 中进入咬口部分的带钢头部压紧在咬紧块 7 与 5 之间，完成钳口的咬钢作用。为了使带钢表面不出现压印，在扇形块 4 上装有护板 12。当回油时，借弹簧拉杆 8 的弹力使咬紧块 5 松开，带钢头部则得以脱开。同时，装在主轴 3 中的弹簧（图中未画出）将胀闸楔提升，然后借拉在两个弓形块之间的拉簧收缩将弓形块绕各自的轴心旋转收缩，以便卸卷。

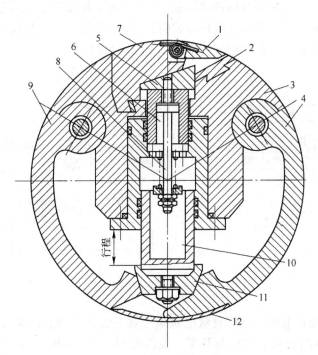

图 11 - 4　径向柱塞缸式卷筒

1—挡板；2—楔块；3—主轴；4、9—扇形块；5、7—咬紧块；6—柱塞缸；8—拉杆；
10—柱塞缸；11—楔；12—护板

195

径向柱塞缸式卷筒的结构紧凑，使用可靠。但对密封元件质量的要求很高，由于使用的是高压油，当密封元件质量不合格时，常使径向柱塞缸漏油，不但影响操作，而且如用于卷取硅钢带时也是不能允许的。这种卷筒的固有缺点是主轴形状复杂，机械加工极为困难。此外，弓形块的强度与刚度不够理想也是这种卷筒未能继续获得广泛推广的原因。目前国内外的一些冷带轧机上尚有这种型式的卷筒在应用。

2）四棱锥式卷筒。四棱锥式卷筒也应用于冷带卷取机上。由于冷带轧机在较大的张力下进行轧制，故需提高卷筒的强度和刚度。四棱锥卷筒在国内外的各种冷带卷取机上均得到了广泛的应用。

3）实心卷筒。在某些施罗曼八辊轧机和森吉米尔二十辊轧机上冷轧薄的或极薄的带材时，轧件所采用的张应力是很大的。例如通常轧制不锈薄带钢时，带材张应力可达 $35.5kg/mm^2$（350兆帕），此时在卷筒上产生非常大的径向压应力。为保证卷筒的强度和刚度，在这些轧机的卷取装置上必须采用实心卷筒。然而由于实心卷筒不易于卸卷，因此在实心卷筒后还必须相应安装重卷机组，即以卷好带钢的实心卷筒作为开卷机，用较小的张力将带卷重新卷在具有缩径机构的另一卷筒上，从而得以卸卷。

2. 传动装置　卷取机传动装置的型式与卷筒所要求的调速有关。卷取过程中带卷的直径不断增大，为保证带钢始终在恒张力下进行轧制，卷取机的卷筒转数应相应减慢。在整个卷取的过程中，卷取机不断地调速。卷取机调速的方法有机械、电动和液压调速三类。

机械方式的调速是利用卷取机传动装置中的摩擦片、摩擦锥、皮带轮等零部件的摩擦传动来实现的，如图 11-5 所示。这种方式的调速，由于张力不能保证完全恒定，因此目前只在国内老式的中小型不可逆四辊冷带轧机上尚可看到。

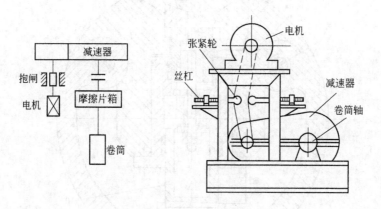

图 11-5　机械方式的调速方法

电动方式的调速是由卷取机的直流电机采用弱磁恒功率调速法实现的。图 11-6 是 1700mm 热连轧带钢轧机的卷取机驱动图。卷筒由 $D_c2×370kW$，340/1020r/min 双电枢直流电机通过 $i=2.46$，$i=1:1$ 的双挡变速齿轮箱和 $i=1.73$ 的齿轮减速器驱动卷筒。为了满足不同带厚的卷取速度变化的需要，通过变换双挡变速齿轮箱的速比与 $i=1.73$ 齿轮减速器的配比，可获得不同的总传速比，如表 11-1 所示。

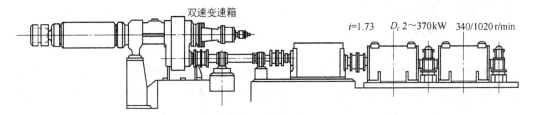

图 11-6　卷取机传动系统布置图

表 11-1　不同的传速比

减速箱速比	双挡变速箱速比	总传速比	所卷板厚规格（mm）
1.73	1.1	1.73	1.2～9
1.73	2.46∶1	4.256	7.5～12.7

电动调速法在国内、外冷、热带钢轧机的卷取机上得到了广泛的应用。这是因为它既能保证张力的恒定，又使传动部分的机械设备变得十分简单。

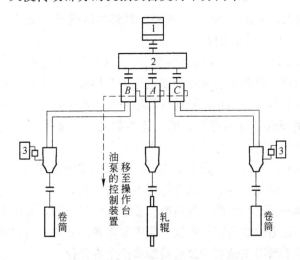

图 11-7　四辊可逆式带钢冷轧机液压传动系统
1—电机；2—减速器；3—张力控制装置

图 11-7 是国外某四辊可逆冷带轧机的卷取机液压调速传动简图。轧机的动力为一恒速交流电机 1，它通过具有三根输出轴的减速器 2 带动三个油泵 A、B、C。油泵分别向拖动轧机和两侧卷取机的三个油马达输入高压油。根据轧辊和卷取机的速度范围来确定三个油泵的调速范围。在轧制过程中，为使带钢保持一定张力，卷取机的传动系统中附有独立的张力控制装置 3，用油马达进行恒功率控制。当主油路系统的压力变化时，就改变油马达的流量，从而使卷取机维持一定的线速度。由于油马达具有快速性，因而缩短了传动元件加速的过渡时间，这对高速轧制具有十分重要的意义。

三、带钢卷取机主要参数的选择

在确定卷取机的主要参数之前，应从轧钢工艺方面取得以下数据和依据：

（1）卷取机所卷各种带钢的尺寸：带钢的厚度、宽度和长度。

（2）所卷带钢的材质。

（3）带钢的张力值。

对带钢卷取机的主要参数讨论如下。

1. **卷筒的径向压力** 由于张力的作用，卷于卷筒上的钢带对卷筒产生巨大的径向压力。它是决定卷筒强度与刚度的依据，也是确定卷筒工艺参数（卷筒直径）的主要依据。

计算卷筒径向压力时，通常都把卷于卷筒上的整个带卷看作受压的厚壁弹性圆筒，从而推导出带卷作用在卷筒表面的径向压力公式。其中引用得较多的是英格利斯（I. E. Inglis）公式：

$$p_0 = \frac{1}{2} \sigma \left(1 - \frac{r_当^2}{r_0^2}\right) ln \frac{R^2 - r_当^2}{r_0^2 - r_当^2}$$

式中　　p_0——卷筒外表面的径向压力（kg/cm²）；

　　　　σ——卷取张应力（kg/cm）；

　　　　R——带卷外半径（cm）；

　　　　r_0——卷筒外半径（cm）；

　　　　$r_当$——卷筒内当量半径（cm），它是将四棱锥卷筒或扇形块的卷筒看作当量弹性厚壁圆筒时的内半径的，$r_当 = 0.42 r_0$。

英格利斯（I. E. Inglis）公式和其它许多公式一样，由于把连续带环多层组合的弹性圆筒看作厚壁弹性圆筒，忽略了卷筒在卷取过程中自动缩径，带材卷层之间产生相对滑动而出现摩擦力的情况等因素的结果，因而计算结果与实测数据尚有一定差距。

2. **卷筒外径** 卷筒外径既是卷取机的工艺参数之一，也是它的主要设备参数。整个卷取机的尺寸和结构都与卷筒的外径密切相关。

在确定卷筒外径时，需综合考虑卷取力矩，卷取机主轴强度与刚度，卷取机的电机调速范围以及带卷卸卷后出现塌卷的可能性等诸方面的因素。

（1）卷取机主轴的强度与刚度 卷筒的主要承载件是主轴，卷筒直径的大小决定了主轴直径的大小。为保证主轴的强度与刚度，当带卷重量、张力、带材规格以及主轴材质选定后，可根据计算结果确定主轴直径及卷筒的最小允许外径。

（2）塌卷的可能性 生产实践表明，厚度很薄、卷重较大的带卷由直径较大的卷筒上卸下时，即有可能出现最内几圈钢带松圈的所谓塌卷现象。产生塌卷的带卷在进入下一工序（开卷、运输）时，会发生困难。

从这一角度出发，卷筒外径不宜过大。产生塌卷的机理及不致产生塌卷的最大允许卷筒外径至今尚无足够令人信服的结论，因而卷筒外径的选择目前仍靠现场实际经验确定。

（3）卷取机电机的调速范围 带材生产的特点之一是要求在给定的张力下轧制。张力在稳态或加速时的波动，特别是卷取机与成品机座间张力的波动，将直接影响成品的厚差和板型，严重时能导致断带或产生活套。张力借保持轧机与卷取机两者一定的速度关系达到，当带钢张力达到给定值后，欲继续维持张力恒定就必须保证成品机座的出口速度与卷取速度不变。此外，随着卷取机带卷直径的不断增加，应使卷取机的转数相应下降，所以张力调节即是卷取机与轧机间的速度配合问题。

为使张力恒定，卷取机电机提供的张力力矩 M_T 应随卷径 D 的变化作相应的变化：

$$M_T i \eta = \frac{D}{2} T$$

式中 i——卷取机电机至卷筒的减速比；

η——卷取机电机至卷筒的传动效率；

D——带卷直径。

将力矩方程式 $M = C\Phi I$ 代入可得：

$$T = 2Ci\eta \frac{\Phi}{D} I$$

式中 C——力矩系数；

Φ——电机激磁磁通；

I——电机电枢电流的张力电流分量。

张力的电气调节系统有两种。

1) 电流、电势复合调节系统 这是目前广泛采用的系统，它由一个独立的电流调节器和一个独立的电势调节器组成。电流调节器的作用是保持张力电流 I 的恒定，电势调节器的作用则是调节电机的激磁磁通随卷径成比例的变化，以维持 Φ/D 的比值恒定。

2) 最大力矩调节系统 这是近年来发展的一种新调节系统。其特点是电机的激磁磁通的控制与带卷直径的变化无关，为保持张力恒定，张力电流 I 为一变量，它根据卷径 D 与磁通 Φ 进行调节，在一定的 D 和 Φ 值下改变 I 值以维持张力 T 不变。

两种调节系统各有利弊，其详细说明可从有关资料及书籍中了解。从选择卷筒直径的角度来看，后一系统优于前者。这是因为按照电流电势复合调节系统，电机的弱磁范围必须按卷径变化的范围进行选择，特别是当最大卷径与最小卷径（卷筒外径）的卷径比超过 3：1 时，选择弱磁范围在 3：1 以上的直流电机往往不一定是经济上合算或技术上可行的。在此情况下，只能减小带长（降低产量）或大幅度增大卷筒直径，但过度的增大卷筒直径不仅造成卷取机结构的笨重和塌卷的可能，也是卷筒强度、刚度所不必要的。

（4）卷取机所消耗的功能 从尽可能减少带材在卷取过程中所消耗的功能以及便于开卷的角度出发，希望带材在卷取过程中不产生塑性变形。由此可根据带材厚度，带材的机械性能求出卷筒的最小直径（带材弯曲半径）。

由材料力学可知，当带材中某处纤维的张力达到屈服极限时，带材该处的曲率半径为：

$$R = Eh/2\sigma_s$$

式中 R——卷筒半径；

E——带材的弹性模数；

h——带材厚度；

σ_s——带材的屈服极限。

按此式可制出图 11 - 8 的带材弯曲半径（卷筒半径）计算图。图中左边纵坐标是带材的材料屈服极限，其值为 $\sigma_s = 0 \sim 110 \text{kg/mm}^2$（$0 \sim 1080$ 兆帕），右边纵坐标为带材厚度，其值为 $h = 0 \sim 5\text{mm}$。由此，图中可包括几乎全部冷轧带钢的尺寸和性能，因而在此图上能十分方便地找出带材弹性变形界限对应的弯曲半径。当已知带材厚度及屈服极限时，在左右纵坐标之间连一直线，与弯曲半径的斜线相交，所得之交点即是考虑卷取机消耗功能条件下的卷筒半径值。

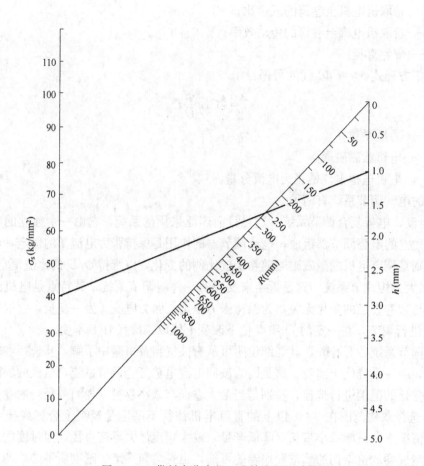

图 11 - 8　带材弯曲半径（卷筒半径）计算图

（5）下步工序对卷径的要求　当轧制后尚有后步工序时，卷取机卷筒直径应与下步工序的开卷机直径相协调。

上述诸因素有的可事先分析、计算，如卷取功能、电机调速性能；有的如塌卷、主轴强度、刚度则需在设备图纸设计完成后才能校核。因此在确定卷筒直径时，应全面、郑重考虑，否则将导致设计的返工。最后确定的卷筒直径应符合一机部所制订的标准系列值。

3. 卷筒的有效宽度　卷筒的有效宽度系指卷筒筒体上胀缩部分的最大长度，即卷筒胀径后直接支承带卷的最大长度；若有推板装置，则从推板以外算起。卷筒的有效宽度取决于被卷带钢的最大宽度。它也应符合标准系列的规定。

4. 卷筒的胀缩量　卷筒的胀缩量是指其直径上的收缩值。胀缩量的大小以便于操作和卸卷为原则，由生产实践所得的经验确定。通常对于宽带钢冷轧机，卷筒直径大于500mm 时约取 15mm 左右；对窄带钢轧机取 8mm 左右为宜。

在热连轧宽带钢轧机上卷取带钢时，由于带材的厚度、宽度和长度均较大，开始几圈不易在卷取机的卷筒上卷紧，在此情况下，随着卷径的不断增大，外层带钢的压力将迫使最内几圈没有卷紧的带钢变形，从而不能得到良好的带卷。为此，新式的热带钢卷取机采用了四级胀缩工作制，即卷筒具有四个直径的变化阶段和状态：最大胀开直径，名义胀开直径，正常收缩直径和非常收缩直径。开始卷取时，卷筒处于名义直径阶段，待卷 2～3 圈后，卷筒胀大至最大直径阶段，以进一步撑紧头几圈带钢，避免内层带钢被压坏。卸卷时，按正常收缩卸卷，万一卸不下时，则可用非常收缩量卸卷。某厂 1700mm 热带轧机的卷取机的四级胀缩量值如下：

最大胀开值　$\phi 30\frac{1}{2}''$（774.7mm）

名义胀开值　$\phi 30$（762.0mm）

正常收缩值　$\phi 28\frac{3}{4}''$（730.3mm）

非常收缩值　$\phi 28\frac{3}{8}''$（720.7mm）

5. **四棱锥卷筒棱锥角的选择**　棱锥角是实现卷筒胀缩所必须的。选择棱锥角时需综合考虑相互矛盾的两个因素：

当棱锥角小于棱锥面的摩擦角时，卷筒的扇形块与棱锥主轴在整个卷取过程中产生机械自锁现象，从而将使卷筒上的径向压力几乎达到了实心卷筒上的数值，影响到卷筒的强度与刚度；另外，如果摩擦面的润滑条件稍差，则会导致缩径的困难，造成卸卷的失败。因此，棱锥角应稍大于摩擦角，使卷筒在卷取过程中得以产生微量的缩径，以降低卷筒上的压力，防止卷筒产生过负荷和便于缩径卸卷。

棱锥角亦不宜过大，以免胀缩液压缸的推力过大和液压缸的直径过大，影响卷取机的结构笨重庞大。

生产实践表明，四棱锥卷筒的棱锥角以 8°左右为宜。

6. **热带卷取机助卷辊的数目及其配置**　热带卷取机助卷辊的数目经历了八辊式、六辊式、四辊式、二辊式及三辊式的变化过程。八辊式和六辊式由于助卷辊及成形导板数量过多而使结构复杂，安装、调整及维修不便；此外，成形导板与助卷辊之间的缝隙过多，卷取时容易卡钢，也是它的缺陷（参看图 11-9），因而它们已属旧式结构。

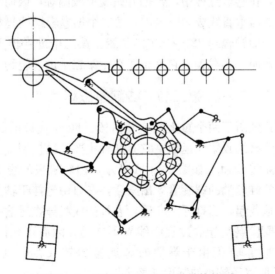

图 11-9　连杆式入辊卷取机结构简图

目前在国内、外普遍使用的是二辊式、三辊式及四辊式三种。这三种类型热带助卷机的主要特点是结构上较为简单，因而给安装、调整、维修及操作诸方面都带来很大好处。选用何种型式为宜，取决于轧机生产品种的厚度范围。当卷取带钢的厚度不超过 10mm 时，可以选用结构最简单的二辊式（图 11 - 10）。使用表明，二辊式助卷机在卷取 1.5～10mm 的带钢时，卷取质量很好。但当卷取较厚的带钢时（如 20mm），由于只有两个助卷辊，助卷辊之间的距离较大，同时也由于助卷辊与卷筒之间的间隙、成形板与卷筒之间的间隙较大，因而在开始卷取带钢时，钢卷不易卷紧。为此，当带厚超过 10mm 时宜选用三辊式。四辊式助卷机的卷取质量经使用证明较好，但由于助卷辊多，结构较复杂，故最新投产的热带卷取机多选用三辊式助卷。

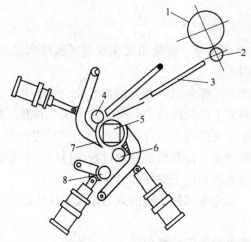

图 11 - 10　二辊式卷取机

1—上张力辊；2—下张力辊；3—导板；4、6—助卷辊；
5—卷筒；7—成形导板；8—尾辊

助卷辊的布置主要考虑带钢在卷筒上的成形。第一个助卷辊是最先接触带钢并首先使带钢弯曲变形的辊子，在卷取过程中，带钢开始变形较困难，因而头一个助卷辊是主要成形辊，通常将它布置成与垂直线成 30°～38°。第二个助卷辊继续起弯曲变形的作用，根据经验宜布置在距头一个助卷辊约 82°～100°的位置。第三个助卷辊主要起克服带钢弹复变形的作用，并对带钢导向，实践表明它宜布置在距第二个助卷辊约 100°之处。

第二节　线材卷取机

线材卷取机的型式经历了两个重大的变化阶段。60 年代以前的线材卷取机，其作用是单纯的打卷以便于线材的收集和运输。它有两种主要的结构型式。

1. **轴向送料的线材卷取机**　如图 11 - 11 所示，由轧机来的线材，经过管 1 和卷取机的空心旋转轴 2 从轴的锥形端的螺旋管 3 出来后，在自由地挂于轴上的卷筒 5 与外壳 4 之间的环形空间中成圈地叠起，当打开门 6 后，卷好的线材掉在运输机上。

这种卷线机的主要优点是卷取过程中线卷不转动，因而可允许采用较高的卷取速度（即允许较高的轧制速度）。但由于卷取时金属被扭转（卷取机每转一转，金属扭转360°），故通常用于卷取直径较小的圆形断面金属。

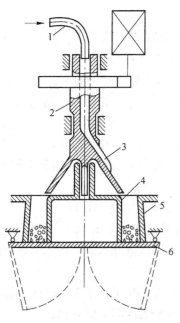
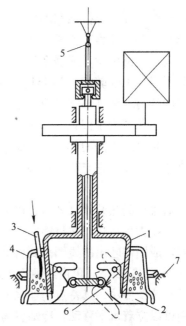

图 11 - 11　卷取机简图

1—管；2—空心轴；3—螺旋管；

4—外壳；5—卷筒；6—门

图 11 - 12　径向送料的线材卷取机

1—卷筒；2—托钩；3—管；4—外壳；

5—曲柄机构；6—辊架；7—锥座

2. 径向送料的线材卷取机　图 11 - 12 为径向送料的线材卷取机，卷筒 1 与托钩 2 一起旋转，金属经管 3 沿切向进入卷筒与外壳 4 之间的环形空间。卷取时，外壳支在托钩上一同回转。卷取终了，卷取机停止，在曲柄机构 5 的作用下使辊子支架 6 升起，托钩被掀向卷筒内侧，外壳 4 落到圆锥座 7 上，从而使成品卷落在运输机上。在下一次卷取开始前，卷取机加速到稳定速度。

由于线卷在卷取过程中作高速旋转运动，线卷旋转的不稳定性及巨大的转动惯量限制了这种卷线机的卷取速度；不过由于被卷金属的扭转现象，故可用来卷取断面尺寸较大的、甚至非圆形断面的钢材。

大多数的热轧线材用于拉丝，60 年代由于拉丝生产对线材的要求而导致线材轧机的卷取机在结构上进行了重大的改进。

拉丝生产对其原料——热轧线材的要求是：

(1) 最少的氧化铁皮，且易于去除，从而缩短拉丝前的酸洗时间和耗酸量。

(2) 高强度。

(3) 线材在全长上具有均匀的机械性能，从而保证线材制品在全长上的机械性能的均匀，拉拔性能良好，不致在拉拔时产生断裂现象。

(4) 高的断面收缩率及延伸率。

随着线材轧机轧速的不断提高，盘重增大，线材的卷取温度高达 1000℃ 左右，此时若依照旧的卷取工艺用老式卷取机卷取，将产生下列严重的不良后果：

(1) 盘重大，成卷的线材因缓冷而产生大量的氧化铁皮，且是难于溶解的 Fe_3O_4，给酸洗带来巨大的困难。

(2) 由于盘条是堆成团的，从高温下冷却后，内、外圈的冷却速率相差很大，沿长度方向的机械性能、显微组织不均，高碳钢特别严重。

（3）冷却后铁素体晶粒粗大，机械性能差。高碳钢线材一般不直接使用，而是经冷拔、冷轧成制绳钢丝、弹簧钢丝、焊条钢丝，故冷加工性能特别差。

为了避免上述弊病，60年代，在线材生产中实现了控制冷却的新工艺。它是将精轧机轧出的线材从终轧温度迅速强制冷却到一定程度而获得全长上性能基本均匀的索氏体线材。这一工艺省去了旧式工艺的中间热处理工序，此外，由于急冷，产生的氧化铁皮很少，并且是易溶于酸的FeO。因此，现代线材卷取机所完成的工序已超出旧式线材卷取机单纯打卷的功能，它与其它一些辅助机械共同完成一整套热轧线材轧后直接索氏体化的工艺。

目前主要的热轧线材轧后直接索氏体化工艺方法有以下几种（图11-13）：

（1）斯太尔摩法。线材终轧后，通过水冷区使线材温度急冷至750～800℃进入吐线成圈器，成圈器吐出的线圈落到移动的链式输送带上，形成散圈状态，在输送带下强行鼓风冷却到400℃以下，再由线圈收集装置收集并打包。

（2）施罗曼法。其特点是加强了水冷区的冷却效果和采用了水平锥管式成圈器，卷成的散圈可以立着水平移动，冷却更为均匀，对高碳钢线材的冷却十分有利。

（3）德玛格——八幡法（DP法）。它属于塔式冷却装置。线材成圈后落入多爪式运输带垂直下降，并由下向上吹入压缩冷风冷却。

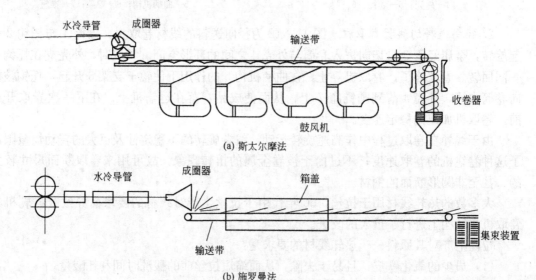

图11-13 线材直接索氏体化工艺方案

除此以外，尚有日本的热水浴处理法和流态层处理法等。

从以上各种冷却工艺可以看出，这里的卷取机——成圈器只起线材成圈的作用，线材冷却处理后还需专门的收集装置将螺旋状线圈收集成堆。虽然成圈器的结构类似旧工艺的卷取机，但其功能有所不同。

顺便指出，在冷带轧机上的开卷机是和卷取机共同配合工作的，卷取机用来卷取带钢，开卷机则用来开卷，并在轧制时形成后张力。在可逆式冷轧机上，开卷机即是卷取机，卷取机也是开卷机，它们交替作为开卷和卷取使用，结构上没有什么区别。

第十二章　冷床、辊道及换辊装置

第一节　冷床的作用及基本结构

大多数热轧机，包括开坯机和各种成材轧机，在轧制后均应经过冷却、精整、清理的工序，以保证轧出半成品或成品的质量。冷床就是用于实现该工序的设备。冷床虽然是轧钢车间后部工序的一个辅助设备，但在许多情况下，它的结构、主要参数却直接影响到轧机的产量和质量。

冷床的基本结构由三部分组成：

(1) 冷床床体。它是轧件在其上进行冷却的台架。

(2) 进料机构。它是将轧件由冷床的输入辊道送入冷床床体的机构。

(3) 送出机构。它是将轧件由冷床床体送至冷床输出辊道的机构。

在某些轧机的冷床上，进料机构和冷床床体中的横移轧件的机构合为一体，送出机构和冷床床体中横移轧件的机构合为一体，也有进料机构、送出机构和冷床床体合为一体的。

鉴于上述情况，冷床的类型即以冷床床体的结构区分的。又因为轧件是在冷床床体上横移而实现冷却和运行的，故冷床的类型实质上是以冷床床体横移轧件的机构分类的。

一、固定式冷床

所谓固定式冷床，系指具有单独的、用以支承轧件的床体台架和横移轧件的机构的冷床。这种冷床的床体，其台架是用钢轨或平板组成的固定结构，另有一套机构将轧件在台架上移动。

固定式冷床的优点是，冷床床体采用了台架与横移轧件机构分离的结构型式，从而减轻了冷床床体中运动部分的重量，也就简化了冷床床体的结构，降低了冷床的制造成本。固定式冷床的缺点则是，轧件在台架上滑动，易于擦伤钢材的表面；另一方面，这种结构的冷床不易保证轧件在台架移动中的平直度。通常中厚板、轨梁、大中型型钢轧机的冷床适于采用固定式。

根据轧件的规格和对质量要求的不同，固定式冷床的横移机构分别有绳式拖运机、链式拖运机、曲柄连杆机构以及齿条——齿轮推钢机等几种。

1. 绳式拖运机　绳式拖运机由卷筒带动钢丝绳移动，钢丝绳上装有一系列拨爪，拨爪随钢丝绳的移动而拖动钢材沿冷床床体台架作横向滑动（图 12-1）。

绳式拖运机广泛用于轨梁、大型型钢和中厚板车间。由于绳式拖运机工作可逆，故有可能在冷床上存放较多的轧件。

绳式拖运机的缺点是，每次移动的轧件数量较少，有时虽能移动一批轧件，但轧件间却不能保证一定的间隙。显然，这种拖运机因钢丝绳的寿命较短也增加了维修上的困难。

2. 链式拖运机　链式拖运机和绳式拖运机类同，也是用拨爪移动冷床台架上的轧件。工作时其耐热性优于绳式拖运机，但由于链条的张紧条件，工作制度是不可逆的。

3. 曲柄连杆——推杆式冷床　这种冷床是借曲柄连杆机构推动刚性的推杆和装在推杆上的拨爪来移动台架上的轧件的。其具体的结构型式有以下几种（图 12-2）：

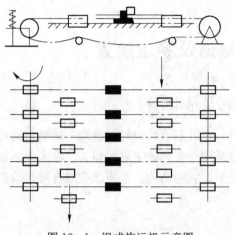

图 12 - 1　绳式拖运机示意图

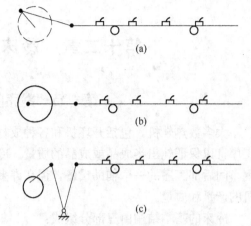

图 12 - 2　曲柄连杆机构传动型式

(1) 曲柄——推杆式（图 12 - 2a）；

(2) 偏心轮——推杆式（图 12 - 2b）；

(3) 偏心摇杆——推杆式（图 12 - 2c）。

当电机驱动时，通过连杆机构带动推杆作往复移动，推杆上的拨爪则将轧件沿冷床台架往前移动一个进程，然后拨爪从轧件下面退回原处准备进行下一次的移动。

三种驱动方式没有本质上的区别。虽然制造的难易和驱动功率有所不同，但从工艺的角度出发，主要应以考虑推杆的行程为主。

曲柄连杆——推杆式冷床通常没有单独的进料机构和送出机构，它们与冷床床体移动轧件的机构合并成为一个机构，因此，这种冷床的结构更为简单。它能移动定间距的轧件，轧件的冷却较为均匀，故广泛地应用于中小型开坯轧机和小型型钢轧机上。

二、床体运动的冷床

为保证断面较小，长度较大的细长轧件不致因冷却过程而造成附加的弯曲和扭转，并防止轧件表面擦伤，小型型钢、线材车间的冷床床体多做成往复运动或旋转运动式。属于这一类型的有步进齿条式冷床、摆式冷床和斜辊式冷床，且以步进齿条式冷床应用为最普遍。

图 12 - 3 为用于小型型钢轧机上的典型步进式齿条冷床结构简图。冷床由进料机构、冷床床体及送出机构三部分构成。进料机构由固定在托臂 3 上的拨钢板 2、杠杆 4、拉杆 5 和电机 6 以及减速装置组成。其作用是把沿冷床输入辊道 1 送来的轧件通过托板 2 的旋转拨入矫正槽 16 中。

冷床床体由两组交替排列的齿条组成，一组齿条 13 是固定的，另一组齿条 7 是可动的——作平面平移运动。两组齿条的齿形交叉排列。当冷床本体不工作时，固定齿条 13 的齿面高于动齿条 7 的齿面；冷床工作时，启动电动机 11，经减速装置带动偏心轮 9，就能使固定在钢梁 8 上并通过滚子压在偏心轮上的动齿条 7 沿圆周作平面移动，把轧件从矫正槽移至固定齿条 13 上，并进而使固定齿条上的轧件依次横移一个距离。

轧件的送出是成束的。即先将冷却好的轧件收集成排，然后再送到冷床的输出辊道上去。送出机构由短板条 17 及其传动系统组成。短板条成对配置，其一端分别支承在两个偏心呈相反方向配置的偏心轮 19 上，另一端则共同支承在辊子 20 上。启动电动机 18 使偏心轮 19 转动，可使来自冷床床体的轧件在挡板 21 前收集成束，然后通过电动机 22 及其传动系统使辊子20升降，即可将轧件送至输出辊道上。

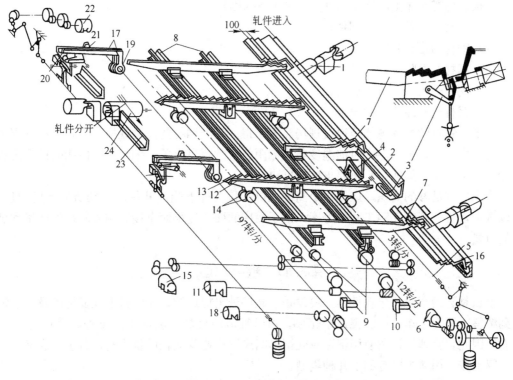

图 12-3 齿条式冷床结构简图

1—输入辊道；2—拨钢板；3—托臂；4—杠杆；5—拉杆；6—电动机；7—动齿条；8—钢梁；9—偏心轮；
10—重锤；11—电动机；12—平板条；13—固定齿条；14—偏心轮；15—电动机；16—矫正槽；17—短板条；
18—电动机；19—偏心轮；20—辊子；21—挡板；22—电动机；23—挡板；24—输出辊道

冷床的主要参数是冷床的面积，确切地说，是冷床床体台架的面积。它决定了轧件在冷床上的冷却能力。

冷床的床体面积由冷床床体宽度和冷床床体的长度确定。

1. 冷床床体宽度　冷床床体宽度是指冷床在轧件长度方向上的尺寸。它与需要冷却的各种轧件的长度有关。在某些情况下，进入冷床冷却的轧件长度是轧机轧出的原始长度，在另一些情况下，它则是剪切设备剪切后的定尺长度。冷床床体的宽度以其中最长的轧件为依据而确定。

2. 冷床床体的长度　冷床床体的长度是指冷床在轧件移动方向上的尺寸。它由下式确定：

$$L = \frac{\theta}{G} at \quad (\text{m})$$

式中　θ——轧机的最高小时产量（t/h）；

　　　G——轧件重量（t）；

　　　a——冷床上轧件的间距（m）；

　　　t——一根轧件在冷床上的冷却时间（h）。

这里，轧机的最高小时产量 θ，轧件的单重 G 是计算冷床面积时已知的工艺参数，冷

床上轧件的间距 a 是冷床的设备参数，它可由轧件的宽度尺寸确定。

一根轧件在冷床上的冷却时间 t 取决于下列因素：

（1）钢材的品种规格、钢种；

（2）钢材的终轧温度；

（3）钢材的温降规律；

（4）钢材进入冷床时的温度；

（5）钢材离开冷床时的温度。

其中，钢材的温降规律应通过现场实测求得。它随钢材的品种规格、钢种、终轧温度等因素而变。钢材进入冷床时的温度与冷床距轧机的距离有关。钢材离开冷床时的温度由冷床下一步工序（如剪切）所要求的温度决定。

冷床应有足够的面积，以便在最高的轧机产量条件下能使轧件冷却到所需要的温度。可以看到，目前某些轧钢车间的冷床，由于冷床的面积过小而直接影响到轧机的产量和轧件的质量。

第二节 辊 道

辊道是轧钢车间运送轧件的主要设备。轧件进出加热炉、在轧机上往复轧制及轧后输送到精整工序等工作，均由辊道来完成。由于辊道的重量占轧钢车间设备总重量的 40% 左右，因此，合理设计和使用辊道对轧钢车间连续作业及减轻设备重量都有重要意义。

辊道按其用途主要有如下几种类型：

（1）工作辊道：根据辊道所在位置的不同，分为主要工作辊道和辅助工作辊道。主要工作辊道位于轧机前后，它在整个轧制周期里处于工作状态。其工作特点是启动频繁、温度较高及承受各种冲击负荷，工作条件极为恶劣。故此，对于辊道的结构、传动及润滑方式等方面应特别重视。

考虑到轧件轧制时延伸变长，故在主要工作辊道后面增加一段辊道，该段辊道称为辅助工作辊道或称延伸辊道，如图 12-4 所示。

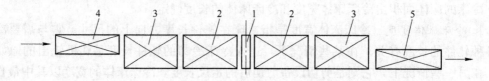

图 12-4　辊道布置示意图

1—轧机；2—主要工作辊道；3—辅助工作辊道；4—输入辊道；5—输出工作辊道

（2）输入及输出辊道：用于将金属运往轧机的辊道称为输入辊道。将轧后的金属送往辅助设备（如：剪切机、热锯机等）的辊道，称为输出辊道见图 12-4 所示。

（3）其它类型辊道：在其它类型辊道中有加热炉的炉内辊道、升降辊道和收集辊道等。因它们都具有特定用途，故在设计上各有其特点，如炉内辊道要考虑在热环境中工作，收集辊道要倾斜放置等。

一、辊道的传动方式

辊道按照不同的传动方式分为集体传动辊道和单独传动辊道。

1. **集体传动辊道** 集体传动辊道就是由一个电动机传动若干个辊子，如图 12-5 所示。它是由电动机 1 经过齿轮减速机 3 和伞齿轮 5 传动各个辊子。这种传动方式多用于工作条件比较沉重的辊道如：初轧机、厚板轧机或开坯机等大型轧机的输入辊道和工作辊道。它的特点是用一个电动机带动几个辊子，故电力传动投资较少，尤其在轧件长度较短，负荷集中在少数辊子上时，采用这种传动方式较好。再者，这类辊道一般辊距较小，如果采用单独传动在设备布置上也有困难。

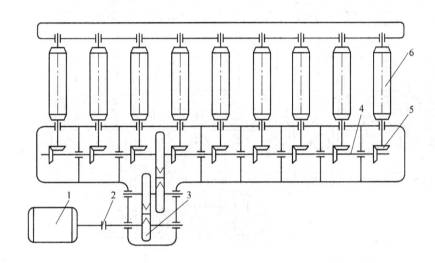

图 12-5 集体传动辊道示意图
1—电动机；2—联轴器；3—减速机；4—传动轴；5—伞齿轮；6—辊子

在集体传动辊道中，根据辊道传动箱的不同，分为大箱体结构和小箱体结构。所谓大箱体传动箱就是将数个辊子的传动装置装在一个大的铸造箱内。它一般适用于辊距较小的集体传动辊道。所谓小箱体传动箱就是将 1～2 个辊子的传动装置单独地装在一个小的铸造箱内。然后将各箱体安放在铸造或钢板焊接的长底座上。这种小箱体传动箱多适用于辊距较大的集体传动辊道。这样，可节省金属，减轻设备重量。

在集体传动辊道中采用箱体结构的作用，除实现一般机械的闭式传动外，尚考虑到轧钢设备的工作特点，例如：轧件比较重、负荷不稳定及冲击负荷较高等。如在三辊劳特式轧机上，从中上辊出来的轧件下落到辊道上或者当轧件下弯冲击辊道等，如果辊道传动装置之间的位置固定不牢，则往往因受这些冲击负荷的作用将其相对位置移动，导致齿轮的啮合间隙及其啮合位置发生变化。从而有可能使辊道停止转动或降低传动零件的使用寿命。故此，在集体传动辊道中采用大小箱体传动箱对于保持辊道传动装置相互位置的稳定具有重要意义。

大箱体传动箱的结构如图 12-6 所示。由图可见，电动机 2 通过联轴器将扭矩传动给减速齿轮 8 和传动轴 7，而轴 7 的旋转通过圆锥齿轮 11 带动辊子 4 转动。所有传动部件均装在一个大箱体 1 内，大箱体与辊道底座 6 用横梁 15 刚性地联结起来。箱体用箱盖 9 罩住所有的传动件，并在箱盖与下底的接合面处用漆密封，然后用螺钉固结。

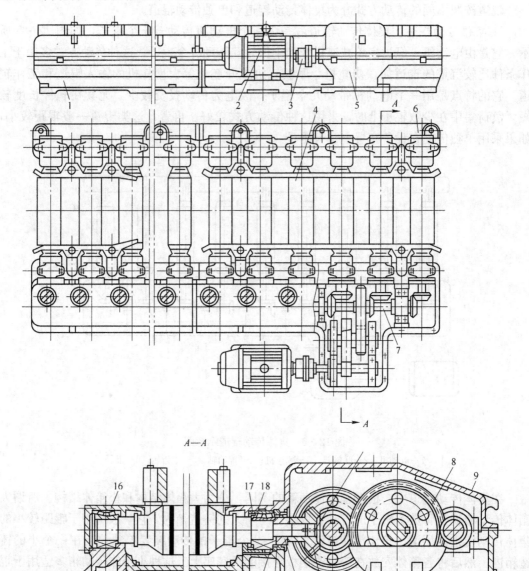

图 12-6 集体传动的大箱体结构图

1—辊道箱体；2—电动机；3—齿形联轴器；4—空心辊子；5—减速机；6—辊道底座；
7—传动轴；8—大齿轮；9—箱盖；10—油槽；11—圆锥齿轮；12—轴套；
13—定位盖；14—圆锥滚子轴承；15—横梁；16、18—轴承盖；17—调整半环

在集体传动辊道中，圆锥齿轮模数的选择应多方面考虑，从强度角度看，模数愈大愈好，但模数增大，可能使圆锥齿轮的节圆直径加大及箱体增大。从加工精度看，模数愈大，加工精度愈低，这将使齿面的接触强度降低，啮合条件变坏，齿面磨损加快。综合考虑上述因素，一般来说模数取 12 比较合适，至于齿轮齿数的确定也应从加工条件及使用寿

命来考虑。

因许多圆锥齿轮套在一根传动长轴上分别带动各个辊子转动，因此传动长轴应如何设计便是个重要问题。设计的原则，一是轴的结构要简单便于加工。二是要便于伞齿的拆装。当某个伞齿轮发生损坏时，能很快地拆下来，不致过多影响生产。这些都对生产和维修具有很大意义。辊道圆锥齿轮传动轴的结构如图 12 - 7 所示。在轴 13 和 14 上分别安装着八个圆锥齿轮。为了防止轴过长不便于加工，在两根轴的中间用半齿形联轴器 8 连结起来。为了防止轴由于锥齿的轴向力引起的轴向窜动，各采用了一个圆锥滚子轴承 6 承受其轴向力，传动轴其余支点的轴承均采用调心轴承，以便当轴局部弯曲时能自动调整。圆锥齿轮靠斜键 10 作径向固定，斜键的长度为斜键工作部分长度的两倍，用挡板 11 及螺钉 12 固定斜键 10 的轴向窜动。斜齿尾端面顶在轴承的内套上，内套靠止推键 4 作轴向固定。该结构的特点是：装拆方便和固定效果好。长期工作后，一旦圆锥齿轮松动，可用斜键进行补偿。

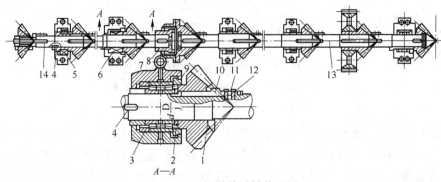

图 12 - 7　辊道传动轴装配图

1—圆锥齿轮；2—调整环；3—调整半环；4—止推键；5—球面滚子轴承；6—圆锥滚子轴承；
7—轴承盖；8—半齿形联轴器；9—定位盖；10—钩头斜键；11—挡板；12—螺钉；13、14—轴

辊道圆锥齿轮在传动轴上的另一种装配方法如图 12 - 6A—A 截面图所示，圆锥齿轮 11 的装配方法是采用红装，其配合为 $\dfrac{D}{j}$，并通过轴套 12 紧压着圆锥滚子轴承 14 的内圈端面。当拆卸时，可从轴端面的油孔输进高压油至结合面处，将锥齿孔扩大并取出。为了不致经常拆卸，延长这端的轴承寿命，应将锥齿表面淬火，使其硬度达到 RC30～35，以提高齿的耐磨性。同时传动轴上的锥齿也要进行淬火处理。

在生产实践中，当轧件进行翻钢或从轧辊中抛出时，辊道辊子承受了较大的冲击负荷，以致往往出现辊子轴承破裂为与圆锥齿轮掉牙等设备事故，尤其在第一个和第二个辊子更为严重，从而影响轧机生产。故此，我国某初轧厂对工作辊道的传动方式作了较大的改革，改革后的工作辊道如图 12 - 8 所示。它具有如下特点：

（1）工作辊道的第一、第二和第三个辊子采用了单独传动。由于辊道前面的三个辊子所受的冲击负荷最大，辊子轴承破碎、齿轮掉牙和磨损等均较严重，故将这三个辊子改为单独传动，每个辊子用一台功率为 90kW 的电动机通过齿轮联轴节直接带动辊子，从而取消了齿轮传动装置。

（2）将第 4 个至第 9 个辊子分为两组传动，并采用圆柱齿轮代替圆锥齿轮传动。

三个辊子为一组，每一组辊子由一台功率为 150kW 的电动机 1 通过减速比为 5.571

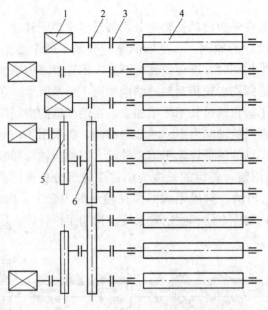

图 12 - 8　某初轧厂改进后的工作辊道

1—电动机；2—齿轮联轴节；3—弹性齿轮联轴节；
4—辊子；5—减速箱；6—圆柱齿轮传动箱

的减速箱 5 和圆柱齿轮传动箱 6 传动各个辊子。采用圆柱齿轮传动，可加大齿轮的强度，消除了辊道传动的一个薄弱环节——圆锥齿轮，并且辊道辊子通过弹性齿轮联轴节 3 与圆柱齿轮传动箱 6 相连接。这样就减少了对齿轮的冲击，同时对于辊子的检修和更换也较方便。此外，针对辊子轴承易坏的问题，更换了滚动轴承型号，使轴承的承载能力提高了 20%。

改进后的工作辊道，使用情况良好，它减少了设备事故及检修工作量，使轧机产量得到提高。

集体传动辊道所用电动机，当启动工作制时采用异步电动机或串激电动机，当长期工作制时采用异步电动机。对要求有较大调速范围时，则采用他激式复激电动机。

2. 单独传动辊道　单独传动辊道就是每个辊子单独由一个电动机传动。它广泛应用在运输长轧件的辊道上。因为这时轧件较长，其重量均匀分配在许多辊子上，此时每个辊子受力将大为减小。采用每个辊子单独传动形式，其结构和传动系统都比较简单，维护检修也较方便，而且当某个辊子发生事故时不致影响生产的进行。所有这些优点，完全可补偿电力传动方面较高的造价。单独传动辊道的装配图如图 12 - 9 所示。电动机 4 经过减速机 3 带动红装于辊子轴颈上的大齿轮 7 使辊子 2 转动。为了防止轧件散发的热量不致影响电动机的工作性能，电动机可放在距离辊道工作面较低的地方。以往单独传动辊道的电动机多为悬臂放置，实践表明：这种结构型式不好，经改进后，电动机的下面均设有底座加以支持。

单独传动有两种型式：一种是由电动机直接传动辊子轴，它多用于速度较高的辊道上。另一种是在电动机与辊子之间设有减速装置，它常用在速度较低的辊道上。应指出：在电动机与辊子之间设置减速箱除了为获得较低速度外，有时还出于结构上的考虑。例如：把电动机的位置降低到辊道水平线之下或者为使电动机远离大量散热的轧件。

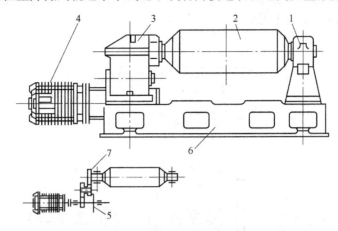

图 12 - 9　单独传动辊道装配图
1—轴承座；2—辊子；3—减速箱；4—电动机；5—甩油环；6—底座；
7—大齿轮

单独传动辊道用的电动机，一般为鼠笼式异步电机。该电机具有维护简便和价格低廉的优点，并能直接由交流电网供电。此外，还可选用 JG2 系列带法兰盘的辊道三相异步电动机，该电机的转矩大、耐高温、能在频繁起动、正反转等恶劣条件下工作。当要求调速范围较大时，则采用直流电动机。

辊道传动除上述两种方式外，尚有非传动的空转辊道，该辊道是由一些空转的辊子组成的，它在轧件运动方向上与水平面成一倾斜角度，于是轧件靠其自重作用沿辊道面移动。这种辊道也称重力辊道。

二、辊子结构

按照不同的结构，辊子主要分为实心辊和空心辊两种。

1. 实心辊子　实心辊子是整个辊子由锻钢或铸钢制成的，由于这种辊子能够承受较大的冲击负荷，所以多用在工作比较沉重的辊道上，例如：用于初轧机及大型开坯机的工作辊道、受料辊道以及重型剪机前后的辊道。其缺点是造价高。

开坯机的机架辊就是使用实心辊子的，所谓机架辊就是安装在轧机机架孔槽中的辊子。它的作用是使比较短的轧件能够顺利地进入轧机进行轧制。机架辊两端轴承座的支撑采用两种形式：一种是设有弹簧缓冲器，另一种是刚性支撑。机架辊的工作繁重，事故较多。

2. 空心辊子　空心辊子多由筒形的辊身和两端压入的辊颈所组成。一般辊颈为锻钢制成，而辊身则用铸钢、铸铁或厚壁无缝钢管等。这种辊子的造价较低，可选择适当的壁厚和直径来达到强度要求。它广泛应用在中等程度或较轻负荷的辊道上，例如用在一般轧机的工作辊道、升降辊道及运输辊道等。

空心辊子的辊身用无缝钢管为最好，它可避免辊身内外面的加工，但是它的造价较高铸钢空心辊身多采用离心铸造法制成，然后在两端装上辊颈。铸铁空心辊身可直接浇注在钢质的轴上，但是为了能够更换辊身，通常是将辊身和辊颈分别制成，然后用静配合把两者连接起来，如图 12 - 10 所示[17]。为确保传动端固定的可靠性，该端尚加键定位。

这种辊子的造价较低、耐磨性好，但强度较差，故仅用在轻负荷的辊道上，例如用在薄板轧机及某些轧机的成品输出辊道上。

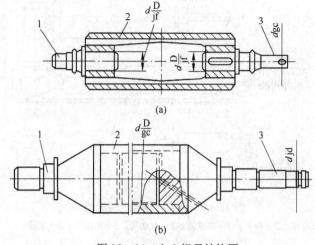

图 12 - 10　空心辊子结构图

（a）铸铁辊身；（b）钢管辊身；1—辊颈（非传动端）；2—辊身
（a 铸铁；b 钢管）；3—辊颈（传动端）

　　因辊道通常采用启动工作制，经常需要正转和反转，所以在保证辊子具有足够的强度和刚度条件下，应尽量使其重量减轻，即飞轮力矩减小，这样辊道运转灵活并节省驱动功率。

　　辊道辊子所用的轴承，一般都采用滚动轴承。在重负荷及中等负荷辊道上使用滚柱或圆锥滚动轴承。在轻负荷辊道上用滚珠轴承等。

　　辊道轴承通常采用自动集中干油润滑。齿轮啮合处则采用稀油油池润滑。目前，在冶金设备上开始使用新型固体润滑材料二硫化钼，收到了良好效果。

三、辊子强度计算

　　一般来说，作用在辊子上有三种负荷，即：轧件重量、附加负荷和冲击负荷。对于轧件作用在辊子上的负荷，当运送短而粗的轧件时，其重量按照两个辊子来承担，当运送钢锭时，其重量认为可能由一个辊子承担。只有当运送细而长的轧件时，才考虑轧件重量均匀分布在各个辊子上。

　　附加负荷主要作用在靠近轧机的辊子上，它是由于轧件从轧机出来后向下弯曲而造成的，作用在辊子上的压力按照轧件在轧辊处出现塑性弯曲来计算，如图 12 - 11 所示。此时，辊子受的压力为：

$$P = \frac{\sigma_s S}{C}$$

式中　σ_s——轧件屈服极限；

　　　S——轧件的塑性断面系数；

　　　C——辊子与轧辊中心线间的距离。

　　冲击负荷主要发生在工作辊道上，产生冲击负荷的原因主要有：在轧制时采用下压力轧制，而使轧件出辊道后向上抬起，轧完后落到辊道上或者轧制水平线高于辊道辊子表面或者轧件在翻钢时给辊子以冲击等，如图 12 - 12 所示。在计算辊子强度时，主要应考虑辊子可能承受的冲击负荷。

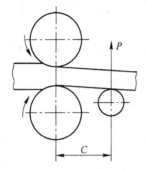

图 12 - 11　轧件从轧辊出来时作用
在辊子上的压力

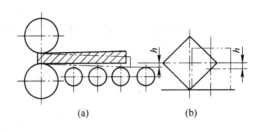

图 12 - 12　作用在辊子上的冲击负荷
(a) 当轧件从轧辊出来时；(b) 当翻钢时

计算冲击负荷的基本方法是：轧件落下时的能量 E_1 减去冲击时的能量损失 E_2 后，全部变为辊子及其支承系统的变形位能 u[1]。即：

$$E_1 - E_2 = u$$

冲击损失后的动能为：

$$E_1 - E_2 = \frac{Q + K_1 G}{2g} \ v_t^2 \tag{12 - 1}$$

式中　Q——作用在辊子上的那部分轧件重量；

K_1——计算动能时，辊子质量的换算系数；

G——辊子重量；

v_t——冲击后轧件和辊子的运动速度。

运动速度 v_t 由动量方程式确定：

$$\frac{Qv}{g} = \frac{Q + K_2 G}{g} \ v_t \tag{12 - 2}$$

式中　v——冲击瞬间前轧件的下落速度；

K_2——计算动量时，辊子质量的换算系数。

将式（12 - 2）中的 v_t 代入式（12 - 1）中，得：

$$E_1 - E_2 = \frac{Qv^2}{2g} \times \frac{1 + K_1 \dfrac{G}{Q}}{\left(1 + K_2 \dfrac{G}{Q}\right)^2}$$

将上式中的动能 $\dfrac{Qv^2}{2g}$ 用功 Qh 代替，得：

$$u = Qh \frac{1 + K_1 \dfrac{G}{Q}}{\left(1 + K_2 \dfrac{G}{Q}\right)^2} \tag{12 - 3}$$

式中　h——轧件落下高度。

辊子质量的换算系数 K_1 和 K_2 与辊子形状、辊子支点的变形程度及冲击的作用点有关。对于具有辊子形状的梁处于绝对刚性支点的情况且负荷作用在梁的中央时，取 $K_1 \approx$

0.55，$K_2 \approx 0.7$。

另一方面，变形位能 u 由辊子的变形位能 u_1 和支承点的变形位能 u_2 组成。即：

$$u = u_1 + u_2$$

u_1 和 u_2 可按力学公式进行计算（作用于辊子中间的动负荷如图12-13所示）。则

$$u_1 = 2\int_0^c \frac{\left(\frac{P}{2}x\right)^2 \mathrm{d}x}{2EJ_2} + 2\int_c^a \frac{\left(\frac{P}{2}x\right)^2 \mathrm{d}x}{2EJ_1}$$

$$u_1 = \frac{P^2}{12E}\left(\frac{a^3-c^3}{J_1} + \frac{c^3}{J_2}\right)$$

式中　$J_1 J_2$——辊子辊身和轴颈断面的惯性矩；

　　　　E——弹性模数；

　　　　a——支点间距离之半；

　　　　c——支点到辊子边缘的距离。

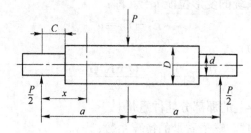

图12-13　作用于辊子中间的动负荷

$$u_2 = \frac{Pf_P}{2}$$

式中　f_P——当冲击负荷作用在辊子辊身中间时，辊子支点的变形。

根据负荷与变形成正比的关系，f_P 可写成：

$$f_P = \frac{P}{Q}f_Q$$

式中　f_Q——作用在辊子上的轧件重量 Q 所引起的支点变形。

将 f_P 代入上式得　　　　　　　$$u_2 = \frac{P^2 f_Q}{2Q}$$

从上述计算可得整个辊子系统的变形位能为：

$$u = \frac{P^2}{12E}\left(\frac{a^3-c^3}{J_1} + \frac{c^3}{J_2}\right) + \frac{P^2 f_Q}{2Q} \tag{12-4}$$

解式（12-3）和式（12-4）得：

$$P = \sqrt{Qh \frac{1 + K_1 \dfrac{G}{Q}}{\left(1 + K_2 \dfrac{G}{Q}\right)^2} \times \frac{1}{\dfrac{1}{12E}\left(\dfrac{a^3-c^3}{J_1} + \dfrac{c^3}{J_2}\right) + \dfrac{f_Q}{2Q}}} \tag{12-5}$$

辊子危险断面应力发生在辊身中间，其值为：

216

$$\sigma = \frac{Pa}{2W}$$

式中 W——辊身截面系数。

为了分析问题起见，设支点变形很小，可忽略不计，即 $f_Q = 0$，同时令 $C = 0$（即 $d = D$），则在辊身中间断面所受应力为：

$$\sigma = \frac{Pa}{2W} = \sqrt{Qh \frac{1 + K_1 \frac{G}{Q}}{\left(1 + K_2 \frac{G}{Q}\right)^2} \times 3 \frac{EJ_1}{aW^2}} \qquad (12 - 6)$$

从式（12 - 6）中看出：为了减小冲击应力，辊子宜作成实心的，因为当断面系数相同时，实心辊子的惯性矩小且重量大。另外，辊身长一些也有利于减小辊子的冲击应力。

此外，从式（12 - 5）中可看出：冲击负荷 P 与辊子支点的变形 f_Q 成反比，即支点变形 f_Q 较大时也可减小冲击负荷。故此，对于承受冲击较大的机架辊，往往采用弹性支点，例如：辊子轴承座支承在弹簧上或采用螺旋弹簧滚动轴承。这样，当辊子受载时，便可减少辊子的冲击负荷。

四、辊道驱动功率计算

为了计算驱动辊道所需的电动机功率，首先求出辊道的驱动力矩。

因电动机运转方式和辊道工作条件的不同，所需计算的驱动力矩也有所不同，根据电动机运转方式，可以分为启动工作制和长期工作制。

1. 长期工作制辊道驱动力矩的计算　当轧件在辊道上作匀速运动时，转动辊子的静力矩应是克服辊颈在轴承上的摩擦阻力矩和轧件在辊子上移动所产生的滚动摩擦力矩，如图 12 - 14 所示。其值为：

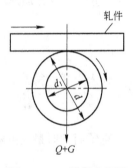

图 12 - 14　轧件在辊子上匀速运行情况

$$Mc = (Q + G) f\frac{d_1}{2} + Qf_1$$

式中 Q——该辊子承受的轧件重量；

G——辊子重量；

f——轴承的摩擦系数：滑动轴承取 $f = 0.05 \sim 0.08$，滚动轴承取 $f = 0.005$；

d_1——辊子辊颈直径；

f_1——轧件在辊子上的滚动摩擦系数，对于冷轧件为 0.001m，对于热轧件为 0.0015m，对于灼热的钢锭为 0.002m[1]。

辊道在运转时可能出现的最大静力矩是在轧件运行中，由于受到某种阻碍如轧件碰到轧辊、导板或挡板等，此时轧件已停止运动，而电动机仍在继续转动，而产生打滑现象。此时驱动辊子的力矩除克服轴承的摩擦阻力外还要克服辊子与轧件间的滑动摩擦。则最大静力矩为：

$$(Mc)_{max} = (Q + G) f\frac{d_1}{2} + Qf_2\frac{d}{2} \qquad (12 - 7)$$

式中 f_2——轧件与辊子的滑动摩擦系数，对冷轧件 $f_2 = 0.15 \sim 0.18$，对热轧件 $f_2 = 0.3$；

d ——辊子辊身直径。

2. 启动工作制辊道驱动力矩的计算　启动工作制的辊道是在加速情况下使轧件运动的。电动机除了克服静力矩外，还要克服轧件和辊子在启动时所产生的动力矩，故在辊道启动时所需驱动力矩为：

$$M = M_c + M_d$$

式中　M_d ——动力矩。

根据辊道在加速时的加速度来计算动力矩 M_d，其值为：

$$M_d = J\alpha = \left(\frac{G_2 D_2^2 + Q d^2}{4g} \cdot \frac{a}{R} \right) \qquad (12 - 8)$$

式中　J ——辊子与轧件质量的转动惯量；

　　　α ——辊子的角加速度；

G_2 和 D_2 ——辊子的重量及其回转直径；

　　　Q ——辊子承受的轧件重量；

　R 和 d ——辊子辊身半径及其直径；

　　　a ——辊子的加速度；

　　　g ——重力加速度。

$$\frac{Q}{g} a \leqslant f_2 Q$$
$$a \leqslant f_2 g$$

代入上式，得：

$$M_d \leqslant \frac{G_2 D_2^2}{2d} f_2 + \frac{Qd}{2} f_2$$

辊子启动时最大的驱动力矩（包括静力矩和动力矩）为：

$$M_{max} = (Q+G) \frac{d_1}{2} f + Q f_1 + \frac{G_2 D_2^2}{2d} f_2 + \frac{Qd}{2} f_2 \qquad (12 - 9)$$

根据式（12 - 9）和辊子的转数 n，可初选电动机功率：

$$N = \frac{Mn}{975} \quad (kW)$$

五、辊道的基本参数

辊道的基本参数主要包括：辊子直径 D、辊身长度 l、辊距 t 和辊道速度 v。

1. 辊子直径 D　确定辊子直径时，应从减轻设备重量和减小飞轮力矩的角度出发，辊子直径应该愈小愈好，但辊子直径的大小要受到强度限制。另外如轧件在辊道上横向移动时，尚需考虑辊子表面要高于轴承座及传动装置的高度。所以在确定辊子直径时，所有上述因素均应综合考虑。因各类辊道的工作条件不同，具体尺寸常按经验数据选取，然后再进行强度校核。表 12 - 1 所列数据仅作选择辊道辊子直径的参考。

2. 辊道长度 l　主要工作辊道辊子的辊身长度，通常等于轧辊的辊身长度，有时还要更长些，例如：在初轧机或开坯机上为了装设推床的导板而把辊身长度取长些。

辅助工作辊道辊子的辊身长度有时要比轧辊辊身长度短，因为轧件只在最后几道轧制时才需要辅助工作辊道工作。

表 12 - 1　各种轧机的辊道辊子直径

辊子直径 D（mm）	辊　道　用　途
600	装甲板轧机、板坯轧机的工作辊道
500	板坯机、大型初轧机和厚板轧机的工作辊道
450	初轧机的工作辊道
400	小型初轧机和轨梁轧机的工作辊道，板坯机和大型初轧机的运输辊道
350	中板轧机辊道，初轧机和轨梁轧机的运输辊道
300	中型轧机和薄板轧机的辊道
250	小型轧机辊道、中型轧机和薄板轧机的运输辊道
200	小型轧机辊道

　　运输辊道辊子的辊身长度，要根据运送轧件的宽度来确定，当运送窄轧件时，其辊身长度较轧件宽度大 150～200mm；当运送宽轧件时，则大 200～250mm。如果辊道需要并排地运送数根轧件时，则应按这些轧件宽度的总和来考虑。当运送灼热的钢锭时，为了防止辊子轴承升温，一般应比运送钢锭的最大宽度大 300～500mm。

　　3. 辊距 t　辊距 t 为相邻两个辊子之间的距离，它应根据辊道的用途来确定，例如在输入辊道上，为了保证轧件必须至少作用在两个辊子上，这就是说辊距不能大于最短轧件长度的一半。当运送钢锭时，辊距不能大于钢锭重心至大端面的距离如图 12 - 15 所示，否则运动着的钢锭将冲击辊子，加速辊子的磨损并降低辊子轴承的使用寿命。又如在输出辊道上，为了避免热轧件因自重而产生附加弯曲，辊距就要取小些，并且还在辊子之间设置辊道盖板或在传动辊子之间增添直径较小的空转辊子，这对成品输出辊道尤为重要。辊距的具体数据常按经验数据选定。如：对于大型轧机一般取 $t=1.2～1.6$m；中板轧机取 $t=0.9～1.0$m；薄板轧机取 $t=0.5～0.7$m。

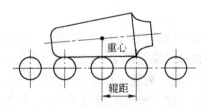

图 12 - 15　运输钢锭时辊道的辊距

　　4. 辊道速度 v　工作辊道的速度通常根据轧制速度来选取。当运送薄而长的轧件时，轧机后的工作辊道速度应比轧制速度大 5%～10%，以免轧件向旁移动或形成波浪。

　　运输辊道的速度根据生产率的要求来确定。轧机输入辊道的速度一般为 1.5～2.5m/s；轧机输出辊道的速度应比轧制速度大 5%～10%，随着轧制速度的提高，轧道速度也在不断提高。

第三节　换　辊　装　置

　　各种类型轧机轧辊的正常磨损，更换产品品种规格及断辊的发生，都必须进行换辊操作，它是轧钢生产的辅助工序之一。

　　在换辊时，轧机暂时停止生产，从提高轧机年产量的角度看，这必然是一个损失，然而过去长期以来各类轧机的换辊操作均未为人们所重视。近年来由于采用了快速换辊，仅由此而导致轧机产量的提高可达 10%～15%。以年产 300 万吨的轧钢厂为例，由于采用了快速换辊，每年即可增产 30 万～45 万吨钢材，相当新建一个中等规模的轧钢厂。

各种不同用途、型式的轧机具有不同的换辊方法。

一、型钢轧机

型钢轧机的换辊方式及装置与机架的型式有关。当机架为开口式时，机架盖可打开，故常用桥式吊车换辊。当机架为闭口式时，通常采用套筒换辊或 C 形钩换辊，如图 12-16 所示。对于连续式线材轧机，有不同的换辊方式：西德考克斯公司考克斯型三辊双线轧制线材轧机采用全机架换辊，西德施罗曼公司的线材连轧机采用移动机架以变换孔型的方法，美国摩根和西德台尔曼厂则采用更换辊套的方式。

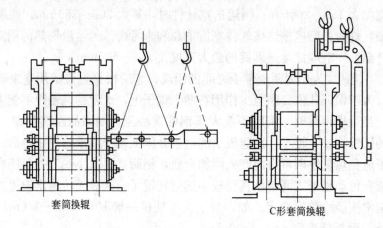

套筒换辊　　　　　　　　　　　C形套筒换辊

图 12-16　换辊方式

二、板带轧机

目前板带轧机基本上都是四辊轧机，它的换辊具有一定的特点，即随工作辊与支承辊磨损程度的不同而常分别单独进行换辊操作。工作辊因直接接触轧件，磨损快，通常精轧工作辊每隔 2～8 小时换一次轧辊，粗轧工作辊每 3～7 天换一次；支承辊磨损相对较慢，一般精轧机组每 7～15 天换辊一次，粗轧机组每 15～30 天换辊一次。工作辊与支承辊换辊周期的差异使得每台四辊轧机都装置有两套换辊机构。

1. **工作辊换辊**　目前工作辊换辊主要采用两种型式。

（1）转盘式　图 12-17 是转盘式换辊装置。

转盘式换辊装置的工作原理如下：转盘 2 装在机座的操作端地平面以下，台面上有两组平行的轨道 3，平时其中一组轨道上预先放有准备好的一对新工作辊 14，另一组轨道则对准轧机窗口，准备装换下的旧工作辊。换辊时，旧工作辊由装在机座传动端的推拉机构从机架中推到转盘上空着的一组轨道上，然后转盘旋转 180°，将新辊 14 对准窗口，再用推拉机构将新辊拖入机架。换下的旧工作辊则由吊车运到轧辊间修磨。转盘是由电动机 1 通过蜗杆、蜗轮和齿轮传动带动转盘旋转的，而推拉机构则由电动机 10、通过齿轮齿条带动的推拉杆 12 和杆端的液压挂钩机构 13 组成。

转盘式换辊装置的优点是换辊快，通常 5～10 分钟可换完一架工作辊，同时更换整个精轧机组六个机架的工作辊约 20 分钟。缺点是结构较复杂，传动装置放在地面以下，工作条件差，维修不便。此外，准备好的新辊停放在轧制线旁边，妨碍工人对轧机的操作和监视。

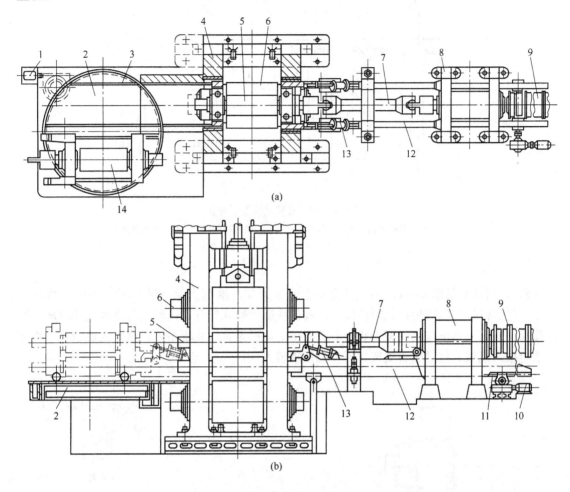

图 12 - 17　转盘式工作辊换辊装置

(a) 俯视图；(b) 正视图

1—转盘传动装置；2—转盘；3—轨道；4—机架；5—工作辊；6—支承辊；7—万向接轴；8—齿轮座；
9—主联轴器；10—推拉机构传动装置；11—齿条；12—推拉杆；13—挂钩机构；14—准备装的新工作辊

(2) 横移小车式　横移式换辊小车的换辊示意图如图 12 - 18。它的横移机构和推出机构均安装在轧机的非传动侧。换辊时，旧辊由电动小车拉出至横移车上，新辊由电动小车从横移车上推入机架中。1700mm 热连轧机的粗轧机组采用横移式可在 6 分钟内换完一架。

横移式换辊小车换辊是目前较为先进的快速换辊装置，它的传动装置均在地平面之上，维修方便，在不换辊时，小车可停放在换辊间，不致影响车间的生产和操作。

2. 支承辊换辊　支承辊除用 C 形钩换辊外，较为普遍的是采用侧出式换辊小车进行换辊。图 12 - 19 是 1700mm 热带钢连轧机组支持辊液压换辊装置与工作辊换辊装置。在更换支承辊时，必须先将工作辊换出，然后由转盘和齿条推杆将换辊支架（垫凳）拉入机架，使上支承辊落到支架上，然后液压缸杆后退，将转盘拉向后移（转盘体与液压缸杆连接在

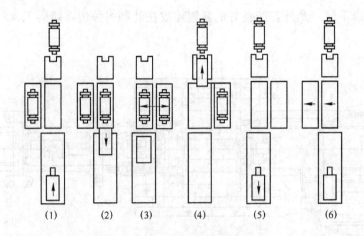

图 12 - 18　横移式换辊示意图

(1) —小车前进；(2) —旧辊拨出；(3) —侧移板侧移；(4) —新辊推入；

(5) —小车后退；(6) —侧移板复位

一起)，当转盘移动 670mm 时，转盘体上的插销即对准与支承辊轴承座下边的垫块连接在一起的带销孔的圆轴，此时由液压缸操作使插销插入销孔，则转盘与支承辊轴承座一同移动，直至支承辊拉出机架为止。旧轧辊用吊车吊走，新轧辊吊入，重复上述动作，将支承辊推入机架，然后撤去支架，再将工作辊装入

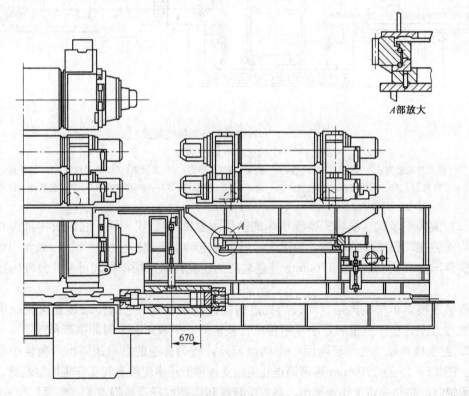

A部放大

670

图 12 - 19　1700mm 热连轧带钢轧机换辊装置

图 12 - 20 是支承辊换辊用的另一种装置。支承小车 4 装有四个车轮并安放于机座内，支承辊的轴承座放置在小车上，轧机在工作时，小车下表面与放置在机架下横梁 2 上的测压仪接触，而下横梁孔中的液压缸 1 的柱塞和活动导轨 3 处于最低位置，因此车轮悬空不受力。换辊时，液压缸 1 将活动导轨 3 抬起至固定导轨平面，用主液压缸即可把换辊小车连同支承辊一起从机架中拉出。这种结构减小了换辊液压缸的负担，机座内导轨不易磨损，但四个升降活动导轨的液压缸维护不便。

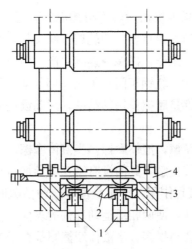

图 12 - 20　支承辊换辊小车结构示意图
1—液压缸；2—机架下横梁；3—活动导轨；4—支承小车

第十三章　轧钢设备的润滑

第一节　概　念

在现代冶金工厂中，为减少机器运转部分的摩擦，延长机件使用寿命及减少能量消耗，故对于润滑问题，越来越显得重要。而轧钢车间又是整个冶金工厂中机械设备最集中的地方，并要求机件能长时间工作，以保证连续生产，因而对轧钢车间机械设备的润滑就显得更为重要。根据以往统计，轧钢车间有很大一部分动力是消耗在无用的摩擦上，大部分机件的损坏与定期更换也都是摩擦作用的结果，因此设法降低摩擦将是提高生产率的一个途径。

摩擦通常分为三种：干摩擦，液体摩擦，半液体摩擦。

干摩擦就是运动部分直接接触，其间没有第三者参加运动，因此，两接触面的凹凸点（显微组织）在运动中互起阻碍作用，产生摩擦，这种情况叫做干摩擦。相反，如果在两运动件之间有第三者参加运动，使两相对运动部件的表面不直接接触，由第三者给隔离起来，显然后者的摩擦要比前者小得多。半液体摩擦则是介于二者之间的一种摩擦。

干摩擦的大小取决于两相对物体的材料性质、运动速度、工作温度、表面状况等因素。一般情况下，这类摩擦系数在 0.18～0.45 之间，而液体摩擦系数却远较干摩擦为小，通常在 0.001～0.005 之间。

润滑的基本原理，就是隔开两接触面凹凸不平的表面接触，变为第三者（油膜）的内摩擦运动。液体的内摩擦要比相对运动的固体外摩擦小得多。油膜保持的越好，则摩擦系数就越小。封闭式液体摩擦轴承就是根据此原则把润滑油加压后送进去的，目的是为更好的将轴托起增加油膜厚度以减小摩擦。

轧钢车间的机械设备是在高温和恶劣条件下工作的。一般机件都在承受大于 100℃ 的温度，有的摩擦机件在 250～400kg/cm² 或更高压力下运转，有时还有冲击负荷，润滑油膜极易被破坏。转数不高也使油膜难以形成。此外，如水分多、灰尘多、有腐蚀性气体等都是润滑的不利条件。

为此要求润滑油应具备下列几点：

（1）所用的润滑油要能适应高温、高压负荷各种转数的要求，能够保证处于液体摩擦状态，即要求具有润滑作用。

（2）润滑油在机械运转过程中应具有冷却作用，能保持摩擦表面具有一定的工作温度。

（3）要求润滑油具有清洁作用，能吸收带走在运转过程中产生的一些有害物质，如金属屑、灰尘等杂物。

（4）要求润滑油具有良好的稳定性，能够在规定时间内经受外界温度、压力、湿气与氧化等作用，不应有腐蚀作用。

机组和机件中摩擦部件的润滑要依靠专门的润滑系统来实现。根据把润滑材料送至摩擦表面方法的不同，润滑系统分为流出式和循环式两种。按照用油点间的关系来分，又有集中润滑与单独润滑两种。

第二节 润滑材料、性能及选用

冶金工厂中使用的润滑材料应满足下述要求：润滑材料应具有高的承载能力、高的稳定性（热稳定性和化学稳定性）、较小的摩擦系数、与水易分离、在管道内容易流动等。因此选择润滑材料时必须根据现有产品的技术性能（黏度、闪点、凝固点、抗乳化度、稳定性）进行合理的选择。

稀油技术性能：

1. **黏度** 黏度的大小可用动力黏度、运动黏度和条件黏度等单位来表示。我国标准常用运动黏度和条件黏度。各种黏度定义及单位如下：

(1) 动力黏度——液体中有面积各为 1cm² 和相距 1cm 的两层液体，当其中一层液体以 1cm/s 速度与另一层液体作相对运动时，所产生的阻力（以达因为单位）即为动力黏度。其单位用 CGS 制表示为 P（泊 Poise）：

$$1P（泊）= \frac{1dyn \times 1cm}{1cm^2 \times 1cm/s} = 1dyn \cdot s/cm^2$$

(2) 运动黏度——在相同温度下，液体的动力黏度与它的密度之比，称为运动黏度。用 CGS 制表示为 st（沲 stoke），单位为 cm²/s，1st（沲）= 100cst（厘沲）。

(3) 条件黏度——通常用恩氏黏度，即试油在某温度从恩氏黏度计流出 200 毫升所需的时间，与蒸馏水在 20℃ 流出相同体积所需时间（秒）之比。恩氏黏度用°E 表示，温度为 t 时恩氏黏度用符号°Et 表示。黏度高的油在 100℃ 测量用°E100 表示。黏度低的油在 50℃ 或 20℃ 测量，用°E50、°E20 表示。

2. **闪点** 油料热至一定温度，分子蒸发太多，在空气中即燃烧闪光。当轴承发热时常冒烟或着火，就是润滑油已到闪点。所以润滑油的闪火点应尽可能高一些，太低易烧焦，失去润滑作用。

表 13 - 1 轧钢设备常用稀油规格

类 别	运动黏度 100℃ cst	闪点 ℃ 不低于	凝固点 ℃ 不高于	酸值 KOH 毫克/克 不大于	残碳 % 不大于	灰分 % 不大于	杂质 % 不大于	用 途
28 号轧钢机油 HJ3 - 28	26~30	250	—10	0.1	0.8	—	0	轧辊轴承，减速器轴承，齿轮座轴承，剪切机轴承
11 号汽缸油 HG - 11	9~13	215	+5	0.25	0.8	0.02	0.007	低速机械设备
24 号汽缸油 HG - 24	20~28	240	+15	—	2.0	0.03	0.1	压下螺丝、压缩空气缸、蒸汽缸
8 号汽油机润滑油 HQ - 8	7.5~8.5	140	—35	0.1	0.35	加添加剂后 0.25	加添加剂后 0.01	辊道及辅助设置（冬季用）
15 号汽油机润滑油 HQ15	14~16	210	—5	0.20	0.65	未加添加剂时 0.025	0	辊道及辅助设备
22 号汽轮机油 HO - 22	50℃ 20~23	180	—15	0.02	—	0.005	0	主电机轴承

3. 凝固点　油料在低温下，黏度增高，流动性差，最后凝固，即不宜于润滑，所以在低温下操作，要选低凝固点的油。

此外还有残余碳、酸、碱溶液，夹杂物，水分等越少越好。

稀油是石油提炼过程中剩下来的重油，再经炼制，就得到各种不同性质的润滑油。它对轴承有润滑和冷却的功用，适用于高速运转的机械；可允许轴承在高一些的温度下运转；在天气寒冷的地区不凝固；用过的废油可过滤再用，能实现循环润滑。

一般干油多用于下列情况：机件工作条件较困难（重载、速度小、环境温度高…），不能实现液体摩擦，环境潮湿多尘，保护机件不被氧化，并且多用于滚动轴承中。在潮湿条件下，用钙皂基干油；在高温条件下用钠皂基干油。机件的速度大则采用针入度大的油，承受重载者则采用黏度大的油。

如果工作温度正常，稀油一般根据黏度选择。压力越大，黏度越大；速度越大，黏度越小；当承受冲击载荷、交变载荷和往复运动时，则用大黏度的油；对易磨损零件、新的机体和表面粗糙的零件则用较大黏度的油，如机件温度过高或过低，除按黏度选择外，还应考虑其稳定性。闪光点和凝固温度。

二硫化钼是一种新型固体润滑材料，一般将二硫化钼粉剂与润滑油、润滑脂混合后使用。它适合于润滑高速、高负荷、高温及有腐蚀性等工作条件下的机械设备。目前用在轧钢机械一些单体设备上，使用效果良好。如：减速器的齿轮和轴承，受高温烘烤的辊道轴承，能防止漏油、改善润滑。对于循环系统，由于二硫化钼易沉淀，故很少采用。

第三节　轧钢设备润滑方法

轧钢设备润滑方法列入表 13 - 2。

表 13 - 2　轧钢设备润滑方法

润滑方法			用途举例	备注
稀油润滑	单独式	油杯	中小型减速器	用于长期、重载、高速运转的设备
		油环	大型电机的滑动轴承	
		油池	圆周速度≤12～14m/s 的齿轮传动	
			圆周速度≤10m/s 的蜗轮传动	
	集中式	灌注式	大中型减速器	
		循环式	主减速器、人字齿轮座、主电机轴承	
干油润滑	单独式	充填式	开式齿轮及齿条传动；小型减速器	用于速度较低，经常正反转和重复短时工作的各种轴承以及用稀油润滑很难保证可靠密封的零部件
		压注式旋转油杯 手动注油枪	杠杆系统的铰链；万向接轴；辊道齿轮箱	
	集中式	手动干油集中润滑	润滑点较少和不需经常润滑的单体设备，如中小型剪切机等	
		自动干油集中润滑　流出式	润滑点分布管道长的机器，如辊道等	
		环式	设备比较集中的区域，如轧钢机附近，润滑点比较集中	

油雾润滑是一种新型润滑方式。润滑油先在油雾器中，在 $3kg/cm^2$ 压缩空气作用下，使润滑油雾化成为直径约 0.003mm 的微粒，以 0.02～0.026kg/cm² 的压力用管道喷入润滑

的部位。由于油雾润滑有良好的润滑效果，近年来在各类轧钢机械中得到采用。

工艺润滑是专门用于对轧辊连续供给润滑剂的一种润滑方式。在冷轧机上，采用工艺润滑后，可以降低轧制压力，增大延伸率，并保证轧件良好表面质量，使轧辊具有良好的工作性能，散掉热量和保持辊型，并延长轧辊寿命。在热轧机上（叠轧薄板除外），历来均采用喷水冷却轧辊。目前，热轧工艺润滑用于钢板轧机已取得明显效果，应用范围已扩展到型钢、线材和钢管的热轧。采用热轧工艺润滑，可减少轧制压力 10％～20％，减少轧辊磨损 40％～60％，并能改善成品表面质量。润滑剂的配制和使用方法及用量仍有待实践中试验解决。

第四节　稀油润滑系统

集中稀油润滑系统是最完善的润滑系统，它具有以下优点：

（1）由于是压力供油，能保证摩擦部件润滑及时和可靠；

（2）可以润滑数量多和分布广的润滑点；

（3）对机组连续循环润滑，能将摩擦部件热量带走，进行冷却；

（4）润滑适度，润滑材料消耗少；

（5）能使全部润滑工作实行自动控制，大大减少工作人员。

在轧钢车间中采用集中润滑系统有两种：灌注式集中稀油润滑站和自动循环式集中稀油润滑站。

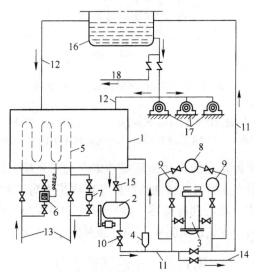

图 13-1　灌注式稀油集中润滑站

1—油箱；2—油泵；3—滤油器；4—安全阀；5—蒸气管；6—温度调节器；7—冷凝器；
8—压力差计；9—压力计；10—止回阀；11—输油管；12—回油管道；13—蒸气管道；
14—排油管；15—开闭器；16—中间油箱；17—润滑点；18—管道

灌注式稀油集中润滑站如图 13-1 所示。润滑油由油箱中用油泵加压至中间油箱中，中间油箱的位置高于润滑点，润滑油就沿着管道流向润滑点，进行润滑和冷却，之后再流回油箱。

灌注式稀油集中润滑站常用于轧钢车间辅助设备的减速器和轴承，输送辊道等。

自动循环稀油集中润滑站用于轧钢车间人字齿轮机座和主电机轴承等重要润滑部件。它的组成包括：

（1）能源装置——电动机驱动的油泵；

（2）控制装置——控制润滑系统中油的压力，流向的截断阀、单向阀、溢流阀、流量阀等；

（3）辅助装置——油箱、冷却器、过滤器、加热器、输油管道等；

（4）电控代表及装置；

（5）安全示警装置等。

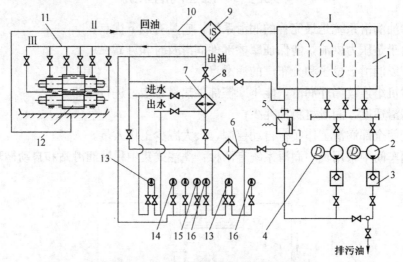

图 13-2　自动循环稀油集中润滑系统

1—油箱；2—油泵；3—单向阀；4—电机；5—溢流阀；6—过滤器；7—冷却器；
8—出油管；9—磁性过滤器；10—回油管；11—润滑部件油管；12—人字齿轮；
13—压差表；14—电接触温度计；15—电接触压力表；16—压力表

图 13-2 为用于人字齿轮座的自动循环稀油集中润滑系统。其主体部分装在油站Ⅰ（或地下油库），通过润滑点支管Ⅲ及输油管网路Ⅱ组成集中润滑系统。油泵从油箱中将油吸出，经过滤器清除杂质，然后到冷却器，经冷却后送到各润滑点上。各润滑点被润滑后，油经回油管返回油箱。在轧机运转中，循环油保证连续润滑。

第五节　干油润滑系统

1. 手动干油润滑系统　手动干油润滑系统用于润滑点较少和不需要经常润滑的部件（＞4h）。输油管长度一般不超过 30m，供应 30～50 个润滑点。

手动干油润滑系统如图 13-3 所示。它由手动润滑站 1，润滑给油器 2，双线主油管 3 及连接给油器及润滑点管道 4 组成。在靠近润滑站的主油管上通常装有线式网状过滤器。

图 13-4 为矫直机上的手动干油润滑系统。手动干油润滑站通常垂直安装在机器架上或靠近便于照管的地方。

手动润滑站靠人力摇动手把来给油，润滑脂沿主油管之一被压送至润滑点，而此时第二个主油管则通过润滑站的换向阀与贮油器相连。油脂通过给油器能定量地送进润滑点。

当润滑站压力表达 $70kg/cm^2$ 油压时，表明各给油器已送油终了，即可停止压送油脂。在将换向阀用手动换到另一位置后，即可沿第二个主油管再次给油。此时第一个主油管卸除压力与贮油器相通。这样两条主油管交替压送油脂进入润滑点。

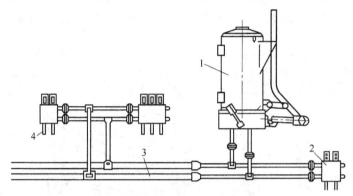

图 13 - 3　双线手动干油润滑系统
1—手动润滑站；2—给油器；3—主油管；4—管道

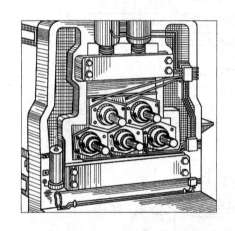

图 13 - 4　矫直机的双线手动干油润滑系统

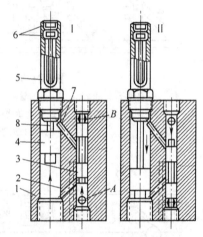

图 13 - 5　给油器构造
1—壳体；2—斜孔；3—滑阀；4—活塞；
5—指示器；6—螺丝；7—斜孔；8—活塞杆

各润滑点使用的给油器构造如图 13 - 5 所示。给油器的作用是控制一定分量润滑脂压送进润滑点。给油器装设在双线油管上。

在位置 I 时，润滑脂沿主油管 A 压送。在油脂压力作用下，配油阀 3 移到上端位置、直到端点，润滑脂从主油管 A 沿斜孔 2 进入活塞下面空间中。在油脂压力作用下，活塞 4 同样移至上端位置。此时活塞上部的、一定体积润滑脂从斜孔 7 压往滑阀移动空间，通过虚线表示的油孔及油管送到润滑点上。滑阀移至上端位置后，在其上部空间中的润滑脂即被压入主油管 B，而 B 管此时与贮油器相通，此时工作循环即告结束。

在换向阀动作后，从主油管 B 压送油脂时，在油压作用下，滑阀 3 及活塞 4 皆移至下端位置，如图 13 - 5 Ⅱ，活塞下面的油脂被送往润滑点。图中螺丝 6 位置可以调整，它可改变活塞 4 的行程，因此可以改变每次压送油脂体积，可以达到调整油量目的。

2. 自动干油润滑系统　自动干油润滑系统的输油管线可达 120m 左右，供应 500 个以上润滑点。它由自动干油润滑站，两条主油管及支管、控制测量仪表及电器等组成。根据不同的应用条件，自动干油润滑系统有环式和流出式两种系统。

环式干油自动润滑系统如图 13-6 所示，从干油润滑站出来有四根管道，其中组成两条闭环形主管道，可称 A 环和 B 环。这与手动干油润滑系统中 A、B 两条主管道作用相似。

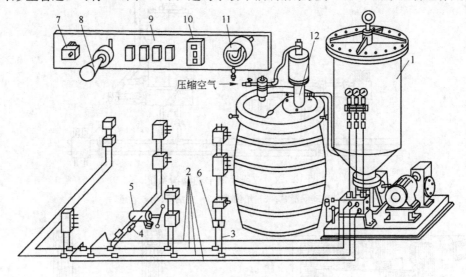

图 13-6　环式双线干油自动润滑系统

1—自动干油润滑站；2—主油管路；3—润滑设备的油管；4—止回阀；5—四通分配器；
6—网状过滤器；7—电动机启动器；8—信号警笛；9—中间继电器；10—主令控制器；
11—自动记录压力表；12—风动抽油泵

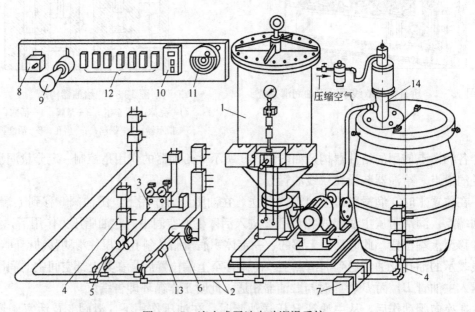

图 13-7　流出式干油自动润滑系统

1—自动干油润滑站；2—主油管路；3—压力控制阀；4—润滑设备油管；5—网式过滤器；
6—手动式电动四通分配器；7—电控开关；8—电机启动器；9—信号警笛；10—主令控制器；
11—自动记录压力表；12—中间继电器；13—止回阀；14—风动抽油泵

系统工作情况如下：首先根据润滑点供油规程选定供油间隔时间。每个润滑站只能按一个规程供油，供油间隔时间根据载荷情况确定，如表 13-3 所示。主令控制器按预定时间自动启动油站电动机，油泵开始将润滑油脂从贮油器中通过换向阀压入主油管环路之一，向给油器中打油。油管中油脂在压力作用下将准确的一部分油脂经给油器送入润滑点。当环路中各给油器均工作完毕后，此环路油压上升，此压力传到换向阀克服弹簧阻力后，放泄阀打开，同时换向，此时油泵停止。当下一次启动电机时，从另一环路主油管给油，重复上一动作循环。经过一段时间，主令控制器可重新开动油泵电机。当系统中有漏油或设备故障时，主令控制器可发出警告信号，响起铃声。

表 13-3 干油自动润滑系统供油时间次数

设 备 条 件	每 8 小时供油次数
高温、高载荷经常工作的设备	2~3
平常温度下经常工作的设备	1~2
高载荷，但间歇工作的设备	1
低载荷，间歇工作的设备	1~2 天内 1 次
偶尔工作一次的设备	4~6 天内 1 次

图 13-7 为流出式自动干油润滑系统，流出式管路由 A、B 两主管路组成。其工作情况如下：经过一预定时间后，主令控制器启动电机，油泵将油脂沿两条主管路之一送进给油器。当全部给油器送油终了后，油压增高，位于主油管路端部的压力控制阀在高压作用下动作供油泵断电停止运转，并通过电路联系带动电磁换向阀，使油泵供油从一个主油管路换到另一个主油管路上。根据预定间隔时间，主令控制器可重新接通油泵电机，油泵将向另一主油管路中压送油脂，全部过程又重复进行。

第六节 油 雾 润 滑

一、概述

油雾润滑是一种新型集中润滑方式。近来已成功地用于滚动轴承、滑动轴承、齿轮、蜗轮、链轮及滑动导轨等各种摩擦部件上。

目前，在国内轧钢设备中，如偏八辊冷轧机支承辊和侧支承辊轴承上，带钢轧机支承辊轴承上，带钢修磨机的接触辊、传动辊和张力辊的轴承上，均采用了油雾润滑。国外，在二辊和四辊轧机支承辊和工作辊的轴承上，在高速线材轧机的精轧机组轧辊轴承上，都已成功地采用了油雾润滑。

油雾润滑具有良好的润滑效果；耗油量小；工作温度低；可以延长轴承寿命；便于防止成品被润滑油污染；设备简单；重量轻；占地面积小；成本及维修费用低；以及集中管理方便等。

由于油雾的发生与输送和压缩空气分不开，因此油雾发生器必须设在有压缩空气源的地方；由于油的黏度变化对雾化能力影响较大，因此必须严格控制油温；油雾润滑排出的气体含有部分悬浮油雾，对于大型油雾润滑装置，需设通风排气设施。

二、油雾润滑原理

如图 13-8 所示，压缩空气进入阀体 2 后，通过小孔 1 进入喷油嘴 4 的内室，并从雾化室 5 的文氏管喷出，使喷油嘴的后部造成负压。文氏管的效应是使锥形气体管路中径缩处气流速度加大而产生负压。此负压把润滑油经滤油器8、吸油管7上升到观察室3，然后滴入文氏管，在这里油滴被喷成不均匀的油粒，再从喷嘴6的斜孔进入贮油器9的上部。大的油粒在重力作用下，回到下部油中，只有小于$2\mu m$油粒留在气体中，形成油雾，随压缩空气送往润滑点。在到达润滑点前，油雾经过一"凝缩嘴"，将油雾凝聚成较大的油滴才能润滑。

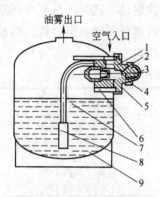

图 13-8　油雾发生器构造

1—小孔；2—阀体；3—观察室；4—喷油嘴；
5—雾化室；6—喷嘴；7—吸油管；
8—滤油器；9—贮油器

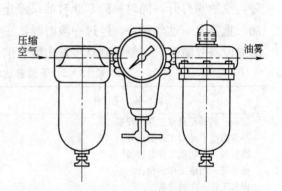

图 13-9　小型油雾润滑装置

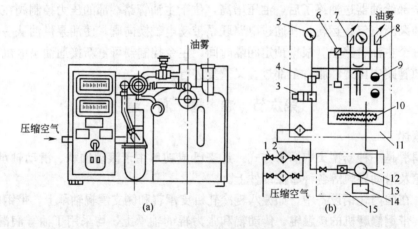

(a)　　　　　　　　　(b)

图 13-10　封闭式油雾润滑装置

1—阀；2—分水滤气器；3—电磁阀；4—调压阀；5—压力表；6—油位讯号装置；
7—油温讯号装置；8—油雾压力讯号装置；9—油位计；10—电器加热装置；
11—油雾润滑装置；12—加油泵；13—单向阀；14—油池；15—加油系统

三、油雾润滑装置和系统

1. 油雾润滑装置　油雾润滑装置主要有两种类型，图13-9为采用三件组合的润滑装置。

另一种适于润滑量较大的设备和机组，称封闭式油雾润滑装置，如图13-10a所示。其压缩空气（压力为$3\sim5kg/cm^2$）经阀1和分水滤气器2，进入油雾润滑装置11内。再经分水滤气器，将清洁干燥的空气通入电磁阀3，调压阀4（用来调整油雾润滑装置所需工作压力，其压力大小可由压力表5读出）进入油雾发生器内。在油雾发生器底部设一电器加热装置 10，用来降低油的黏度，使之成为适用的润滑油，且以油温讯号装置 7 来控制。此润滑油和保持恒定压力的压缩空气，经文氏管后，少部分即成微小油雾，通过出口处的油雾压力讯号装置 8 进入管路。在油雾发生器内还装有油位计 9 和油位讯号装置 6，用以控制油位的高低。加油系统 15，可用人工加油，也可用加油泵 12 自动加油。

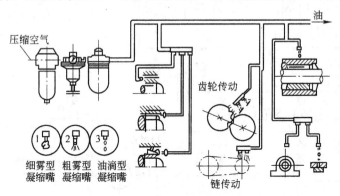

图 13 - 11　油雾润滑系统

2. 油雾润滑系统　如图 13 - 11 所示，润滑系统由三部分组成：油雾润滑装置、管道和凝缩嘴。

第七节　轧辊表面润滑和冷却系统

在现代化冷轧带钢和有色金属轧机上，轧辊与轧件接触表面采用专门设置的循环系统供给工艺润滑剂。它具有润滑和冷却双重作用。在高速冷轧机上，金属塑性变形产生大量热量，为保持轧辊所需辊型，轧辊表面需要冷却；为降低轧制压力、减少轧辊磨损，辊面需要润滑。

各种乳化液及不同黏度的润滑油均可做工艺润滑用，根据不同产品工艺条件选择适当的工艺润滑剂，可用较低的代价取得较大的生产效益。如 15～20m/s 轧制速度冷轧带钢时，通常采用乳化液，即含 3%～5% 乳化剂的水溶液。乳化液经喷嘴喷向轧辊和轧件，要求喷射均匀，沿辊身长度能调节。为此在辊身中部和边部分别装有可调流量的喷嘴供液管道。

在冷连轧机上轧制用于镀锡板坯料的薄铁皮时（最薄可达 0.15mm），工艺润滑采用棕榈油，而冷却采用水，棕榈油和水混合物也同样应用。它对降低摩擦、提高产品表面质量起良好效果。

为消除由乳化液和工艺润滑所造成的蒸气，设置有局部吸出式通风装置。

图 13 - 12 所示为冷轧机用乳化液系统简图。系统中有两个贮液箱 1，其中之一可以进行乳化液的更换。正常情况下两个贮液箱均为工作的，离心泵 2 是一台工作，另一台备用。第三台离心泵 3 用于更换废液。

乳化液系统与稀油润滑系统没有差别。备用泵的开动和示警信号的发出，都是当系统压力降到一定大小时，自动地通过接触压力表 13 的最小触点闭合来完成。这个压力表的最大触点用于自动使泵切断。过滤器 4 中的压力降用差示接触压力表 14 来控制。当过滤堵塞时，乳化液不经过滤器从放泄阀 5 流出。如果在系统中采用网状过滤器，由于清洗时要将其切断，因而设置第二个备用过滤器。乳化液在管状冷却器 6 中进行人工冷却。流经冷却器后，乳化液即送往轧机，轧机上装有带喷嘴 16 的集液管。乳化液从轧辊和轧件流进集液槽中，经管道 17 流回贮液箱并经网状过滤器 18 进行粗滤。

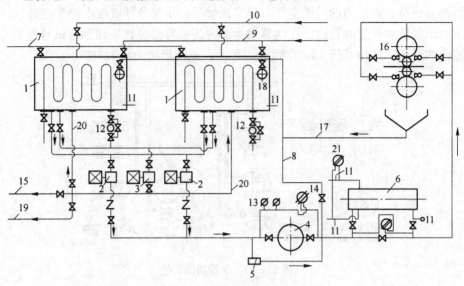

图 13 - 12　乳化液系统简图

1—贮液箱；2、3—泵；4—过滤器；5—放泄阀；6—管状冷却器；7、8、9、10、15、17、19、20—管道；
11—电阻温度计；12—冷凝器；13、14—压力表；16—喷嘴；18—过滤器；21—压力表

当轧机在工作时，工作过的废乳化液按油泵 3 沿管道 15 抽入再生贮液库中，如要冲洗贮液箱，则可由管 9 向其中通入热水。冲洗的脏水用泵 3 沿管道 19 抽入下水道中。沿管道 7 从贮液库中将新鲜的较浓乳化液抽入已清洗过的贮液箱中，以温水稀释。为使乳化液很好地混合、开动泵 3 使乳化液循环，沿管 20 贮液箱中出来并重返箱中。用电阻温度计 11 测温度，测量压力差则用差示压力表 21。乳化液的温度通常为 25～30℃。为进行轧辊预热，在轧制前将乳化液在贮液箱中用蒸气蛇形管加热至工作温度，从蛇形管中出来的冷凝物经过冷凝器 12 排出。

附表　国际单位制换算

量	SI 单位		与 SI 单位关系
	名　称	符　号	
力	牛〔顿〕 千牛 兆牛	N kN MN	$1kgf=9.80665N$ $1tf=9.80665\times10^3N=9.80665kN$
应力、压强	帕〔斯卡〕 千帕 兆帕	Pa kPa MPa	$1kgf/cm^2=9.80665\times10^4Pa=98.0665kPa$ $1kgf/mm^2=9.80665\times10^6Pa=9.80665MPa$
力　矩	牛〔顿〕米	Nm	$1kgf\cdot m=9.80665Nm$
功	焦〔耳〕	J	$1kgfm=9.80665J$
功　率	瓦〔特〕小时 马力	Wh hp	$1Wh=3600J$ $1hp=735.49875W=75kgfm/s$
黏度（动力）	泊	P	$1P=1dyn\cdot s/cm^2=0.1Pa\cdot s$
运动黏度	沲	st (stock)	$1st=1cm^2/s=10^{-4}m^2/s$

参 考 文 献

[1] 采利柯夫、斯米尔诺夫合著，轧钢设备，哈尔滨工业大学译，机械工业出版社，1960.

[2] 马鞍山钢铁设计院编，中小型轧钢机械设计与计算，冶金工业出版社，1979.

[3] 黄华清主编，轧钢机械，冶金工业出版社，1979.

[4] 杨尚灼等编，轧钢机械设备，西安冶金建筑学院，1980.

[5] 北京钢铁学院压力加工教研室编，轧钢车间机械设备，上册，冶金工业出版社，1960.

[6] 刘宝珩，瞿文吉合编，轧钢机械设备，北京钢铁学院，1982.

[7] Л. Д. Соколов 轧钢车间机械设备，重工业出版社，1956.

[8] 压延技术の进步，（铁と鋼）1973，Vol. 59. No 13.

[9] 天津大学编，材料力学（下册）.

[10] 轧钢设备计算方法，北京钢铁学院，1963.

[11] 重型机械，1976 年 1 期，西安重型机械研究所.

[12] 产品设计情报，1975 年 4 期，大连重型机器厂.

[13] 日本钢铁协会编，轧制理论及其应用，西安重型机械研究所译，1975.

[14] 日本钢铁考察报告（冷连轧部分）1974.

[15] 第一重型机器厂，东北重机学院等编，热带钢连轧机，机械工业出版社，1974.

[16] А. З. Спон Нм. А. А. Сони Н "Маш Нйы для правк Н л Нстового и сортового материала".

[17] 《650 型钢车间机械设备》编写组，"650 型钢车间机械设备"机械工业出版社，1974.

[18] 《机械设计手册》编写组，机械设计手册，上册二分册，化学工业出版社，1979.

[19] А. А. Королев 等，Блюминг 1000，1955.

[20] А. А. Королев Прокатные станы（Конструкц Ня н расчег）МАШГИЗ，1958.

[21] 〈ロ—ル特集〉铁と鋼，1971，Vol. 57 No 5.

[22] "Selection of material for rolls for the metalworking industry"《Metal Hand book》9ed. Vol. 1. Ohio ASM.

[23] Walzwerke Maschinen UND Anlagen Leipzig 1979.

[24] Willjam . L. Roberts Cold Rolling of steel 1978.

[25] "重型机械" 1976. 1 期，1977. 3 期，6 期，1978. 1 期.

[26] 鞍钢设计院，轧辊资料［汇编］.

冶金工业出版社部分图书推荐

书　名	作　者	定价(元)
机械振动学(第2版)	闻邦椿　主编	28.00
轧钢机械(第3版)(本科教材)	邹家祥　主编	49.00
炼铁机械(第2版)(本科教材)	严允进　主编	38.00
炼钢机械(第2版)(本科教材)	罗振才　主编	32.00
冶金设备(第2版)(本科教材)	朱云　主编	56.00
冶金设备及自动化(本科教材)	王立萍　等编	29.00
电液比例控制技术(本科教材)	宋锦春　编著	48.00
电液比例与伺服控制(本科教材)	杨征瑞　等编	36.00
机电一体化技术基础与产品设计(第2版)(本科教材)	刘杰　主编	46.00
现代机械设计方法(第2版)(本科教材)	臧勇　主编	36.00
机械优化设计方法(第4版)	陈立周　主编	42.00
机械可靠性设计(本科教材)	孟宪铎　主编	25.00
机械故障诊断基础(本科教材)	廖伯瑜　主编	25.80
机械电子工程实验教程(本科教材)	宋伟刚　主编	29.00
机械工程实验综合教程(本科教材)	常秀辉　主编	32.00
液压传动与气压传动(本科教材)	朱新才　主编	39.00
环保机械设备设计(本科教材)	江晶　编著	45.00
污水处理技术与设备(本科教材)	江晶　编著	35.00
机电一体化系统应用技术(高职高专教材)	杨普国　主编	36.00
机械制造工艺与实施(高职高专教材)	胡运林　主编	39.00
液压气动技术与实践(高职高专教材)	胡运林　主编	39.00
机械工程材料(高职高专教材)	于钧　主编	32.00
通用机械设备(第2版)(高职高专教材)	张庭祥　主编	26.00
高炉炼铁设备(高职高专教材)	王宏启　等编	36.00
采掘机械(高职高专教材)	苑忠国　主编	38.00
矿冶液压设备使用与维护(高职高专教材)	苑忠国　主编	27.00
液压润滑系统的清洁度控制	胡邦喜　等著	16.00
液压元件性能测试技术与试验方法	湛丛昌　等著	30.00
液压可靠性最优化与智能故障诊断(第2版)	湛丛昌　等著	70.00
冶金设备液压润滑实用技术	黄志坚　等著	68.00